国家出版基金项目
NATIONAL PUBLICATION FOUNDATION

"十二五"国家重点图书出版规划项目

林业应对气候变化与低碳经济系列丛书

总主编：宋维明

林业与气候变化

◎ 宋维明　武曙红　王　平　著

中国林业出版社

图书在版编目（CIP）数据

林业与气候变化／宋维明，武曙红，王平著．–北京：中国林业出版社，
2015.5

林业应对气候变化与低碳经济系列丛书／宋维明总主编

"十二五"国家重点图书出版规划项目

ISBN 978-7-5038-7925-8

Ⅰ.①林… Ⅱ.①宋…②武…③王… Ⅲ.①林业–关系–气候变化–研
究– Ⅳ.① S718.5 ② P467

中国版本图书馆 CIP 数据核字（2015）第 060331 号

出 版 人：金 旻
丛书策划：徐小英 何 鹏 沈登峰
责任编辑：杨长峰 梁翔云
美术编辑：赵 芳

出版发行 中国林业出版社（100009 北京西城区刘海胡同 7 号）
http://lycb.forestry.gov.cn
E-mail:forestbook@163.com 电话：(010)83143515、83143543
设计制作 北京天放自动化技术开发公司
印刷装订 北京中科印刷有限公司
版 次 2015 年 5 月第 1 版
印 次 2015 年 5 月第 1 次
开 本 787mm×1092mm 1/16
字 数 284 千字
印 张 15
定 价 53.00 元

林业应对气候变化与低碳经济系列丛书

编审委员会

总主编　宋维明

总策划　金　旻

主　编　陈建成　陈秋华　廖福霖　徐小英

委　员（按姓氏笔画排序）

王　平	王雪梅	田明华	付亦重	印中华
刘　诚	刘　慧	刘先银	刘香瑞	杨长峰
杨桂红	李　伟	吴红梅	何　鹏	沈登峰
宋维明	张　兰	张　颖	张春霞	张彩虹
陈永超	陈建成	陈贵松	陈秋华	武曙红
金　旻	郑　晶	侯方淼	徐小英	程宝栋
廖福霖	缪东玲			

出版说明

宋维明

　　气候变化是全球面临的重大危机和严峻挑战，事关人类生存和经济社会全面协调可持续发展，已成为世界各国共同关注的热点和焦点。党的十八大以来，习近平总书记发表了一系列重要讲话强调，要以高度负责态度应对气候变化，加快经济发展方式转变和经济结构调整，抓紧研发和推广低碳技术，深入开展节能减排全民行动，努力实现"十一五"节能减排目标，践行国家承诺。要正确处理好经济发展同生态环境保护的关系，牢固树立保护生态环境就是保护生产力、改善生态环境就是发展生产力的理念，更加自觉地推动绿色发展、循环发展、低碳发展，决不以牺牲环境为代价去换取一时的经济增长。这为进一步做好新形势下林业应对气候变化工作指明了方向。

　　林业是减缓和适应气候变化的有效途径和重要手段，在应对气候变化中的特殊地位得到了国际社会的充分肯定。以坎昆气候大会通过的关于"减少毁林和森林退化以及加强造林和森林管理"（REDD+）和"土地利用、土地利用变化和林业"（LULUCF）两个林业议题决定为契机，紧紧围绕《中华人民共和国国民经济和社会发展第十二个五年规划纲要》和《"十二五"控制温室气体排放工作方案》赋予林业的重大使命，采取更加积极有效措施，加强林业应对气候变化工作，对于建设现代林业、推动低碳发展、缓解减排压力、促进绿色增长、拓展发展空间具有重要意义。按照党中央、国务院决策部署，国家林业局扎实有力推进林业应对气候变化工作并取得新的进展，为实现林业"双增"目标、增加林业碳汇、服务国家气候变化内政外交工作大局做出了积极贡献。

　　本系列丛书由中国林业出版社组织编写，北京林业大学校长宋维明教授担任总主编，北京林业大学、福建农林大学、福建师范大学的二十多位学者参与著述；国家林业局副局长刘东生研究员撰写总序；著名林学家、中国工程院院士沈国舫，北京大学中国持续发展研究中心主任叶文虎教授给予了指导。写作团队根据近年来对气候变化以及低碳经济的前瞻性研究，围绕林业与气候变化、森林碳汇与气候变化、低碳经济与生态文明、低碳经济与林木生物质能源发展、低碳经济与林产工业发展等专题展开科学研究，系统介绍了低碳经济的理论与实践和林业及其相关产业在低碳经济中的作用等内容，阐释了我国林业应对气候变化的中长期战略，是各级决策者、研究人员以及管理工作者重要的学习和参考读物。

2014 年 7 月 16 日

总　序

刘年生

　　随着中国——世界第二大经济体崛起于东方大地，资源约束趋紧、环境污染严重、生态系统退化等问题已成为困扰中国可持续发展的瓶颈，人们的环境焦虑、生态期盼随着经济指数的攀升而日益凸显，清新空气、洁净水源、宜居环境已成为幸福生活的必备元素。为了顺应中国经济转型发展的大趋势，满足人民过上更美好生活的心愿，党的十八大报告首次单篇论述生态文明，首次把"美丽中国"作为未来生态文明建设的宏伟目标，把生态文明建设摆在总体布局的高度来论述。生态文明的提出表明我们党对中国特色社会主义总体布局认识的深化，把生态文明建设摆在五位一体的高度来论述，也彰显出中华民族对子孙、对世界负责任的精神。生态文明是实现中华民族永续发展的战略方向，低碳经济是生态文明的重要表现形式之一，贯穿于生态文明建设的全过程。生态文明建设依赖于生态化、低能耗化的低碳经济模式。低碳经济反映了环境气候变化顺应人类社会发展的必然要求，是生态文明的本质属性之一。低碳经济是为了降低和控制温室气体排放，构造低能耗、低污染为基础的经济发展体系，通过人类经济活动低碳化和能源消费生态化所实现的经济社会发展与生态环境保护双赢的经济形态。低碳经济不仅体现了生态文明自然系统观的实质，还蕴含着生态文明伦理观的责任伦理，并遵循生态文明可持续发展观的理念。发展低碳经济，对于解决和摆脱工业文明日益显现的生态危机和能源危机，推动人与自然、社会和谐发展具有重要作用，是推动人类由工业文明向生态文明变革的重要途径。

　　林业承担着发挥低碳效益和应对气候变化的重大任务，在发展低碳经济当中有其独特优势，具体表现在：第一，木材与钢铁、水泥、塑料是经济建设不可或缺的世界公认的四大传统原材料；第二，森林作为开发林业生物质能源的载体，是仅次于煤炭、石油、天然气的第四大战略性能源资源，而且具有可再生、可降解的特点；第三，发展造林绿化、湿地建设不仅能增加碳汇，也是维护国家生态安全的重要途径。因此，林业作为低碳经济的主要承担者，必须肩负起低碳经济发展的历史使命，使命光荣，任务艰巨，功在当代，利在千秋。

党的十八大报告将林业发展战略方向定位为"生态林业"，突出强调了林业在生态文明建设中的重要作用。进入 21 世纪以来，中国林业进入跨越式发展阶段，先后实施多项大型林业生态项目，林业建设成就举世瞩目。大规模的生态投资加速了中国从森林赤字走向森林盈余，着力改善了林区民生，充分调动了林农群众保护生态的积极性，为生态文明建设提供不竭的动力源泉。不仅如此，习近平总书记还进一步指出了林业在自然生态系中的重要地位，他指出：山水林田湖是一个生命共同体，人的命脉在田，田的命脉在水，水的命脉在山，山的命脉在土，土的命脉在树。中国林业所取得的业绩为改善生态环境、应对气候变化做出了重大贡献，也为推动低碳经济发展提供了有利条件。实践证明：林业是低碳经济不可或缺的重要部分，具有维护生态安全和应对气候变化的主体功能，发挥着工业减排不可比拟的独特作用。大力加强林业建设，合理利用森林资源，充分发挥森林固碳减排的综合作用，具有投资少、成本低、见效快的优势，是维护区域和全球生态安全的捷径。

本套丛书以林业与低碳经济的关系为主线，从两个层面展开：一是基于低碳经济理论与实践展开研究，主要分析低碳经济概况、低碳经济运行机制、世界低碳经济政策与实践以及碳关税的理论机制及对中国的影响等方面。二是研究低碳经济与生态环境、林业资源、气候变化等问题的相关关系，探讨两者之间的作用机制，研究内容包括低碳经济与生态文明、低碳经济与林产品贸易、低碳经济与森林旅游、低碳经济与林产工业、低碳经济与林木生物质能源、森林碳汇与气候变化等。丛书研究视角独特、研究内容丰富、论证科学准确，涵盖了林业在低碳经济发展中的前沿问题，在林业与低碳经济关系这个问题上展开了系统而深入的探讨，提出了许多新的观点。相信丛书对从事林业与低碳经济相关工作的学者、政府管理者和企业经营者等会有所启示。

2014 年 7 月 9 日

前　　言

　　科学研究表明，近半个世纪以来，地球气候正经历一次以全球变暖为主要特征的显著变化。适应和减缓全球气候变化已经成为全球变化研究的热点问题和重要内容。政府间气候变化专门委员会（IPCC）的报告肯定了近百年全球气候变化是由人类活动和自然气候波动共同引起的，且主要是由人类活动排放的大量温室气体所造成的。自工业革命以来，人类大规模的经济活动改变了地球上碳的存在方式，全球工业化使以化石形式存在的碳转移到大气中而成为温室气体，土地利用失当又使得植被吸收气态碳的能力降低，从而导致大气中温室气体的浓度过大，过量的碳排放因温室效应又引发了一系列气候灾变。研究表明，未来 50～100 年全球的气候将继续向变暖的方向发展。这一增温对全球自然生态系统和各国社会经济已经产生并将继续产生重大而深远的影响，使人类的生存和发展面临巨大的挑战。IPCC 第四次评估报告里有专门章节论述了林业减缓气候变化的重要作用。报告认为：林业具有多种效益，兼具减缓和适应气候变化的双重功能，是未来 30～50 年增加碳汇、减少排放成本较低、经济可行的重要措施。因此，林业是应对全球气候变化的关键环节和重要力量。

　　在全球可持续发展潮流和国际林业进程中，重视和加强环境建设已经成为世界林业发展的大趋势。森林是陆地生态系统的主体，对维持陆地生态平衡起着决定性作用，森林固碳功能可以在一定时期内起到减少二氧化碳在大气中的积累，缓解温室效应的作用。森林以其巨大的生物量成为陆地生态系统中最大的碳库，在减缓与适应全球气候变化中，森林发挥了举足轻重的作用。因此，大力开展植树造林和森林保护，成为国际社会积极推进的应对气候变化的重要行动之一。

　　为减缓全球气候变化，保护人类生存环境，1992 年 5 月 9 日在纽约联合国总部通过了《联合国气候变化框架公约》，共有 153 个国家和欧洲共同体在此期间签署了 UN-FCCC。联合国通过的《联合国气候变化框架公约》《京都议定书》《马拉喀什协定》《布宜诺斯艾利斯宣言》《巴厘路线图》等一系列公约和进程，确立了林业应对气候变化的重要地位和作用。其中在《京都议定书》框架下的土地利用、土地利用变化和林业（LU-LUCF）条款中，充分认可森林吸收二氧化碳、减少温室气体排放的作用。

　　中国是世界能源生产、煤炭消费、二氧化碳排放大国，在应对全球气候变化问题上责无旁贷；同时，中国又拥有巨大的碳汇资源潜力，根据 2013 年统计，我国森林面积 2.07 亿 hm²，占国土面积的 22%。我国高度重视发展林业工作，国务院于 2007 年和 2008 年分别发布了《中国应对气候变化国家方案》和《中国应对气候变化的政策与行动》，这是我国应对气候变化问题的战略性文件，并将具体目标写入"十二五"规划纲要。在《中国应对气候变化国家方案》中，明确把林业纳入我国减缓气候变化的 6 个重点领域和适应气候变化的 4 个重点领域当中。在《中国应对气候变化的政策与行动》中，鲜明指出林业是我国适应和减缓气候变化行动的重要内容。2009 年，中央 1 号文件明确要求建设现代林业，发展碳汇林业。2004 年，国家林业局碳汇管理办公室在广西、内蒙古、云南、四川、山西、辽宁 6 省（自治区）启动了林业碳汇试点项目。由中国和世界银行合作开发的"中国广西珠江流域治理再造林项目"的成功注册，使之成为全球第一个林业碳汇项目，并成为了全球第一个获得注册的清洁发展机制下再造林碳汇项目。在国务院新"三定"方案中，赋予了国家林业局负责开展林业应对气候变化工作职责，中国作为最大的发展中国家，有效地避免了由于经济发展造成的森林资源的破坏，做到了一边发展经济一边保护和增加森林植被，现已成为世界上人工造林最多的国家。

本书以全球气候变化为背景，详述了气候变化的现状和趋势、气候变化的驱动因素，剖析了气候变化与林业之间的相互响应和作用关系。通过总结介绍国际气候公约中与林业相关规定、列举一系列国际 CDM 林业碳汇项目、我国与林业相关的政策，以及林业碳汇市场相关的情况，向读者展示了国际社会以及我国对林业问题相关政治、经济、生态环境问题的重视。在此背景下，推进林业与气候变化相关方面的知识，使更多人了解林业碳汇的计量方法、国际国内政策规定、林业活动实施情况以及碳汇市场交易状况是十分有必要的。这也正是我们编写本书的目的所在，我们希望不论是初次接触林业与气候变化的读者或是从事相关领域工作者都能从本书中获取自己所需的内容。本书没有过分追求内容的繁复，以简明实用为主旨，避免对问题做复杂深刻的赘述，书中共分为七个章节，每个章节内容相对独立，希望读者能够快速准确地获取信息。

虽然本书的编撰经过了大量的思考与论证，但由于编著者的学识、实践所限，书中不足之处恳请读者给予批评与指导。在此，谨向车琛、刘琳璐等所有参编人员致以诚挚的谢意，对列入参考文献部分的引用文献的作者表示感谢，特别感谢中国林业出版社给予本书的支持，感谢各位编辑为本书的策划和出版付出的心血。

著　者

2014 年 6 月

目　　录

第1章　全球气候变化的现状与趋势

1.1　气候变化的定义

气候是一个地区在一个时期的平均天气状况，它的变化可以追溯到远古时代，甚至是地球诞生之初。全球变化的研究表明，由于大气二氧化碳等温室效应气体的增加，全球气候正在发生有史以来从未有过的急剧变化（方精云等，2000）。这种变化与人类的活动密切相关，二者相互联系、相互影响。为了研究减缓和适应全球气候变化对人类所造成的影响，不同的组织和机构基于各自的需要，对气候变化进行了不同的定义。政府间气候变化专门委员会（IPCC）将"气候变化"定义为：气候状态的变化，而这种变化可以通过其特征的平均值和/或变率的变化予以判别（如利用统计检验），气候变化具有一段延伸期，通常为几十年或更长时间。《联合国气候变化框架公约》（UNFCCC）中的"气候变化"是指在可比时期内所观测到的自然气候变率之外的直接或间接归因于人类活动改变全球大气成分所导致的气候变化（IPCC Working Group 1，2007）。

1.2　气候变化的主要观点

在漫长的地球史长河中，气候一直处于冷（冰期）、暖（间冰期）交替之中。冰期地球平均气温比现代低 7~9℃。最后一次冰期时代为第四纪，大约开始于 200 万年前，延续到今天。第四纪冰期中，有 5~6 次较寒冷的亚冰期。大约开始于 1 万年前的全新世，地球进入一个由若干温暖期和寒冷期交替组成的气候波动时期（Goodess et al.，1992）。

地质时代的气候变化幅度在冰期和间冰期为 10℃以上，在亚冰期和亚间冰期之间也有 2~4℃，其变化周期十分漫长，10 年温度变化率也仅约 0.1℃，其影响因素主要是天文和地质因素。影响近代气候变化的因素则不一样，多为短期自然现象，如太阳黑子活动、洋流水温异常（如厄尔尼诺现象）、火山爆发等，人类活动的加剧也是一个重要因素。

总之，对于近代全球气候变化的认识，存在变暖、变冷和波动 3 种主要观点。

1.2.1 全球变暖的观点

历届 IPCC 报告均认为全球气候变暖是人类活动造成的温室效应加剧的结果，而且对这个论断持日益强硬态度。支持这种观点的证据大体上可以分为两个方面：观测事实与模拟研究。

通过观测结果，温室效应理论认为人类活动造成的气候变暖应该是全球性的、四季都存在的、每天最高温度与最低温度均上升的一种几乎无所不在的普遍性变暖。从理论上讲，高纬度特别是冬季温度上升更多。日最低温度上升应该超过最高温度上升。这些推测基本上得到了观测资料的证实。此外，气温日较差（DTR）有减小趋势，与温室效应理论一致。但 IPCC 第四次评估报告的 DTR 减小趋势低于 IPCC 第三次评估报告，80% 可以从云盖及降水量变化得到解释。根据卫星观测，1979 ~ 2005 年全球地面到 10km 的对流层温度均保持普遍上升趋势，而平流层温度则处于下降中，这也同温室效应理论一致。只有一个分歧就是，根据模式模拟，温室效应加剧后热带对流层上层温度上升应高于地面，这一点却没有得到观测证实，因此成为 NIPCC 攻击 IPCC 的一个论据。近来 Allen 等（2008）用热成风理论及相关观测资料推导出热带（20°N ~ 20°S）对流层上层的温度，结果显示变暖幅度超过了地面。Thorne（2008）指出，1979 ~ 2005 年 200 hPa 高度的温度增量达到（0.40 ± 0.29）℃/10 年，超过了同期地面温度增量（0.13 ℃/10 年）。利用风垂直切变与温度的水平梯度更精确地计算对流层上层的温度，这是一项值得注意的新研究。

通过近百年温度变化的模拟研究，如果我们能在给定温室气体强迫的情况下模拟出全球平均温度变化，则可以更进一步确认这个变化是人类活动造成的。为了更好地模拟全球平均温度变化，IPCC 第四次评估报告用海气耦合模式，综合考虑温室气体、气溶胶、火山活动、太阳辐照度、O_3 等因素模拟了 20 世纪全球平均地表温度变化。除 20 世纪 30 年代后期至 40 年代中期的温度峰值、50 年代初期和中期的 2 个谷值未能模拟出来之外，1960 年之后模拟的较好。而且，如果不加入人类活动影响，则模拟不出 20 世纪后期的变暖，这证明温室效应在 20 世纪后半叶的变暖中起主导作用。这也是 IPCC 第四次评估报告提高人类活动影响可能性评估的主要依据。此外 IPCC 第四次评估报告还列举了 2002 ~ 2007 年完成的 12 个模式模拟的近千年温度变化，包括 6 个大气环流或耦合环流模式（GCM）、4 个中等复杂程度气候系统模式（EMIC）及 2 个能量平衡模式（EBM）。这些模式在考虑火山活动与太阳活动的强迫时能模拟出 12 ~ 14 世纪的变暖及 15、17、19 世纪的寒冷。对 20 世纪也能模拟出 40 年代的变暖及 20 世纪最后 30 年的变暖。这些模拟研究表明，温室效应确实是 20 世纪后半叶气候变暖的主要原因（王绍武等，2011）。

全球温暖化的证据在于：尽管对于当代气候变化有不同的认识，也存在截然相反的现象，但全球气候变暖的事实在最近 10 年中得到了广泛的认同。事实上，也存在足够的、可以相互验证的证据。冰芯分析结果、树木年轮学证据以及人类活动向大气释放的 CO_2 等温室气体导致的气温变化、近百年的气象观测也证实全球气温有上升趋势，特别是 20 世纪 90 年代是 20 世纪最热的 10 年，这些事实都支持了全球变暖的观点。这种观点为大多数人所接受和支持。

（1）冰芯记录。冰芯以其分辨率高、记录时间长、信息量大和保真度高等特点，成为过去全球变化研究的重要方法之一（王宁练等，2003）。冰芯不但记录着过去气候环境各种参数（如气温、降水、大气化学与大气环流等）的变化，而且也记录着影响气候环境变化的各种因子（如太阳活动、火山活动和温室气体等）的变化，同时还记录着人类活动对于环境的影响，因此，冰芯记录成为揭示过去气候变化的一种十分有效的手段。取自南极大陆东部腹地的东方站（Vostok）冰芯和取自北极格陵兰冰盖中央顶部的 GRIP 和 GISP2 冰芯是著名的例子。

20 世纪 50 年代初期，科学家们通过对自然界各种水体中氧同位素的研究，发现降水中 $^{18}O/^{16}O$ 比率和大气过程（尤其是降水时的温度、水汽来源和降水云系的历史）有着密切关系，并且这种关系不因降水形式的不同（降雨或降雪）而发生变化。Dansgaard（1954）和 Epstein（1956）首先将氧同位素比率可以反映气温的思想应用于冰川学研究，发现粒雪层中氧同位素比率变化与雪层层位特征及气温季节变化具有很好的一致性。于是，1954 年美国科学家 Bader（1958）首先提出在极地冰盖钻取连续冰芯以重建古气候环境的设想，并在他的领导下美国军方雪冰与多年冻土研究基地（USA SIPRE，现名为美国寒区研究与工程实验室，即 USA CRREL）于 1956 年和 1957 年夏季在格陵兰 Site2 开展了深孔冰芯钻取计划。1966 年，第一支穿透格陵兰冰层的透底冰芯在 Camp Century 地点获得，长度为 1387m。时隔 2 年，第一支穿透南极冰层的透底冰芯在 Byrd 站获得，长度为 2164 m。目前已在两极冰盖及极区大冰帽的几十个地点钻取了中等深度（>200m）以上的冰芯，其中南极 Vostok 冰芯是目前在极区钻取的深度最深（3650 m）、年代跨距最大（>40 万年）的冰芯。然而与极地冰川不同，中低纬度冰川往往由于消融使其冰雪中的气候环境记录受到影响，于是直到 20 世纪 70 年代中期人们才开始探索开展中低纬度的山地冰芯研究。当时瑞士提出了阿尔卑斯山地冰芯计划，旨在揭示人类活动对于环境的影响，以及揭示消融对于冰雪气候环境记录的影响和冰雪中氢、氧同位素比率与气象要素的关系。几乎在 Alps 山地冰芯计划开展的同时，美国俄亥俄州立大学极地研究所（现名为"伯德极地研究中心"）也开始对热带秘鲁的 Quelccaya 冰帽进行冰芯研究，并成功地在该冰帽上钻取了 164m 的透底冰芯。自此以来，山地冰芯研究便在全球中低纬度地区蓬勃开展起来，其中在青藏高原西昆仑山钻取的古里雅冰芯是迄今中低纬度所获得的长度最长（309m）、年代跨距最大（约 76 万年）的冰芯。

目前，4 个完整的冰期间冰期气候循环已通过南极 Vostok 冰芯得到了重建。早期当格陵兰深冰芯记录揭示出末次冰期内存在多次持续几百至几千年的相对温暖期（现称为 D - O 事件或 D - O 间冰阶或 D - O 循环）时，受到了怀疑，并认为这很可能是由于冰层扰动引起的。然而，在冰体流动简单、夏季温度低于 0℃ 的格陵兰顶部所获得的 GRIP 和 GISP2 两个深孔冰芯，其记录均表明以前格陵兰冰芯记录的发现是正确的，即在末次冰期内存在 D - O 事件，并可识别出 24 个变幅达 15℃ 的相对温暖期。冰期内这些持续约几千年的相对温暖阶段的建立，在短短的几十年内就可完成。冰芯电导率（ECM）反映出在这些相对温暖阶段内，气候也是不稳定的。例如在 Allerod 和 Bolling 温暖期内存在 102 年尺度的冷事件。格陵兰中部冰川积累量所指示的降水量变化随着 D - O 事件的发生，也存在突变。研究表明，D - O 事件很可能与北大西洋含盐量变化导致的海洋环流变化有关。最近发现 D - O 事件也存在于古里雅冰芯记录之中。如果格陵兰冰芯记录到的 D - O 事件的持续时间超过千年，这一事件在南极冰芯记录中也有明显的表现。南极 Vostok 冰芯中过量氘（D）变化所揭示的其水汽源区洋面温度的变化与格陵兰冰芯记录的末次冰期气候变化存在一致性。D - O 事件在不同地区气候记录中的存在，表明其发生应该存在某种共同的原因。

新仙女木事件（Younger Dryas，简写为 YD）是末次冰退期气候的快速转冷事件。格陵兰冰芯记录表明，这一时期的温度低于现今 15℃ 左右，并伴随 50% 的净积累量减少，以及尘埃、海盐离子含量的增加和 CH_4、N_2O 含量的减少。分辨率为年的格陵兰冰芯记录还表明，YD 事件的持续时间大约为 1300 年（距今 1270 ± 1155 年），其建立和结束是极为迅速的，仅在 5 ~ 20 年的时间内就完成了。青藏高原古里雅冰芯记录揭示出，在 YD 事件时期内气候也存在着急剧的变化，这一点在高分辨率的格陵兰冰芯记录和欧洲湖泊沉积记录中也有明显的表现。南美洲热带冰芯研究也表明 YD 事件的存在。对于南极内陆冰芯记录的研究，未发现 YD 事件的存在，而发现了在北半球 YD 事件发生之前存在一个相对较弱的冷期（距今 14400 ~ 12900 年），被称为"南极气候逆转变冷"事件(通常简称为 ACR 事件), ACR 事件超前北半球 YD 事件至少 1.8 千年。而对于取自南极边缘的 Taylor Dome 冰芯的研究,发现在北半球 YD 事件发生时该冰芯记录中也表现出一个弱的冷期,这似乎表明 YD 事件信号从北半球到南半球的衰弱。新西兰冰川在 YD 时期的前进,一直被认为是南半球 YD 事件存在的最好证据。

(2)树木年轮学证据。树木年轮以其定年准确、连续性好、分辨率高(可以达到年甚至季节)等优点在气候研究中有着不可替代的价值。树轮的结构(包括树轮宽度、密度、细胞结构、稳定同位素等)能够准确、清楚地反映树木生长气候环境的变化。树轮宽度是树轮气候研究中最早和最常采用的研究方法。树木生长过程中每一年树轮的形成都受到当年及上一年气候因素(主要是温度、降水)的综合影响,这种影响使得树木生长能够有效记录气候信息。树轮采样地区应选择树木年轮生长受气象因子制约的地带,如森林上限。利用生长锥在同一棵树的不同角度采集 2 根样芯,一个采样点至少采集 25 棵树。依照树轮样本处理的基本程序,首先对所采样芯进行晾干、粘贴、磨平和打光等预处理,然后用轮宽测量仪进行轮宽测量。利用 COFECHA 程序对交叉定年结果进行检验(Holmes,1983)。树轮宽度的趋势和宽度年表的建立一般是利用 ARSTAN 程序完成的(Cook,1985)。利用相关函数和响应函数的方法分析树轮宽度资料与气候要素之间的关系,并根据气候响应分析和相关普查的结果,建立回归方程对最佳时间段的气候要素进行重建(Yuan et al.,2001)。近 30 年来,伴随着树轮气候学的快速发展,中国的树轮气候研究也取得了长足的进步,研究人员利用树轮宽度数据恢复了许多地区过去数百年乃至千年尺度的气温、降水、湿润指数等指标,取得了很多有价值的气候数据。树轮密度作为树轮细胞直径及木质部细胞壁厚度和细胞腔大小等结构的间接反映,包含了从树轮宽度中无法提取到的气候信息。相对于树轮宽度,树轮密度的测量一直存在很大难度。直到 20 世纪 60 年代,随着 X 射线技术被成功地应用于树木年轮学研究中,人们才开始将树轮的细胞壁厚度和细胞密度作为细胞生理活动的一种表达,并发展了以木材密度为环境代用资料的测量技术,树轮密度的研究也逐渐兴起。X 射线分析法的大致过程是:首先,将样本进行脱糖脱脂处理,将样芯切割成薄片;然后用 X 射线照射树木年轮标本,得到年轮密度的胶片;之后,用光密度计扫描 X 光胶片,得到年轮密度的变化信息,包括最大晚材密度、最小早材密度、早材密度、晚材密度、早材宽度、晚材宽度及年轮宽度。树轮最大密度被证明能很好地反映树木生长季内的温度,已被用于局地或者大范围温度重建。一些研究还表明早材密度或最小早材密度对降水量的响应比较显著。例如,对秦岭地区 4 个地点的树轮样本密度分析表明,最小早材密度与当地 5~6 月的降水量呈显著负相关,而最大晚材密度则与当地 7 月的降水量呈显著正相关,树轮密度变化对气候变化有显著的响应，可以作为表征过去降水的代用资料。陕西省黄陵地区的树轮最小早材密度与当地4~6月的降水量也呈显著负相关关系，在以最小早材密度重建该地区4~6月的降水量时，降水回归方程方差解释量可达49%。从细胞尺度来看，树木的径向生长是维管形成层进行细胞分裂和分化的结果。细胞在分裂和分化过程中受到生长环境中气候要素的影响，能在细胞结构特征上有所反映。研究发现，从细胞结构特征指标（如细胞个数、细胞壁厚度、面积、胞腔比和树脂道频率以及伪年轮和浅轮的发生频率等）的变化中可以提取季节的气候变化信息。细胞特征指标的量测一般在显微图像分析仪下进行。量测细胞时，对每年树轮从当年的晚材与下一年早材的交界线开始，由晚材向早材方向逐个细胞量测，为了均匀地反映树木生长状况，对每个年轮沿径向随机选取大体平行的5条线，测量每个细胞的大小和每行细胞的数目。按以上步骤，由样芯的最后一年开始进行细胞量测，直到起始年。挑出早材中细胞直径最大和晚材中直径最小的细胞，分别对其进行 COFECHA 程序交叉定年检验，用 ARSTAN 程序建立树轮细胞参数的年表。相对于树轮宽度、密度和同位素的研究工作而言，世界上利用树轮细胞数据进行气候重建的研究较少。Panyushkina 利用落叶松的树轮细胞个数和细胞厚度重建了自1642年以来西伯利亚东北部地区夏季温度变化（Irina et al., 2003）。

随着计算机技术和数字图像处理技术的进步，对于树木年轮微观形态的研究迅速发展起来，为较湿润地区的树木年轮研究提供了新的手段，数字图像分析法就是其中之一，该方法是一项已经被相关研究证实了在树木年轮研究中具有实用价值的技术。该方法的物质基础是图像灰度直接反映年轮细胞腔大小和细胞壁厚度等微观结构受气候环境因子影响而出现的显示差异，可以从年轮灰度变化中提取树轮宽度资料所无法获取的气候变化信息。利用普通扫描仪以及图像分析软件，通过图像灰度值的大小，间接反映树轮密度的变化，克服了由于实验手段和技术设备限制而带来的不便，节省了实验成本，也为树轮研究提供新的研究手段。陈峰等（2008）利用树轮最大灰度重建了南天山北坡西部6~7月温度变化。张瑞波等（2008）发现新疆伊犁乌孙山北坡3个采点的标准化全轮灰度年表序列与该地区4~5月平均最低气温显著相关，并进一步利用树轮标准化全轮灰度年表重建该地区过去324年的4~5月最低气温变化。主要步骤如下：首先将采集的样本进行晾干、粘贴、磨平、打光等预处理，挑选出树轮较宽且具有相似亮度和密度曲线的样本，使用高分辨率扫描仪及 WINDENDRO 等图像分析系统，获取树轮灰度参数。在这一过程中，必须剔除异常生长年年轮和色泽异常的年轮，保证灰度值的准确性。最后每个采点得到5个灰度参数，包括早材平均灰度、晚材平均灰度、最大灰度、最小灰度和树轮平均灰度。使用 COFECHA 程序进行树轮灰度数据交叉定年，最后使用 ARSTAN 程序完成灰度年表的研制。

树木通过光合作用利用大气 CO_2 和 H_2O 形成年轮，每一年轮的碳都来源于大气 CO_2，而氢、氧来源于土壤水分和降水。树轮中碳、氢、氧稳定同位素的组成不仅反映了来源物质稳定同位素的变化，也随着树木生长环境的变化而变化，因此树轮稳定同位素能反映年轮形成时的气候与环境变化。树轮稳定同位素相对于其他指标还具有生理意义明显、低频信息含量丰富等优势。随着同位素分析技术的进步，树轮稳定同位素分析在过去气候变化中的应用越来越广泛，并取得了丰硕的成果。树木是由多种化学成分组成的复合体，由于光合作用过程中各种组分形成的生物化学过程不同，各组分的稳定同位素组成也存在差异。早期的树轮同位素研究都采用全木，但自从 Wilson 等（1977）发现木材的不同组分的同位素存在差异后，很多研究都分析木材中的纤维素。关于选择 α-纤维素而不采用全木分析的原因，相关的研究论述较多。为了提高树轮同位素气候信息含量，提取纤维素成为同位素分析前所必需的处理工作。要测定树木年轮的稳定同位素，必须先将其转化为气体（CO、CO_2、H_2 等），然后进入质谱仪分析。一般用稳定气体同位素质谱仪分析样品气体的稳定碳、氢、氧同位素组成。树轮稳定同位素富含了丰富的古气候信息，但同时也包含了一些非气候趋势和变化。因此需要对数据进行处理，在剔除非气候信息的同时，保留真实的气候信号。工业革命以来的人类活动引起的大气 CO_2 浓度增加导致大气 $\delta^{13}C$ 值降低了 1.5‰。这种趋势在树轮同位素中也得到了反映，很多树轮同位素研究都发现了这种趋势。因此在进行树轮同位素气候研究前，需要剔除大气 CO_2 背景 $\delta^{13}C$ 值变化趋势。最终得到用于气候重建的树轮同位素校正序列（魏文寿等，2013）。

树轮年轮学的研究成果为全球气候变化提供了重要依据。此类研究实例已有大量报道。例如，Kuivinen 等（1982）对生长于南部格陵兰地区的桦木树轮的分析表明，在 1880～1895 年之间和 1925～1940 年之间该地区的气候升温较为明显。Jacoby 等（1996）利用建立的蒙古国中西部高山林线上的西伯利亚松的树木年轮年表，发现过去的 450 年中，20 世纪的气候明显变暖，其中，1944～1968 年是气候变暖最剧烈的 25 年。该结果与加拿大洛杉矶山脉高山林线和美国西南部高山林线的树轮分析结果非常吻合。

全球变暖的事实还可以从物候学、雪线上升和植物迁移等方面得到证据。

（3）气象观测证据。在过去的 130 年中，全球平均温度有 0.6℃ 的波动上升，20 世纪 80 年代后上升趋势显著。我国的气象记录也支持这一结论。

1.2.2　全球变冷的观点

气候变化领域有关全球变暖的争论可以追溯到 20 世纪 70 年代，当时国际社会较为流行的观点是气候变冷。1971 年，Dansgaard 等根据格陵兰冰芯氧同位素谱分析，较早提出地球气候将进入冷周期。美国威斯康星大学环境研究所 Bryson 等(1986)认为，地球正缓慢进入另一个大冰河期。一批欧美知名学者曾聚会于美国布朗大学，召开题为"当前的间冰期何时及如何结束"的研讨会。美国国家科学委员会(National Science Board)也曾在 1972 年的一份题为《环境科学的模式与前景》报告中指出，"根据过去间冰期的记录，目前的高温行将结束，接下来将会进入一个漫长的寒冷期"。诸多学者在《科学》和《新闻周刊》等刊物上发表关于全球变冷的文章，《气候阴谋：即将到来的新冰川时代》《变冷：又一个冰川时代的来临？我们能够渡过这一关吗？》等成为 70 年代中期的畅销书。当时，国际气候变化领域的流行观点认为地球气温已开始下降，如果人类不加以干涉，暖期将会较快结束，冰期以及相应的环境变迁就会来临。在 20 世纪 70 年代，只有少数科学家坚持"全球变暖论"。直到 20 世纪八九十年代，全球气候没有变冷，反而迅速变暖，温室效应与"全球变暖论"才逐渐成为国际社会主流观点。

近年来质疑全球变暖的声音也在增强，特别是 2009 年年底英国气候学界的"邮件门"、2010 年年初联合国报告一系列出错事件以及北半球罕见严冬等，使气候变化"怀疑论"引起国际社会极大关注(赵宏图，2010)。

虽然多数专家认为地球气温还将逐渐升高，但有一些科学家认为全球气候还处于自大约 5500 年前开始的新冰期，总体趋势仍趋于变冷时期。因此，地球正在变冷的观点也在科学界悄悄兴起。

全球变冷观点的证据在于：悬浮在大气中的气溶胶或沙尘粒子犹如地球的遮阳伞，它能反射和吸收太阳辐射，减少紫外线的透过，使到达地面的太阳辐射减少，故称之为"阳伞效应"。阳伞效应一直都被看做是气候变化的一个因素，但人们普遍视其为一个简单而又缺乏较大影响力的因素来对待。在冰期年代，空气中充满着气溶胶颗粒，大范围、长时间的阳伞效应却是一个不可忽略的重要角色。它作为地质事件的工具作用于大气层，影响了气候的变化，应当引起人们的注意。另外，地球上亿年级的大冰期与大间冰期之间的转换可能是阳伞效应微观调控的结果。大洋壳的全部更新时间是 2 亿年左右，大间冰期与大冰期的时间之和与其基本相当，这也可能与阳伞效应有着千丝万缕的联系(梁兴江，2008)。

冰雪覆盖是地球—大气系统中一个活跃的成员，也是地理环境中的一个重要组成部分。冰雪覆盖的变化，对气候有很大影响，小至海冰与大陆积雪的季节与年际变化，大到冰河期大陆冰盖的更大改变，都在不同尺度的气候变化中留下了不可磨灭的痕迹。冰雪覆盖面积增大使地表反照率增加，因而减少了地表对太阳辐射的吸收。海冰可减少海洋向大气的热量输送，因而使气候变冷，这是很显然的。但气候变冷，又常对冰雪之维持有利。所以冰雪覆盖与气候往往是处在互相影响、互相作用之中（王绍武，1983）。

冰雪覆盖使气温下降主要有以下三方面的原因：①冰雪覆盖大大地减少了下垫面所可能接受的太阳辐射，这是因为有植物的土地反照率一般只有15%～20%，即达到地面的太阳辐射有80%～85%可能被吸收，平静的海洋反照率仅有5%～10%，而被雪覆盖的草原或大陆冰盖反照率经常可达80%；②冰雪阻止或大为削弱了下垫面与大气之间的热量交换，这种作用在海洋上尤为明显，海冰阻止了海洋的蒸发，这就使大气不可能得到水汽带来的巨大潜热；③融冰化雪吸收大量热能（每克336J）（王绍武，1982）。

除此以外，在我们身边发生的一些现象也支持全球气候变冷的观点。如在全球持续高温的同时，近年来东亚等地出现的历史上少有的凉夏，我国东北地区遭受低温冷害，南方水稻因低温而减产。在日本，甚至出现了由于凉夏引起水稻歉收而导致的有史以来的粮食短缺。

1.2.3　气候波动的观点

气候波动的观点：古气候是指地质时期的气候状况，由古气候转型期划分为两个阶段。古气候转型（palaeoclimatic transition）是指古气候演化形式的转换，约发生在距今250万年前，是具有全球性和突变性的气候事件。距今250万年前的高斯期，气候演化以持续的温暖为主要特征；距今250万年前至今，气候开始出现频繁的大幅度振荡，并且这种振荡持续至今。地球气候在5万～8万年的冰期与平均约1万年的短而温暖的间冰期之间迅速地往复变动。在地球演变的几十亿年中，全球规模冰雪覆盖的扩展和退缩相互交替，有时大陆上覆盖着很大面积冰原和冰川，气候寒冷，称为冰期；冰原或冰川以较大幅度向低纬度地区推进时，也称为冰期。介于两个冰期之间的比较温暖的时期，冰川消融退缩，称为间冰期。这种寒暖波动的时间尺度大约为106　108年。但全球至少出现过三次大冰期，比较公认的有：前寒武纪大冰期（距今约6亿年以前）、石炭－二叠纪大冰期（距今3亿～2亿年）和第四纪大冰期（距今300万～200万年至2万～1万年）。对地质时期温度的估计，从中生代（距今2.3亿～0.67亿年）起才比较可靠。那时的年平均气温在两极附近为8～10℃，赤道为25～30℃。第三纪（距今0.67亿年至300万～200万年）的主要气候特征是：中纬度地区气温缓慢降低，大约在1400万年前，地球上的气温急剧下降，在南极首先出现了冰盖，在250万年前，冰岛出现过冰川，紧接着北半球高纬度地区也形成冰盖。第四纪（距今约300万～200万年）气候以极地冰川和中高纬度地区的山岳冰川的覆盖为主要特征，又称第四纪大冰期。在第四纪内，依冰川覆盖面积的变化，可划分出几次冰期和间冰期。第四纪的冰期和间冰期的温度振幅，海上约为6℃，大陆上的温度波动较大，在冰盖的边缘地区，约为12℃，但高山雪线处则为4~6℃。冰后期距今1万多年，全球气温逐渐上升，冰川覆盖的面积相应缩小，海平面随之上升，地球气候又进入较为温暖的时期。目前正处于一个相对温暖的后期，即间冰期。由此可知，地球的整个气候是进行着周期性变化的，而现今恰好处于第四纪冰期后的间冰期，故气温的升高很有可能是气候周期性变暖的结果，而并非人类活动所致(赵锐，2010)。

尽管存在不同的认识，但过去100年中全球气温平均上升了0.3~0.6℃是公认的事实，并从冰芯研究得到了支持。

1.3 已观测到的气候变化

尽管对于当代气候变化有不同的认识，也存在截然相反的观点，但全球性气候变暖的事实在最近10年中得到了广泛的认同。

IPCC公布的数据分析结果显示，目前全球气候系统变暖是明显的，气候变暖的结论主要是基于全球平均温度和海洋温度升高、大范围积雪和冰融化、全球平均海平面上升三个方面的研究结果得出的。全球气候变化主要表现在全球暖化、降水格局发生变化、全球云量分布的变化、海平面上升、冰雪面积减少、气候灾害事件以及厄尔尼诺现象七个方面。

(1)全球暖化。根据IPCC第4次评估报告(IPCC Working Group 1，2007)，最近100年(1906~2005年)来全球地表平均温度上升了0.74±0.18℃。过去50年内每10年增温约0.13±0.03℃，这个增温速度约为过去100年内增温速度的2倍。随着全球变暖，极端温度也发生了改变。在中纬度许多地区已经观测到霜冻天数明显减少，而极暖天数和极寒天数明显增加。就全球而言，20世纪90年代是自1861年以来最暖的10年，1998年则是自1861年以来最暖的一年。最近的研究指出，20世纪的增暖可能是近1000年中增暖最大的100年，20世纪90年代和1998年则可能是近1000年中最暖的10年和最暖的一年。对中国观测资料的研究也指出，近百年中国的气温大约上升了0.5℃，1998年也是中国近百年以来最暖的一年。

(2)降水格局发生变化。大气成分的变化已使全球的降水格局发生变化。总体趋势是，中纬度地区降水量增大，北半球的亚热带地区的降水量下降，而南半球的降水量增大(Houghton et al.，1990)。观测到许多地区1901~2005年间的降水量有变化趋势，如北美洲和南美洲东部、欧洲北部、亚洲北部和中部降水量显著增加，而萨赫勒、地中海、非洲南部、亚洲南部部分地区降水量减少。在降水量增加的地区，大雨和极端降水时间增多，降水量减少的地区，干旱威胁增加（IPCC Working Group 3，2007）。温室效应导致全球暖化也会提高海洋表面的蒸发量，从而提高大气中水汽的含量。

（3）全球云量分布的变化。自20世纪以来，全球的云量有增加趋势，如在印度过去的50年内云量增加了7%，欧洲80年内增加6%，澳大利亚80年内增加了8%，北美洲过去的90年增加了9%（林光辉，1995），但这些变化是由于观测误差引起，还是起因于大气成分的变化，目前还不能做出定论（Vitousok，1994）。

（4）海平面上升。全球变暖导致的另一个重要现象就是海平面上升。海平面上升与温度升高的趋势相一致。在1971~2010年期间，全球平均海平面以每年1.7mm的平均速率上升，从1993~2010年，全球平均海平面以每年大约3.2mm的速率上升。在1993~2003年期间，海平面上升的速率加快是否反映了年代际（10年）变率或更长时期的上升趋势，目前尚无清晰的结论。自1993年以来，海洋热膨胀对海平面上升的预估贡献率占所计划的各贡献率之和的57%，而冰川和冰帽的贡献率则大约为28%，其余的贡献率则归因于极地冰盖。在1993~2003年期间，在不确定性区间内，上述气候贡献率之和与直接观测到的海平面上升总量一致。

1961年以来的观测表明，全球海洋已经并且正在吸收增加到气候系统内的80%以上热量，海洋升温已延伸到至少3000m的深海。升温引发海水膨胀，导致海平面上升，20世纪全球海平面上升约0.17m。验潮站资料指出，1961~2003年全球海平面平均上升速率为1.8mm/年，而1993~2003年卫星观测到的为3.1mm/年，卫星观测资料和验潮站的资料精度有差别。报告给出了海洋热膨胀和冰冻圈融化对海平面上升的贡献量值和不确定性。近年来，由于数据集和资料分析能力的提高，资料地理覆盖的扩大和新观测方法的应用，加深了对气候系统变化的认识，认为气候系统的变暖是毋庸置疑的。此外，也观察到了大气环流形态发生变化等现象（龚道溢等，1999）。

（5）冰雪面积减少。已观测到的冰雪面积减少趋势也与变暖趋势一致。卫星数据显示，全球雪盖面积在减少，非极区高山冰川普遍退缩，北半球春夏海冰面积也在减少。北半球降水量出现系统变化，其中，除了副热带陆区每10年减少0.3%左右外，大部分陆地区域降水量有增加的趋势，北半球中高纬陆区的降水在20世纪每10年增加了0.5%~1%，热带陆区每10年增加了0.2%~0.3%。在区域尺度上发现一些气候异常的时间，如极端最高气温的出现频率增加，标志寒冷时间的霜冻和冰冻日数减少。

1978 年以来的卫星数据显示，北冰洋年平均冰盖面积以每 10 年 2.7% ±0.6% 的速度缩减，其中夏季缩减达每 10 年 7.4% ±2.4% 。1900 年以来北半球最大冻土面积缩减了 7% ，其中春季冻土面积的缩减达 15% 。1982 年，Jones 等收集了 1881～1980 年世界各地的气温观测资料，再一次详细地研究了近百年来北半球的温度变化，发现：从 19 世纪末到 20 世纪 40 年代温度持续上升，到 1944 年温度大约上升了 0.7℃ ；从 1945 年以后气温下降，到 60 年代末 70 年代初下降到最低点，在此期间大约下降了 0.4℃ ；但 70 年代初以后气温又逐渐回升，到 1980 年又回升了 0.3℃ 。从而消除了对 "小冰期" 再度来临的担心。据最近资料分析，1981 年北半球平均气温比平均值高 0.48℃ ，是近百年来最暖的一年，1983 年是近百年来第三个暖年，1984 年也高于平均值。因此 1980～1984 年可能成为自 1881 年记录以来最暖的 5 年。这种回暖的势头一直持续到现在，特别是北半球高纬度地区冬季的回暖很明显。关于南半球的情况，澳大利亚学者根据澳大利亚、新西兰和南极海岸气温资料分析，发现南半球自 1957 年以来的气温变化趋势也是上升的，所以近年来的回暖势头是全球性的。

在大陆、区域和洋盆尺度上观测到气候系统的长期变化，包括北极温度与冰冻圈的变化，降水量、海水温度、风场以及干旱、强降水、热浪和热带气旋强度等极端大气方面的变化。近 100 年来，北极平均温度几乎以高于全球平均升温 2 倍的速率升高。按 2012 年年底计，1979 年以来，北极海冰面积每 10 年以 3.5%～4.1% 的平均速率减少；20 世纪 80 年代以来，北极多年冻土顶部温度上升了 3.0℃ ；1900 年以来，北半球季节冻土最大面积约减少了 7% 。

（6）气候灾害事件。最近几十年来，天气和气候极端事件的次数和强度都是惊人的。20 世纪 60 年代以来，南、北半球中纬度西风强度增强；70 年代以来在更大范围内，尤其是在热带和亚热带，观测到了强度更强、持续时间更长的干旱；近 50 年强降水事件的发生频率也有所上升，陆地上大部分地区的强降水频率增加，中国强降水事件也在增加。1970 年的孟加拉的特大洪水导致 25 万人死亡，中国 1998 年发生的长江特大洪水所造成的生命财产和经济损失是新中国成立以来罕见的。已观测到近 50 年来大范围内极端温度的变化：冷昼、冷夜和霜冻已较少见，热昼、热夜和热浪更加频繁。每 10 年热带气旋（台风和飓风）的个数没有明显变化趋势，但 70 年代以来全球热带气旋的强度呈增大趋势，强台风的数量增加，在北太平洋、印度洋与西南太平洋最明显。强台风数出现的频率，从 70 年代以来的不到 20% ，增加到 21 世纪初的 35% 以上。已有证据显示，至少从 20 世纪 80 年代以来，在陆地和海洋上空、对流层上部，平均大气中的水汽含量都有增加。近 50 年来强降水事件发生的频率上升，与增暖事实和观测到的大气水汽含量的增加相一致。以前认为夜间温度升高的速率是白天的两倍,温度日较差趋于减小,而新资料表明,白天和夜间温度均以大致相同的速率升高,1979~2004 年温度日较差未发生变化。认为冷昼、冷夜和霜冻发生的频率减小了,而热昼、热夜和热浪等频率增加了。以上诸多新的观测结果,大大丰富了人类对全球气候系统变暖的认知(秦大河等,2008)。

(7)厄尔尼诺。厄尔尼诺一词来源于西班牙文"El Niño"是圣婴的意思,最初用来表示每年圣诞节前后,沿厄瓜多尔一带海岸出现的一支微弱且向南移动的暖海流。后来,在科学上指太平洋东部和中部的热带海洋海水温度异常持续变暖的现象。这是大尺度海-气相互作用下形成的一种异常的海洋和大气现象,厄尔尼诺的发生会对当地生态系统造成灾害性的后果,使大批海洋生物和鸟类死亡,渔业减产。伴随着厄尔尼诺现象的发生,沃克环流减弱,从太平洋到印度洋引起一系列的气候异常。

一般每次厄尔尼诺约持续 1 年左右,从 3~4 月气温开始上升,年末 12 月前海温正距平达到最大,以后迅速下降,直到翌年 3~4 月海温恢复正常,但有时海温正距平能持续 2 年。厄尔尼诺平均 3~4 年发生一次,但也有时仅隔 1 年,有时则相隔 6~7 年。

关于厄尔尼诺现象的研究由来已久,但对与它有关的许多重要问题,包括起始机制、暖水来源以及东部和中西部赤道太平洋环流之间的动力学交换,目前还不是很清楚。根据已有的研究,可以认为厄尔尼诺现象的出现与赤道太平洋面的东西坡度及逆洋流的强度的变化有关,而赤道洋面的东西坡度及从西向东的赤道逆洋流的强度又与南半球大范围信风系统的强弱有关。当东南信风强劲时,在离岸风的作用下,会造成厄瓜多尔和秘鲁沿岸一带呈现冷水上翻,使洋面和东西坡度增大,赤道逆洋流强度减弱;而当东南信风减弱甚至变为西风时,东部沿岸的冷水上翻停止,赤道逆洋流增强,且在较大的洋面东西坡度作用下,有更多的暖水输送到赤道东太平洋。因此有的研究指出,对于厄尔尼诺现象的出现,赤道太平洋从东风转为西风,是个至关重要的变化,而这种变化和南方涛动指数的变化位相有关。南方涛动是发生在南太平洋及印度尼西亚地区之间的反相气压振动,研究证明,南方涛动影响强劲,超过气候噪音的年际尺度气候变化的信息,同全球大气环流和许多地区气候异常有某种程度的联系。1969 年,Bjerknes 等首先发现了南方涛动与厄尔尼诺之间的联系,有研究更表明南方涛动与厄尔尼诺有密切关系,所以把它们合称为 ENSO(Ei Niño Southern Oscillation)。一般来说,在出现厄尔尼诺现象之前,存在南方涛动指数滑动平均的峰值,太平洋中部和西部低空风的滑动平均是东南信风,而当南方涛动指数及东南信风达最低时,则出现厄尔尼诺现象。

厄尔尼诺现象是全球气候异常和地质灾害频发的最主要因素。据统计,1997~

1998 年的厄尔尼诺事件造成的直接经济损失近千亿美元。对中国而言，1997 年北方发生 70 年代以来同期最大范围的夏旱，1998 年发生特大暴雨洪水以及同时伴生的地质灾害，给国民经济造成重大损失。

厄尔尼诺具有区域性强、能量变化大、活动频繁、有规律但无严格周期等特点。目前有关厄尔尼诺的起因众说纷纭。国内外的相关研究主要分为大气环流异常、海洋环流异常、地热释放异常与天文因素变化四种类型的成因。综合因素成因已为日益增多的证据所证实。

1.4　气候变暖的原因

1.4.1　人类因素和自然因素对气候变化的驱动

1.4.1.1　温室效应机理

地球表面温度是由地表接受太阳辐射能（称为太阳辐射或直接辐射）和从地表向大气发出的长波辐射能（散射辐射）所决定的。太阳辐射是最大波长为 $400 \sim 800nm$ 的可见光。在大气层中几乎没有吸收可见光的成分，因此，除了被云、大气中的尘埃及气溶胶等较大颗粒以及积雪等反射掉一部分外（约 30%），大部分太阳辐射（约 70%）被地表下垫面所吸收。被吸收的太阳辐射除地表加热外，一部分变成长波的红外线被反射出去（称反射辐射）。反射辐射的能量一部分逸散到宇宙空间，一部分被云、尘埃等反射回地面，另外还有一部分被 CO_2、H_2O、CH_4、O_3、CFCs 等分子吸收。也就是说，太阳光主要以可见光的形式到达地球表面，被吸收的能量以红外辐射的形式散射到大气，它们的一部分被 CO_2 和 CH_4 等微量气体成分吸收，从而减少了地表热量向宇宙空间的散失。如果这一部分的成分在大气中增多，逸散的能量就减少，地球能量收支平衡就偏向正的一方，因而，地球就变得越暖和。也就是说，它们的存在起到了温室效应的效果，因此这些分子又称为温室气体。这就说明了温室气体增加导致全球气候变暖的机理。

在地球能量平衡中，云、气溶胶和积雪能吸收和放射红外线，但也反射太阳辐射。因此，它们的总体效果是使地球表面变冷。如果没有温室气体存在，那地球将是十分寒冷的。据计算，如果仅仅有 O_2 和 N_2 的大气层，则地表温度不是今天的 15℃，而是 -6℃才能平衡来自太阳的入射辐射（Houghton，1994）。如果没有大气层，地表温度是 -18℃。在产生温室效应的分子当中，水汽是最重要的，在中纬度地区晴朗的天气下，对温室效应的贡献，水汽占60%～70%，而CO_2浓度贡献仅占25%左右。但水汽含量是由大自然决定的，并且在大气中相对稳定。因此，通常我们所说的温度气体一般不包含水汽。

1.4.1.2　人类因素对气候变化的驱动

引起气候变化的人类活动主要包括温室气体和气溶胶排放的增加、土地利用变化等，其基本原理是通过改变大气中温室气体的源汇来实现，可归纳为四个方面：

(1)改变温室气体浓度影响大气热量平衡。地球表面的温度是地表接受到太阳辐射能和从地表发出的辐射能共同决定的，"大气逆辐射使地面因放射辐射而损耗的能量得到一定补偿，因而对地面有一种保暖作用，这种作用称为大气的温室效应"。一旦大气中温室气体的含量增加，将会通过增强温室效应使地球表面温度升高，导致全球变暖。化石燃料燃烧排放的CO_2等温室气体是人类活动改变大气热量平衡的主要驱动力。据IPCC第四次评估报告中提供的数据显示："自工业化时代以来，由于人类活动所产生的全球温室气体排放已经增加，在1970～2004年期间增加了70%，其中CO_2年排放量增加了大约80%，从210t增加到380t，在2004年已占到人为温室气体排放总量的77%。"这些温室气体排放的最大增幅来自能源供应、交通运输和工业，此外住宅建筑和商建筑、林业和农业等部门排放的甲烷(CH_4)、CO_2、氧化亚氮(N_2O)、全氟碳化物($PFCs$)、氢氟碳化物($HFCs$)、六氟化硫(SF_6)等温室气体也起到了相应的增温效应。

(2)改变土地利用方式影响大气热量吸收。人们对土地利用和管理的改变，可以导致土地覆盖的变化，而土地覆被和土地利用的变化又会对反照率、蒸发、温室气体的源汇或气候系统的其他性质产生影响，从而影响局地乃至全球的气候。伴随着人类文明由农业时代向工业化时代的迈进，人类活动导致的土地利用和土地覆盖的变化是极其广泛和深刻的，由于人口激增，森林和草地等自然植被常常被开辟成农业用地，城市化又将大批自然植被和农耕地变成钢筋水泥建设用地，资料显示："近300年来人类已砍伐了占陆地面积五分之一的森林，进入20世纪80年代，每年砍伐森林约为15万km^2，陆地表面有一半以上被改变了土地覆盖类型。"(IPCC，2000)这直接增加了地球表层生态系统的脆弱性，成为全球气候变化的重要驱动因素之一。近十几年来，"土地利用和土地覆盖变化(land use and land cover change，LUCC)对气候变化与生态系统的影响及其互馈机理的研究已经得到了更多的重视，被列为全球变化研究的重要内容之一。"

(3)改变下垫面性质影响大气热量循环。所谓"下垫面"是指"与大气下层直接接触的地球表面，包括地形、地质、土壤和植被等，是影响气候的重要因素之一"。人为因素改变下垫面性质的活动主要体现在两个方面：其一是大量砍伐森林改变陆地植被，众所周知森林对水土保持、维持生态平衡的良性循环具有十分重要的作用，除了吸收二氧化碳以外，由于林冠的遮挡，森林还能够很好地调节地表温度，但如此宝贵的森林资源却已经遭到人们的破坏性利用，据有关数据表明："地球森林面积正在逐渐减小，19世纪全球森林覆盖率下降到46%，20世纪初下降到37%，目前全球森林覆盖率仅为22%。"人类活动改变下垫面性质的另一方面是海洋石油污染引发"海洋沙漠化效应"，当排入海里的废油达到一定计量时，会形成一层厚厚的油膜浮在海面上，抑制了海水的蒸发，使海洋上空气变得干燥，同时又减少了海面潜热的转移，导致海水温度的日变化、年变化加大，从而使海洋失去了调节气温的作用，据统计，"每年由于运输不当或油轮失事等原因，全球约有100万t以上的石油流入海洋"，由此造成的局地和全球性气候影响，以及对海洋生物带来的生存灾难是可想而知的。

（4）改变气溶胶浓度、破坏空气质量，对气候变化产生复杂影响。除了温室气体、地表覆盖率和太阳辐射的变化以外，大气中的气溶胶浓度也是引起气候变化的驱动因子之一，它是指空气中悬浮的固态或液态颗粒的总称，有自然和人为两种来源。人为气溶胶是由人类活动产生的各种粒子，主要来自化石燃料的燃烧、工农业生产活动等，包括硫酸盐、有机碳、黑炭、硝酸盐和沙尘等成分。大气气溶胶是造成空气污染的主要因素，自工业革命以来，人类活动向大气排放了大量的 SO_2 等气体，据统计，"全球年平均人为 SO_2 排放总量约为151亿t/年，东亚地区占全球排放总量的16.7% ~ 21.5%，中国内地的排放占东亚排放量的78.8%，且100°E以东的中国东部经济发达地区排放占全国大陆总排放量的97.7%"。空气质量的破坏对经济社会的许多方面都会产生严重影响，如危害人群身体健康；遮挡太阳辐射，使农作物减产；降低城市能见度等。此外，气溶胶还会对气候系统产生十分复杂的作用，表现为散射辐射和吸收辐射的直接效应，以及通过影响云的形成进而反作用于气候的间接效应，研究表明：不论各种气溶胶的作用有何不同，所有大气气溶胶的总气候效应都是使地球温度降低（石广玉等，2008）。有关合理利用气溶胶的制冷作用，实现控制空气污染与减少温室气体排放的课题已经引起了科学家们的广泛关注（李国琛，2005）。

1.4.1.3　自然因素对气候变化的驱动

形成并影响地球气候的基本因素是大气环流、太阳辐射和地表状况。

（1）太阳辐射是主导因素，是大气及海陆增温的主要能量来源，也是大气中一切物理及天气气候过程和现象的基本动力。全球气候地区差异、季节及年际变化不同，主要是太阳辐射地球表面分布不均及其变化的结果。在高纬度地区，夏季光照量大，而冬季光照时间短，辐射量小；极地几乎为零，终年冰天雪地，气温很低；中纬度地区辐射量居中，春夏秋冬光照四季分明；低纬度地区，一年四季辐射都较多且变化较小，因而终年气温较高，反映四季常夏的气候特色。

（2）大气环流是操纵天气气候变化的无形机器。大气是指包围在地球表面的整个气层，厚度达 1000～2000km，但大气环流过程主要发生在 10 多 km 以下的对流层。低纬度空气受热膨胀上升，高纬度空气因冷却而下沉，于是就构成了大规模的大气环流，再加上地球自转偏向力的作用等复杂因素，形成各种风系及气候带，并造成地球温度分布的现存状况。工业革命以来，大气温室气体增加是一个不争的事实。由温室气体增加导致全球温暖化的事实，也可以从大气环流模型的研究中得到证实。在气候变化研究中使用最广泛的气候模型是三维大气环流模型（3D – GCM）。它们由描述大气运动的能量、动量、质量以及水汽守恒的原始方程组成，同时也反映云的形成、热量和水汽在大气内部和大气与地球表面之间的传输等物理过程。在地表和大气层中的若干高度上，以规则的网格点形式给出大气的初始状况和边界条件，然后用数值方法对每个网格点求解这个原始方程组（章基嘉，1995）。目前，国际上主要的 GCM 模型有 5 种，各自以研制单位命名，它们是英国气象局模型（UKMO）、美国国家海洋和大气管理局的 Goodard 空间研究所模型（NCAR）、美国大气研究中心模型（GFDL）、地球流体动力学实验模型（GISS）和俄勒冈州立大学模型（OSU）。这些模型预测 CO_2 加倍情境下，全球平均气温和降水的变化分别为增温 2.8～5.2℃，降水量增加 7%～15%。

（3）地表状况包括地理纬度、海陆分布、洋流、地形、植被等地理环境因素。陆地与海洋具有不同的辐射性质、反射率、热容量、传热方式和热量分配方式，因而形成大陆性气候和海洋性气候。海洋不仅决定了海洋气候的特殊性，而且还极大地影响着陆地，尤其滨海地区气候。在海陆边界地带，白天吹海风，而夜间吹陆风，形成昼夜周期性海陆风环流；在大陆与大洋之间的广大区域，由于下垫面截然不同，下半年盛行夏季风，吹偏南风，冬半年盛行冬季风，吹偏北风（北半球），形成年周期性季风环流。地形对气候的影响错综复杂，往往一山之隔，山前与山后，南坡与北坡气候大不相同；森林气候与荒漠气候更是差别极大。总之，地表状况不同形成的气候是不同的，它与太阳辐射和大气环流同是形成气候的三大基本因素之一。

1.4.1.4　天文成因

全球气候变暖主要是由于大气中温室气体的增加造成的，但对于这样一个结论，有些人持有不同的观点。任振球（1990；1997）通过对地球系统的研究，认为 20 世纪以来全球变暖的原因，自然因素和人为因素都很重要，很难分清何者为主。他强调自然因素重要性的依据在于：

（1）从太阳活动来看，近百年来反映太阳活动水平的 11 年周期的太阳黑子相对数也呈现一个增强趋势，与大气 CO_2 浓度的变化趋势和全球变暖趋势相吻合，说明了太阳活动的重要性。

（2）从行星地心汇聚的力矩效应看，九大行星地心汇聚的力矩效应可使地球冬夏的公转半径和公转速度发生改变，从而对千年和百年尺度的气候变化有重要影响。通过计算 4 颗巨行星（木星、土星、天王星和海王星）的力矩效应，发现它在近千年来呈相当稳定的准 60 年的周期变化。20 世纪内，这种准周期变化与全球，尤其与北半球气温变化的间隔期 60 年振动相当一致。地球自转速度也与这种 60 年间隔期间呈大致同步的演变。

（3）从长期气候变化趋势来看，较长时间尺度的气候变化对较短时间尺度的气候变化往往具有控制作用。在千年时间尺度上，目前是处于 17 世纪的小冰期盛期已过的增暖期，在 2020 年前后，北半球气候可能进入相对冷期，然后有所回升增暖，到 22 世纪初可能迅速增暖，至 22 世纪中期又可能迅速降温。

任振球还认为，目前温室效应的观点占上风的原因之一是在全球气候变化研究中缺少研究地球系统的科学家参与。因此，今后的全球变化研究应重视自然因素的研究。

1.4.2 陆地植被与大气 CO_2 浓度的时空分布

如上所述，大气 CO_2 浓度的增加是全球暖化的主要原因。具有吸收和放出 CO_2 双重作用的陆地植被在大气 CO_2 浓度变化中起着什么样的作用是生态学家十分关注的问题。最近二三十年的研究表明，陆地植被的作用一方面表现为通过热带雨林地区土地利用方式的改变向大气释放 CO_2，从而加速全球暖化的进程；另一方面，北半球的植被，尤其是温带林和北方森林通过 CO_2 施肥效应吸收大气中的 CO_2，从而减缓全球温暖化的进程。这两方面的平衡决定着全球植被，尤其是森林对大气 CO_2 浓度变化的贡献。

在热带林土地利用方式的改变方面，主要是由于原始林的大面积采伐和烧荒耕作，使热带森林大面积减少。热带林占全球森林面积的 40%、植被碳通量的 46%、土壤碳量的 11%。一旦它们遭到破坏，森林中所含的有机质将以 CO_2 的形式释放到大气中。目前，全球热带林面积每年减少 1640 万 ~ 2040 万 hm^2，相当于每分钟减少 31 ~ 39hm^2（王小平，1990）。因此，热带林破坏与大气 CO_2 浓度的关系在 20 世纪 70 年代初就引起了科学家们的关注。1970 年，美国的一个环境研究小组（SCEP）就对陆地植被的 CO_2 汇功能提出质疑，认为现代的热带森林已由原来的净吸收 CO_2 的汇变成了向大

气净释放 CO_2 的源(Wilson，1970)。1978 年，美国著名的生态学家 Woodwell(1987)在《Science》上撰文，明确提出了热带林每年向大气净释放的碳量为 3.5Gt C，相当于人类使用化石燃料释放 CO_2 总量的 2/3。现在看来，尽管这一估计值偏大，但目前估计值仍为 1.659Gt C/年，约是化石燃料释放量的 1/3(Houghtom，1987)。

陆地植被与大气 CO_2 浓度关系还表现在植被对大气 CO_2 时空分布格局的显著影响上。在北半球，CO_2 浓度的极小值出现在夏季的 8、9 月份，而在南半球，季节性变化不明显。陆地植被的作用是造成 CO_2 浓度的这种季节性变化的主要原因。在北半球的夏天，由于植物的光合作用，吸收大气中的 CO_2，使 CO_2 浓度降低；相反，到了冬天，植物的光合作用几乎停止，生物圈的吸收、分解作用仍在进行，这时向大气释放 CO_2 的量大于植物吸收的量，结果 CO_2 浓度增加。另外，北半球冬季利用化石燃料取暖也是 CO_2 浓度增加的重要原因之一。南半球的 CO_2 浓度变化不显著的主要原因是由于南半球大部分为海洋所占据，陆地仅占 11%，且其主体由荒漠和无植被的冰盖(南极大陆)组成，从而使植被的作用大为减弱。

除了植被的作用外，大气—海洋之间的 CO_2 交换量的变化也能对大气 CO_2 浓度的季节变化产生一定影响。在南半球，年较差小并随纬向的变化不明显。但在北半球，情景大不一样，CO_2 浓度的年较差不仅较大，而且随纬度的增加急剧增加。在陆地，这种差异在中、高纬度地区达到最大，这与中、高纬度地区(40°~75°N)的高植被覆盖率是十分吻合的。另一方面，在大洋上，到北极点附近才达到最大值。北半球中、高纬度地区年较差大的主要原因来自两方面：一是植物的作用；二是此纬度与其他纬度带相比，海洋所占的比例较小，从而难以消除来自陆地的季节变化的影响。植被稀少的北极地区，似不应产生显著的 CO_2 浓度的季节变化，但实际上的年较差较大。观测表明，这是来自中、高纬度大气传输的结果。至于赤道附近 CO_2 浓度的季节性变化较小的原因，可由陆地植被光合作用的季节变化得到解释，因为在赤道附近，植物的同化作用没有明显的季节变化(方精云等，1996)。

1.5 未来全球气候变化的趋势

气候变化的情景是指未来可能出现的气候特征与当前气候之间的差值。由于影响因素复杂，目前多数研究仅仅把由人类活动引起的大气中温室气体和气溶胶浓度的未来变化作为输入，利用气候模式计算出来气候变化。按照 IPCC 排放情景模拟预测，可以基本肯定的是，在 21 世纪化石燃料燃烧引起的 CO_2 排放还将对大气 CO_2 浓度趋势起到主要作用。即便迄今所有因土地利用变化而释放的碳在 21 世纪内均为陆地生物圈所吸收，大气 CO_2 浓度也只能减少 40 ~ 70μL/L。在《IPCC 排放情景特别报告 (SRES)》SRES 情景下，整个 21 世纪由于温室气体引起的全球平均辐射强度相对于 2000 年将持续增加。

模拟结果显示，即使所有辐射强度都稳定在 2000 年的水平，未来 20 年全球地表平均温度仍将以每 10 年 0.1℃的速度增加，这主要是源于海洋的滞后反应。在 SRES 排放情景范围内的预测变暖速度约为每 10 年升温 0.2℃。在低排放情景下，全球平均地面气温升高最佳预测值 1.8℃，可能性区间为 1.1 ~ 2.9℃；而在高排放情景下，全球平均地表气温升高最佳预测值为 4.0℃，可能性区间为 2.4 ~ 6.4℃。

在所有 SRES 情景下，预计 21 世纪末全球平均海平面将上升 0.18 ~ 0.59m，主要是由于热膨胀和冰川、冰盖的消失。根据全球模式模拟，SERS 多种情景下 21 世纪全球平均水汽含量和降水量预计将增加。到 21 世纪后期，北半球中高纬度和南极的冬季降水可能将增加，而在低纬度陆地地区则是区域降水增加和降低趋势并存。多数亚热带陆地地区的降水量很可能降低。在预测平均降水增加的地方，降水的年际变率很可能会增大。

SRES 情景下，21 世纪几乎所有陆地地区都很有可能出现最高气温和最低气温升高、热日数增加而冷日数和霜日数减少、强降水时间增多的趋势。多数中纬度大陆地区可能出现夏季陆地变干或干旱风险增加的趋势。一些地区还可能出现热带气旋最大风速增大、热带气旋平均和最大强度增加。2100 年全球平均气温将比 1990 年上升约 1.4 ~ 5.8℃，即每 10 年将升温 0.14 ~ 0.58℃。这一升温估计值比第二次评估报告的估计值高，这一新的升温率，大大高于 20 世纪中叶观测到的升温率。增温幅度将因地区和季节而异，如所有陆地都比全球平均增暖快，特别是北半球高纬度的冬季的增暖更快，如北美洲的阿拉斯加、加拿大、亚洲北部、青藏高原等模拟的增温值高出全球平均约 40%。

全球气候增暖后，预计 21 世纪降水趋于增多，但也有季节变化和区域差异，总的来说，除个别地区和个别季节，如夏季地中海地区和澳大利亚的冬季降水将减少外，其他大部分地区和季节降水普遍增加。预计平均降水增加的地区，可能出现较大的降水年际变化，一些地区将可能出现频繁的旱涝和干旱。应该指出的是，以上给出的气候变化情景中包含有相当大的不确定性，特别是降水变化情景的不确定性更大。

温室气体是造成全球气候异常的主要原因，因此日前对全球气候变化的预测是在对温室气体预测的基础上进行的。据分析，各种温室气体中，CO_2 在今后很长一段时间内仍将持续上升；CH_4 排放量也将随世界人口的增加而增加；N_2O 浓度随工业发展程度的增加亦将增加；而氟氯烷烃的排放量将在人为控制下持续减少；对臭氧（O_3）的预测结果是，在今后几十年内，对流层和平流层下部的 O_3 将呈增加趋势，平流层中部和上部的 O_3 则将呈下降趋势。

根据温室气体的这种变化趋势，许多学者对全球气候变化提出了各种预测模式，其中二维大气海洋环流模式和大气海洋耦合模式得到了较多认可，根据这种预测结果，到 2050 年，全球气温仍将持续上升（尹荣楼等，1993；叶笃正，1992；陈泮勤等，1993）。

但需注意的是，尽管目前所做的大部分预测表明未来全球气温将持续上升，但这种预测的结果仍值得进一步研究探讨。第一，目前所做的预测只是建立在理论基础上，虽然有些模式的迁延响应试验得到了验证，但预测的结果仍不能说是十分准确的。一方面，温室气体的变化趋势还不能准确预测；另一方面，全球气候的变化除与温室气体有关外，还与其他许多因素相关，而预测模型中只考虑了其中的部分因素。第二，除各种人为活动对气候变化有影响外，各种自然因素本身周期性的变化对气候也有显著影响。地球是太阳系的一个星球，它是一个开放系统，在不断地运动变化着，不断地进行着物质与能量的交换。由于缺乏具体的记录与有效的测量手段，因此目前全球气温升高究竟主要是由人为活动引起还是自然的变化，还需进一步研究确定。第三，从全球气候的变化特点来看，虽近 100 年来全球气候普遍变暖，但全球气温的升高并非呈直线趋势上升。一方面，从 19 世纪到 20 世纪 90 年代，全球气温的升高并不是持续的，其中 20 世纪 40～70 年代气温约下降 0.05℃。另一方面，全球气温变化有明显地域性差异。根据资料统计分析，自 1880 年到 20 世纪 90 年代，北半球的气温变化相对较大，气温约上升了 0.80℃，南半球和低纬度地区气温变化相对较小，此间气温增加幅度约 0.60℃（王绍武，1990）。如果就每个国家或地区分析而言，则不少地区的气温变化很小，甚至有些地区的气温不但没有上升，反而呈下降趋势，如我国南方地区，尤其是西南一些地区的气温就非但没有发生异常变暖，反而有下降趋势。第四，由于温室气体的大量排放是由人为活动所引起，所以温室气体未来的排放量及变化趋势在很大程度上取决于各个国家的方针政策和科学技术的进步，因此目前所做的各种预测的科学性值得商榷。

热带西北太平洋热带气旋（TC）生成频数在 20 世纪 50 年代至 70 年代初是偏多时期，从 70 年代中期至今处于偏少时期，这与热带西北太平洋上空大尺度大气环流的年代际变化密切相关。在 TC 生成频数偏多时期，热带西北太平洋对流层高层有异常的反气旋环流、辐散气流和对流层高低层较弱的垂直风切变；而在 TC 生成频数偏少时期，则有异常的气旋环流、辐合气流和对流层高低层较强的垂直风切变。

在 IPCC 不同的温室气体和 SO_2 排放情景下，模式预测的未来热带西北太平洋对流层上空大尺度大气环流存在一定的差异。在温室气体和 SO_2 排放量较多的情景下，从年代际时间尺度看，热带西太平洋对流层上层从 20 世纪 10 年代初至 20 年代末以异常的反气旋环流、辐散气流和对流层高低层较弱的垂直风切变为主，由此推断该时期 TC 生成频数可能将偏多；而从 30 年代初至 40 年代初以异常的气旋环流、辐合气流和对流层高低层较强的垂直风切变为主，由此推断该时期 TC 生成频数可能将偏少。在温室气体和 SO_2 排放量相对较少的情景下，热带西太平洋对流层上层从 20 世纪 10 年代初至 40 年代初以异常的气旋环流、辐合气流和对流层高低层较强的垂直风切变为主，由此推断未来较长时期内可能一直维持目前 TC 生成频数偏少的状态。各时段 TC 生成频数相对当今气候偏多或偏少量值约 11%。

全球 CO_2 浓度从工业革命前的 280μL/L 上升到了 2005 年 379μL/L。据冰芯研究证明，2005 年大气 CO_2 浓度远远超过了过去 65 万年来自然因素引起的变化范围（180～300μL/L）。过去 10 年 CO_2 浓度年增长率为 1.9μL/L，而有连续直接测量记录以来的年增长率为 1.4μL/L。自 1750 年以来人类活动以 +1.6W/m^2（+0.6～+2.4W/m^2）的净效应驱动气候变暖。全球 CO_2 浓度的增加主要是由化石燃料的使用及土地利用的变化引起的，而甲烷（CH_4）和氮氧化物浓度的增加主要是由农业引起的。化石燃料燃烧释放的 CO_2 从 20 世纪 90 年代的每年 6.4GtC（6.0～6.8GtC）增加到 2000～2005 年的每年 7.2GtC（6.9～7.5GtC）。在 20 世纪 90 年代，与土地利用变化有关的 CO_2 释放量估计是每年 1.6GtC（0.5～2.7GtC）。全球 CH_4 浓度从工业革命前的 715μL/L 增加到了 2005 年的 1774μL/L，这一数据远远超过了过去 65 万年来自然因素引起的变化范围（320～790μL/L）。但是，其浓度增长率在 20 世纪 90 年代早期开始降低。全球氮氧化物浓度从工业革命前的 270μL/L 增加到了 2005 年的 319μL/L，其增长率从 20 世纪 80 年代以来基本上是稳定的。

近期气候变化的直接观测表明全球大气平均温度和海洋温度均在增加、大范围的冰雪融化和全球海平面升高。在大陆、区域和海盆尺度上，已经观察到了大量的长期气候变化事实，包括北冰洋温度和冰的变化，降水、海洋盐度、风模式和极端气候方面大范围的变化。过去 50 年变暖趋势是每 10 年升高 0.13℃（0.10～0.16℃），几乎是过去 100 年来的 2 倍。2001～2005 年与 1850～1899 年相比，总的温度升高了 0.76℃（0.57～0.95℃）。1961 年以来，观测显示至少 3000m 深度以上的海水温度也在增加，并且海洋吸收了气候系统新增热量的 80% 以上。变暖导致海水扩张，引起海平面上升。全球海平面 1961～2003 年每年平均上升 1.8mm（1.3～2.3mm），而 1993～2003 年每年平均上升 3.1mm（2.4～3.8mm），20 世纪上升估计值为 0.17m（0.12～0.22m）。

1978 年以来北冰洋海冰范围平均每 10 年减少 2.7%（2.1%～3.3%），夏季减少得更多，为 7.4%（5.0%～9.8%）（IPCC Working Group 3，2007）。

1.6　中国气候变化的现状和趋势

1.6.1　已观测到的气候变化

近 100 年来中国平均地表气温约增加 0.5～0.8℃，主要发生在冬季和春季，夏季气温变化不明显。20 世纪主要有两个暖期，即 20～40 年代和 80 年代中期以后。与全球变化不同的是，中国 20 世纪 20～40 年代增温十分显著。

近 50 年中国增暖尤其显著，全国年平均地表气温增加 1.1℃，增温速率为每 10 年 0.22℃，明显高于全球或北半球同期平均增温速率。北方和青藏高原增温比其他地区显著。西南地区出现降温现象，特别是春季和夏季降温较突出；长江中下游地区夏季平均气温也呈降低趋势（林学椿，1990）。

近 100 年和 50 年中国年降水量变化趋势不显著，但年代际波动较大（施能等，1995）。20 世纪初期和 30～50 年代年降水量偏多，20 年代和 60～80 年代偏少，近 20 年降水呈增加趋势。1990 年以来，多数年份全国年降水量均高于常年。近 100 年中国秋季降水量略为减少，而春季降水量稍有增加。近 40 多年（1956～2002 年）全国平均年降水量呈现增加趋势。

中国年降水量趋势变化存在明显的区域差异，1956～2000 年间，长江中下游和东南地区年降水量平均增加了 60～130mm，西部大部分地区的年降水量有比较明显的增加，东北北部和内蒙古大部分地区的年降水量有一定程度的增加，但是华北、西北东部、东北南部等地区年降水量出现下降趋势，其中黄河、海河、辽河和淮河流域平均年降水量在 1956～2000 年间约减少了 50～120mm。

在气候变化背景下，中国极端天气气候时间的频率和强度出现了明显的变化。近 50 年来，全国平均的炎热日数呈先下降后增加的趋势，而近 20 年上升较为明显。自 1950 年以来，全国平均霜冻日数减少了 10 天左右。中国近 50 年的寒潮时间频潮数下降。中国华北和东北地区干旱趋势严重，长江中下游流域和东南地区洪涝也加重。与降水相关的极端气候事件变化具有明显的区域性。近 50 年来，长江中下游流域和东南丘陵地区夏季暴雨日数增多较明显，西北地区发生强降水事件的频率也有所增加。中国西北东部、华北大部和东北南部干旱面积呈增加趋势。20 世纪 90 年代以来登陆中国的台风数量呈现下降趋势，近50年来东南沿海地区台风降水量也有所减少。另外，中国北方包括沙尘暴在内的沙尘天气事件发生的频率总体上呈下降趋势。

从全国各个区域的气温变化看，除东北地区外，其他各区与全国气温变化趋势基本一致。气温从增暖到变冷的转折点都在20世纪40年代前后，只是转折的具体年份略有差异。而且从70年代中期以后，各地区的气温都在回升。另外，从各个季节气温的变化看，除秋季变化的幅度稍大外，其他季节的变化趋势大多与年平均气温的变化一致稍有不同：70年代中期年平均气温开始回升，但冬季的回升从70年代初期就开始了，至70年代中期达到顶点，以后稍有下降；春季直到80年代初才开始回升。因此近10年平均气温与前10年平均气温比较，除春季变化不大外，其他各季包括年平均在内均系变暖，其中尤以秋季变暖趋势最为明显。最近有人研究了整个对流层大气的温度变化，发现从地面到9km的高空从1958~1970年约下降了0.50℃，但1970~1981年期间又上升了0.6℃左右，反而超出了1958~1959年约0.10℃。但在9~16km、甚至20km的高空1958~1981年气温总的趋势是下降的，这说明大气高低层的温度变化趋势是相反的。

另外，有学者对我国不同地区气候变化进行研究。以广东省为例，广东省年平均气温变化幅度在20世纪前80年相对较平稳，80年代中后期增温幅度明显加大，气温居高不下，是最暖的十几年，尤其是1998年以后，年平均气温创出新高，广东省的高温日数显著上升；近百年来，广东省年平均气温升高了0.6~0.8℃，上升趋势比全国略高。增温趋势在干旱的季节最为明显，在潮湿的季节增温较缓。胡建华（2010）通过水文雨量站点的甄选，选取其中255个序列较完整且在全省面上分布比较均匀的站点的1962~2006年雨量资料做统计，分析45年来气候变暖给广东省尺度降水量和暴雨带来什么样的影响。从广东省年降水量的一阶线性趋势来看，年降水量的变化趋势近40多年来基本上是平稳的，总体呈略增趋势，年降水量平均每年增加1.6mm。20世纪60年代、70年代后期至80年代初期、80年代后期至90年代初期及21世纪初是年雨量偏少期，年雨量偏多期则分别出现在70年代中前期、80年代中前期及90年代中期。1997年，年雨量达到2316mm，是1962年以来年雨量最多的年份，其次是1973年，年雨量达到2275mm。年雨量最少的年份是2004年，仅有1334mm，1963年年雨量1336mm，为第二少雨年。另外，降水量的年际最大变幅有增大的趋势，雨量序列中的极大值与极小期均出现在1997年后，后期年际雨量变幅为982mm，而在前期年际雨量变幅为939mm，气候变化对此具有一定影响。随着气候的变暖，汛期雨量呈逐步增加的趋势，非汛期雨量呈逐步减少趋势，意味着全年雨量的分配会更加不均匀。90年代中后期以来冬半年雨量逐步减少，尤其是近几年连续数年严重偏少，很可能进入了一个新的跨年代际的少雨周期。总之，在全球气温变暖的形势下，广东省同期增温更明显，通过对广东省大量雨量站多年的资料分析，降水量的年际变幅有变大的趋势，汛期雨量有逐步增加的趋势，非汛期雨量有逐步减少的趋势。日暴雨在区间 50 ~ 100mm 的站次会有所增加，且处在一个高值区，且年际变幅波动较大。

1.6.2　未来中国气候变化趋势

中国未来的气候变暖趋势将进一步加剧。中国科学家的预测结果表明（丁一汇等，2006；秦大河等，2005）：①与 2000 年相比，2020 年中国年平均气温将升高 1.3 ~ 2.1℃，2050 年将升高 2.3 ~ 3.3℃。全国温度升高的幅度由南向北递增，西北和东北地区温度上升明显。预测到 2030 年，西北地区气温可能上升 1.9 ~ 2.3℃，西南可能上升 1.6 ~ 2.0℃，青藏高原可能上升 2.2 ~ 2.6℃。②未来 50 年中国年平均降水量将呈增加趋势，预计到 2020 年，全国年平均降水量将增加 2% ~ 3%，到 2050 年可能增加 5% ~ 7%。其中东南沿海增幅最大。③未来 100 年中国境内的极端天气与气候事件发生的频率可能性增大，将对经济社会发展和人们的生活产生很大影响。④中国干旱区范围可能扩大、荒漠化可能性加重。⑤中国沿海海平面仍将继续上升。⑥青藏高原和天山冰川将加速退缩，一些小型冰川将消失（UNFCCC，1992）。

到 2100 年中国平均降水量可能增加 14%（11% ~ 17%），但地区差异较大，其中西北、东北和华南地区可能增加 10% ~ 25%，而渤海沿岸和长江地区可能会变干。

未来中国的极端天气气候时间发生频率可能会发生变化。中国地区的日最高和最低气温都将升高，但最低气温的升高更为明显，日较差将进一步减少。未来北方降水日数增加，南方的大雨日数将显著增加，暴雨天气可能会增加。

一些气候模拟结果表明全球气候变暖，全球大部分地区的降水将有所增加，而中纬度地区的降水将减少，有干旱化趋势。一些学者利用局部地区的温度与降水进行分析，得到气温升高则降水将减少，即得出暖干、冷湿的结论。国内有许多学者也研究了在地球增温的背景下，中国气象要素的响应程度，得出了许多不同尺度的气温、降水及极端天气事件的变化结果，其中不少结论认为：随着气候变暖，长江以南地区强降水 40 年来总的趋势是增加的（或略有增加）；长江中下游流域和东南地区洪涝加重；中等雨日、强降水日在长江中下游—华南南部一带为增加区（何丽，2007）。以河南省为例，河南省未来 30 年年平均气温有升高的趋势，每 10 年升高 0.45℃，全省温度升高 1.32 ~ 1.42℃，气温增幅明显区主要分布在南阳、驻马店和信阳的西部，其次是中东部和豫北的部分地区，豫西增幅最小。春季，气温的变化大致以京广线为界，京广线以西的区域增温幅度大于其东部，气温增幅为 0.390℃ /10 年，夏季，增温显著，温度升高1.5℃左右，主要升温区为豫北和中东部；秋季，全省增温都很显著，升高了1.3~1.5℃；冬季，黄河以南的区域增温都较明显，且自北向南升温幅度增加。在河南省的不同气候区，年平均气温的变化有所区别。河南省所有气候区都有升高的趋势，21世纪20年代比10年代平均气温升高0.3~0.4℃，30年代比10年代平均气温升高0.9~1.0℃，21世纪20年代河南省南部地区气温升高幅度小于北部地区，21世纪30年代河南省南部地区气温升高幅度大于北部地区，其中豫南山丘气候区上升得最快。21世纪20年代不同气候区年降水都有增加的趋势，而30年代降水趋势从北到南由增加转为减少。10~30年代的降水趋势与30年代相同，豫北山区气候区、豫平原气候区、豫西山地气候区、豫中丘陵气候区、豫东平原气候区有增加的趋势；南阳盆地气候区、豫东南平原气候区和豫南山丘气候区呈减少的趋势，其中豫南山丘气候区30年代减少趋势较为明显(赵国强，2012)。

第2章 气候变化对林业的影响

地球表面系统是一个巨大的、复杂的生态系统，是大气圈、水圈、生物圈和岩石圈相互联系、相互作用的整体，是一个与外界进行物质和能量交换的开放系统，是人类生产、生活的舞台和环境，这一系统发生任何变化都会影响到人类的生存和发展。反过来，人类的生产和生活必然对这一系统产生深刻的影响。尤其是人类社会进化到高度物质文明的今天，人类的这种影响越来越深刻，范围也越来越广泛。森林作为陆地生态系统的主体，是地球生物圈的重要组成部分。森林的存在、分布、结构、生长、生产率及其发展和变化，在很大程度上受到气候条件的影响和制约，随着气候条件的变化而发生变化。同时森林的存在能引起下垫面反射率、粗糙度、水热平衡状况发生变化，森林能吸收二氧化碳，净化空气、减少大气污染，从而对气候产生一定的反作用，影响气候及气候变化的程度和性质。因此，森林与气候二者相互依赖和影响，有着密切的关系。

林业活动是人类在一定气候条件下，以森林为基础和对象，有目的地营造森林、经营管理森林、保护和开发利用森林，以充分发挥森林的生态效益、经济效益和社会效益、满足人类不断增长的物质和文化需要，维护生物圈的生物多样性和地球生态平衡，为人类生产和生活提供良好的生态环境的一系列活动。由于气候与森林和林业生产有着密切的关系，地球气候的变化，必将会对森林和林业产生重要影响，特别是高纬度的寒温带森林，如改变森林结构、功能和生产力，特别是对退化的森林生态系统，在气候变化背景下的恢复和重建将面临严峻的挑战。气候变化下极端气候事件（高温、热浪、干旱、洪涝、飓风、霜冻等）发生的强度和频率增加，会增加森林火灾、病虫害等森林灾害发生的频率和强度，危及森林的安全，同时进一步增加陆地温室气体排放。

2.1 已观测到的气候变化对森林的影响

由于每个物种都有其特定的气候和环境条件的要求，当环境条件变化超出其耐受范围后，必然对环境变化作出响应，包括（Rosenzweig et al., 2007；Parry et al., 2007）：①生活行为或生命节律的变化，如动物的迁徙、植物开花等物候变化；②栖息地的变迁（如向极地移动）或种群密度的改变；③形态、繁殖、遗传的改变；④物种组织和生态系统结构和功能的变化；⑤灭绝。

2.1.1　气候变化对森林生态系统的影响

2.1.1.1　气候变化对森林物候的影响

森林物候是反映气候变化对植物发育阶段影响的综合性生物指标。物候学的研究可能是研究生态系统物种对气候变化响应的最简单最直接的方式。随着全球气候的变化，植物的物候也将发生显著变化，包括各种植物的发芽、展叶、开花、叶变色、落叶等生物学特性的改变，以及初霜、终霜、结冰、消融、初雪、终雪等水文现象的改变（方修琦等，2002）。在中高纬度北部地区的研究结果表明，气候变暖使20世纪中叶后春季提前到来，而秋季则延迟到来，植物的生长期延长了近2个星期（Matsumoto et al., 2003a）。利用遥感植被指数及大气 COQ 信号分析的研究结果也证实了这一结论（Keeling et al., 1996）。欧洲、北美洲以及日本的多个物候研究网络的研究结果表明，过去30~50年植物春季和夏季的展叶、开花平均提前了1~3天（Matsumoto et al., 2003b；Delbart et al., 2006；Wolfe et al., 2005）。几乎所有植物在春、夏的生活节律与之前的温度密切相关，春季温度每增加1℃，物候约提前1~12天，平均2.5~6天。

不过，也有少数观测站点的研究结果认为，在气候变暖条件下，植物生长期有可能缩短。20世纪80年代以来，中国东北、华北及长江下游地区春季平均温度上升，物候期提前；渭河平原及河南西部春季平均温度变化不明显，物候期也无明显变化趋势；西南地区东部、长江中游地区及华南地区春季平均温度下降，物候期推迟（郑景云等，2003）。

我国森林物候期主要受温度影响，据预测温度升高是未来气候变化的主要趋势。春季树木因冬季增温物候期将推迟，因秋季增温物候期将提前，促进芽的发育，春季增温使物候期提前。在未来气候变暖条件下，根据线性统计模型计算了我国木本植物物候期可能受到的影响，若年均气温升高10℃，春季将提前3~4天，秋季将推迟3~4天，绿叶期延长6~8天；到21世纪中叶在 CO_2 倍增情况下我国普遍增暖，若年均气温升高1~1.8℃，木本植物物候期春季将提前4~6天，绿叶期延长8~12天。一般果实和种子成熟期提前，且春季物候期提前幅度较大，北方物候期提前和推迟程度大于南方。20世纪80年代以来，我国东北、华北以及长江中下游地区春季平均温度上升，物候期提前；渭河平原及河南西部春季平均温度变化不明显，物候期也无明显变化趋势；西南地区东部、长江中下游地区以及华南地区春季平均温度下降，物候期推迟（Zheng et al.，2002）。

李明（2011）采用 GIS 和遥感技术合成的 SPOT/NDVI 多时相遥感数据、气象数据以及各种相关的图表和统计资料等，构建了长白山森林生长季遥感监测模型（Double Logistic 模型），并利用该模型计算 1999～2008 年长白山森林植被的各物候参数，分析了 1999～2008 年长白山森林生长季始期、生长季末期、生长季长度、DN（Digital Number）年最大值（是指 DN 年内变化曲线的峰值，它代表着年内植被生长与分布的最佳状况）、DN 年振幅（是指 DN 年最大值与曲线的左边最小值和右边最小值的算术平均值之间的差，也就是森林生长曲线左边振幅与右边振幅的算术平均值，它是植被年内活动强度的代表性指标，与植被净第一性生产力密切相关）和 DN 生长季积分值的时空分布格局及年际变化趋势，探讨了长白山的气候变化特征；并在此基础上进一步深入分析了森林生长季变化与气候因素的关系，揭示了长白山森林生长季对区域降水和气温变化的响应方式和反馈机制。基于遥感和地理信息系统技术，结合 Logistic 模型和一个全局函数的优点，构建了 Double Logistic 模型。该模型不仅可以同时提取多年的森林物候期，可以消除时间序列的边界效应，还能更灵活地拟合复杂的曲线。同时，由于森林开始生长和结束生长是两个不同的生物物理过程，对于拟合曲线的两侧采用动态的比例更符合森林的生长过程。再者，该模型是在没有设置预定的阈值或者经验参数前提下逐个像元运算的，所以它能够更加稳定地表征不同像元之间物理意义，具有更好的通用性。野外观测数据和先前学者的研究结果都证明了利用 Double Logistic 模型动态监测长白山植被物候期是一种可行的方法。该研究结果表明，在 1999～2008 年间，长白山大部分地区森林生长季始期发生在第 100～140 天，其中在第 100～110 天和在第 110～120 天开始生长的地区所占面积比较大。提前的区域仅占研究区面积的 32.46%，平均提前速率约 0.71 天/年；延迟的区域占总面积的 67.54%，平均延迟速率约为 0.43 天/年。大部分地区森林生长季末期发生在第 270～290 天，其中在第 280～290 天结束生长的地区所占面积比较大。长白山森林的生长季末期中南部表现为延迟趋势，南部和北部表现为一定的提前趋势。延迟区域占有较大比例，约为 65.3%，平均延迟速率为 0.53 天/年；提前的区域占总面积的 34.7%，平均提前速率为 0.57 天/年。大部分地区森林生长季长度 140～180 天，其中长度在 160～180 天的地区所占面积比较大。长白山森林的生长季长度中东部表现为延长趋势，南部和西北部表现为一定的缩短趋势，整体上呈现东南—西北向的空间分异格局。生长季延长的区域占研究区面积的 59.69%，平均延长率为 0.67 天/年；生长季缩短的区域占研究区的 40.31%，平均缩短率约为 1 天/年。生长季 DN 积分值、DN 年最大值和 DN 值年振幅整体上都有增加的趋势，空间格局具有相似性，是因为三者之间是相互关联的。如果生长季长度不变，DN 年最大值或者振幅的增加必然会导致生长季 DN 积分值的增加；如果生长季长度和生长季的 DN 基准值不变，那么 DN 年最大值和振幅的含义就是一样的了。长白山的气候变化特征即综合年平均气温和年降水量的时间变化来看，可以认为长白山近 50 年来气候的年代际变化经历了一个"冷湿—冷干—暖湿—暖干"的过程，并且"暖干"的过程仍将持续。从地域分布上看，年均增温趋势分布与春季的增温空间格局较相似，增温幅度与春季也相差无几，与其他几个季节的空间分布存在明显的差异。秋季降水量变化趋势空间分布特征与夏季相似，但是降水量增加的区域略有增加。年降水量的空间分布主要受夏季和秋季降水量的影响，故它与夏、秋季二者叠加后的分布趋势一致。长白山大部分地区的 NDVI 与旬降水量、旬均气温的年内相关系数和偏相关系数都较高，呈强显著相关，但温度对森林植被的生长过程的影响大于降水。各种森林植被类型，无论是针叶林还是阔叶林，它们的生长季始期大多与其之前各月月均温呈显著负相关，生长季末期则与其之前各月均温呈显著正相关；它们的生长季始末期与降水的关系就较复杂一些，针叶林的始期与其之前的各月降水量呈正相关，阔叶林则大多呈负相关。除蒙古栎外，其他森林类型的生长季末期与其之前各月的降水量呈负相关。

淮河流域对全球变暖的响应较迟缓，在 20 世纪 70、80 年代呈现明显的降温趋势，在 1997 年后流域出现增温趋势。气温的变化对流域植物物候产生重要影响。如 1986～2003 年郑州植物物候期出现春季物候提前、果实期提前、落叶期推迟、绿叶期延长的特点，特别是在 90 年代中后期，春季物候期基本都提前 10 天左右(除垂柳外)，绿叶期推迟半个月左右。冬春气温升高 10℃，郑州地区植物春季物候期提前 2.1～5.0 天。根据植物春季物候期的回归预测模型，未来郑州地区年平均气温升高 10℃，春季物候期将提前 1.6～13.7 天(高歌等，2008)。

2.1.1.2 气候变化对森林生产力的影响

森林生产力是衡量树木生长状况和生态系统功能的主要指标之一。气候变化会影响到森林生态系统的各项生产力指标：净初级生产力(NPP)、净生态系统生产量(NEP)和净生物群落生产量(NBP)。大气中 CO_2 浓度上升及由此而引起的气候变化被认为将改变森林的生产力，这主要表现在 CO_2 浓度升高的直接作用和气候变化的间接作用两个方面。一般认为，CO_2 浓度上升对植物将起着"肥效"作用。因为在植物的光合作用过程中，CO_2 作为植物生长所必需的资源，其浓度的增加有利于植物通过光合作用将其转化为可利用的化学物质，从而促进植物和生态系统的生长和发育。目前，大部分在人工控制环境下的模拟实验结果也表明 CO_2 浓度上升将使植物生长的速度加快，从而对植物生产力和生物量的增加起着促进作用，尤其是对 C_4 类植物其增加的程度可能更大。全球变暖使森林植被的生长季延长，光合作用时间加长，从而可能增加森林植被的净第一性生产力(net primary productivity，NPP)。

大气中 CO_2 浓度增加和气候变化对森林的影响主要是用模型来进行预测研究的。目前，国内关于植被生产力与水热条件数量关系的研究仅限于应用 Lieth-Box 模型、筑后模型等经验模型来模拟全国或地区的生物潜在生产力。模拟结果随所应用模型而不同，但大体上是在大气 CO_2 浓度上升的情况下，森林生产力有所增加，但增加范围因地区和模型而异。周广胜(1995)利用叶菲莫娃(1977)在国际生物学计划期间的 23 组世界各地植被的净第一性生产力数据和相应的气候要素建立了以植物生理生态为基础的自然植被净第一性生产力模型，指出中国陆地生态系统自然植被净第一性生产力在全球变化条件下，其在气温增加 2℃ 或 4℃，降水增加 20% 时均有所增加。刘延春等(1997)指出，在常见温度范围内，CO_2 浓度倍增可在短期内使生产力提高 50% ~ 75%。刘世荣(1998)利用中国气候生产力模型，预测到 2030 年大气 CO_2 浓度上升和气候变化并没有改变中国森林第一性生产力的地理分布格局，即从东南向西北森林生产力递减趋势不变，但不同地域的森林生产力有不同的增加。萧湘明(1998)应用陆地生态系统模型，利用三种大气环流模型 GISS、GFDL 和 OSU 模型得出中国陆地生态系统的年净初级生产力对 CO_2 浓度和气候变化敏感。其年净初级生产力仅在 CO_2 浓度上升至 0.0519% 的情况下可增加 6.0%；在气候变化而无 CO_2 浓度变化的条件下，净初级生产力的响应在 GISS 方案下表现为 1.5% 的降低，在 GFDL 方案下表现为 8.4% 的增加；在气候和 CO_2 均发生变化的情况下，净初级生产力有较大的增加，在 GISS 中增加比例为 18.7%，在 GFDL 为 23.3%(杨金艳等，2000)。

在遥感技术和地理信息系统的支持下，以青藏高原及其周边地区 139 个气象站点的月降水信息及该地区的数字高程数据(DEM)为基础，对气温、降水等气候因子进行了空间插值分析，为碳储量、生产力的估算和空间分析奠定基础。以 250 m 分辨率的 MODIS 卫星数据、地面气象数据、1:5 万地形图、1:250 万森林分布图和 3 个区域西藏、四川与青海(两个省合并为一个大区域考虑)、云南的 1086 个森林资源清查样地数据为主要数据源，通过分区建模与整个区域总体建模的对比，并引入坡向、坡位和植被类型等定性变量，通过相关分析、共线性诊断和模型模拟，选择相对最佳模型估算整个高原的森林碳储量。利用 1991 年 8 月至 2000 年 9 月的逐月 NOAA/AVHRR 数据，研究了青藏高原森林植被净第一性生产力(NPP)的现状、近 10 年来 NPP 的时空格局和动态变化特征，建立由遥感数据驱动的高原植被 NPP 在水热空间上的数学模型，揭示植被生产力对气候变化的响应规律。通过研究，所得主要结论如下：在干季，无论是丰水还是欠水年份，月降水量都比较少，高程对降水量的影响较小，在精度要求不高的情况下，月降水插值可不考虑高程的影响，克里金法的月降水插值精度相对最高；在湿季，月降水量较多，高程的影响较大，混合插值法比局部插值法及克里金插值法的精度高，尤以混合插值法 II（多元回归和样条法的综合）的精度最高；干季，整个高原的月降水很少，西部和北部降水最少，东部和南部相对较多，湿季，高原的月降水较多，空间格局表现为由东南到西北递减。在估算青藏高原的碳储量时，定性变量（植被类型、坡向等）高于碳储量模型的估算精度，对数回归模型比线性回归模型的精度高，整个区域总体建模的精度高。在青藏高原，森林类型主要在高原东部和东南部，森林覆盖率约为 11.3%，森林平均地上碳储量约为 19t/hm^2。灌木林的平均碳储量相对较低，低于 10t/hm^2，主要位于柴达木盆地、川西高原西部和西藏最南部。青藏高原最东部和最南部的森林碳储量大部分低于 50 t/hm^2，岷江流域的森林碳储量大多在 100～150t/hm^2 之间。西藏的森林地上碳储量相对较高，大多高于 250t/hm^2。青藏高原地上月平均生产力最高的森林是林芝一带的暗针叶林，其生产力约在 0.5～0.6t/hm^2 之间，其次是云南一带的热带亚热带森林，其生产力约在 0.2～0.4t/hm^2 之间；青藏高原东部的生产力处于中等水平，平均约为 0.3t/hm^2；青藏高原东北部的森林生产力较低，一般不超过 0.3t/hm^2。青藏高原近 10 年来的森林地上年平均净第一性生产力基本上处于平稳的波动上升状态，从 1991 年的 0.167Gt C/年增加到 2000 年的 0.185Gt C/年，平均每年增加 0.002Gt C，年平均增加率约为 1.1%。10 年来青藏高原森林地上 NPP 的平均值为 0.19Gt C/年（1Gt = 10^{15}g）。在不同的森林植被类型中，针叶林 NPP 约占整个森林植被的 72.96%，其地上 NPP 总量约为 0.37 TgC/m^2（1Tg = 10^{12}g）；灌木林约占 21.62%，其地上 NPP 总量约为 0.11TgC/m^2；阔叶林的 NPP 总量相对最小，为 0.03TgC/m^2，约占整个森林植被的 5.42%。在云南，森林地上 NPP 的主要气候驱动因子为降水，且在一定范围降水对 NPP 起积极促进作用；在青藏高原的西藏和四川、青海等地，气温和降水均为森林地上 NPP 的主要气候驱动因子，且在一定范围气温对 NPP 起积极促进作用，降水超过某个限度则起阻碍作用（何艳红，2008）。

2.1.1.3　气候变化对森林的结构、组成和分布

过去数十年里，许多物种的分布都有向极地扩张的现象，而这很可能是气温升高的结果（Parmesan，2003）。一些极地和苔原植物都被树木和低矮灌丛所取代（Kullman，2002）。与 30 年前相比，欧洲西北部喜温植物明显增加，而耐寒植物却呈减少趋势，这种植物组成的变化一方面是喜温植物迁移到新的地区的结果，另一方面也与喜温植

物丰度在原地的增加有关。

　　森林群落对气候变化敏感，如果全球气候变化增量超过基准气候变率，群落的生态位将发生改变。水分是影响森林群落最大的气候因素，降水减少将造成群落中的原树种生物量降低。森林生态系统的结构主要指物种的组成结构、年龄结构和冠层结构等，研究气候变化对森林生态系统结构的影响，是缓解气候对森林生态系统影响的关键。森林结构的变化、树种的实际分布、局部地段的微环境、历史演变和人为干扰密切相关。气候变化后森林结构的变化主要有森林结构不发生重大改变（如红松林、枫桦林、香桦林、红楠林等）、森林结构变化较小（如台湾杉木林、侧柏林等）、森林结构发生变化（如兴安落叶松林、油杉林、樟子松林等）、森林结构的变化不确定等类型。气候变化后树种的实际分布、变化程度及趋势受具体区域气候微环境的影响。森林生产力分布格局主要受水热条件影响，水分条件决定我国大部分地区森林生产力水平和地理分布格局。

　　森林生态系统的结构和物种组成是系统稳定性的基础，生态系统的结构越复杂、物种越丰富，则系统表现出良好的稳定性，其抗干扰能力越强；反之，其结构简单、种类单调，则系统的稳定性差，抗干扰能力相对较弱。近年来，不同的物种为了适应不同的环境条件而形成了其各自独特的生理和生态特征，从而形成现有不同森林生态系统的结构和物种组成。由于原有系统中不同的树木物种及其不同的年龄阶段对 CO_2 浓度上升及由此引起的气候变化的响应存在着很大的差别，因此，气候变化将通过温度胁迫、水分胁迫、物候变化、日照和光强的变化以及有害物种的入侵等途径强烈地改变森林生态系统的结构和物种组成。

　　研究表明，在 1961～2003 年间，分布在大兴安岭的兴安落叶松 *Larix gmelinii*、小兴安岭及东部山地的云杉 *Picea asperata*、冷杉 *Abies fabri* 和红杉 *Larix potaninii* 等树种的可能分布范围和最适分布范围均发生了北移（刘丹等，2007）。

　　气候变暖还会引起植物向高海拔方向迁移。许多观测证实，北半球一些山地生态系统的树线明显向更高海拔区域迁移。但是，也有一些树线在 20 世纪下半叶并未发现向高海拔迁移的趋势，可能与种子传播能力不足引起的时滞效应、特殊的小气候、地形因素和人类活动的干扰有关。一些地区树线的迁移受放牧、采伐和樵采等因素的影响。例如，在阿尔卑斯山的部分地区，树线受过去和目前的土地利用的影响。

　　植物向极地和高海拔迁移，其适宜的生境范围逐渐缩小，最后极有可能导致物种的灭绝，这也是高纬度和高山生态系统是对气候变化影响最脆弱的生态系统的原因。同时，气候变化引起的海平面上升，已经威胁到海岸带红树林。在过去 20 年，世界红树林面积至少减少 35%，被认为是海平面上升、人类活动共同影响的结果。此外，气候变化还影响到植物的生殖。例如，观测发现，植物传粉的时间、传粉期的长短和花粉量也受到气候区域变化的影响。

基于气候变化情景预测对中国主要造林树种变化趋势的分析表明，到2030年，杉木适宜分布区的西界将东移0.2°～2.3°，北界将南移0.1°～0.9°，南界将北移0.1°～0.5°，东界基本没有变化，适宜分布区面积减少2%左右；马尾松适宜分布区的北界将南移0.3°～1.6°，东界基本不变，南界将北移0.2°～3.4°，西界将东移0.7°～1.1°，适宜分布区面积减少9%左右。在大气中CO_2浓度倍增后温度升高情景下，未来500年内淮河以北暖温带落叶松林与暖温带常绿针叶林的样地株数均值有明显增加。

近年来，国内也发表了不少关于气候变化对植被影响的研究报道。其研究途径大多是和现有的某一全球气候环流模型预测的结果相联系，大体上是随气候变化，森林植被带会发生变迁。陈育峰（1996）的研究结果表明，在CO_2浓度倍增情况下，预测中国亚热带热带山地针叶林、热带阔叶林等林型的分布下限将有所升高，变幅分别在150～350m和280～560m；温带落叶阔叶林及灌丛等分布上限呈升高趋势，幅度大约在100～160m之间；另外各种植被类型均呈现不同程度的西移特征。倪健（1997）利用Holdridge生命地带分类系统指出在CO_2倍增、气温分别升高2℃和4℃、降水增加20%条件下，常绿阔叶林优势种和常见种的分布范围发生变化。气温升高2℃，纬向上扩大3个纬度，经向上也扩大3个经度；气温升高4℃，纬度扩大6度，而经向上有的种扩大，有的种缩小，分布范围窄的种分布区更窄，而分布区宽的种则分布区越来越大。由于森林中每个物种其生命史和环境变化均有不同反应，这些反应又和具体树种相关联。对于具体树种变迁的研究，主要集中在红松上。刘延春（1997）在气候变化对东北森林的影响中运用温暖指数得出，2℃增温可使现有林各分布带普遍上移300m；郭泉水（1998）利用生态信息系统GREEN和全球气候模型GCM，进行预测得出：到2030年，我国红松适宜分布区面积有所增加，但增加幅度不大，仅占当前条件下红松适宜分布区的3.4%，局部的分布有增减。此外，由于CO_2浓度上升，全球气温升高后由于高温、雨涝、干旱等灾害的发生，火灾、虫害发生频度增大。

2.1.1.4 气候变化对森林碳库的影响

在全球气候变暖的背景下，探讨森林土壤有机碳贮藏对温度变化的响应及其机制，对于了解未来气候变化的趋势和森林生态系统在碳循环方面的源汇功能具有非常重要的意义。过去几十年由于大气CO_2浓度升高、气候变暖导致的生长期延长、氮沉降和营林措施的改变等因素，森林年固碳能力呈增长趋势，森林固碳能力明显增强（Gabuurs et al.，2002）。利用森林清查数据结合NDVI指数研究表明，过去20年中国东北山地森林生物量碳储量平均年增长0.0082Gt C，气候变暖可能是主要诱因（Tan et al.，2007）。气候变化对全球陆地生态系统碳库的影响，会进一步对大气 CO_2 浓度水平产生压力。在 CO_2 浓度升高条件下，土壤有机碳库在短期内是增加的，整个土壤碳库储量会趋于饱和（Gill et al.，2002）。

　　气候变暖影响土壤有机碳贮藏的主要途径有 2 条：气候变暖影响植物生长、改变输入土壤的凋落物量，从而影响土壤有机碳的输入。研究发现，温度升高时，北方森林生态系统的植被 NPP 也有所增加。很多学者认为，森林植被 NPP 的增加可相应增大凋落物量以及向土壤输入的有机碳量，从而增加土壤有机碳储量。但温度上升在促进植物生长的同时也会刺激微生物种群的增长，从而加速土壤有机碳的分解，使土壤有机碳储量减少。对世界主要生物群落的比较分析结果表明，土壤呼吸与植被 NPP 之间直接相关，NPP 增加的同时，土壤有机碳的分解速率也会增加。Raith 等（1992）说明气候变暖并不简单地意味着土壤有机碳储量的增加。森林植被 NPP 增加与森林土壤有机碳储量之间的关系有 3 种可能：①当 NPP 增加引起的土壤有机碳输入超过土壤有机碳的分解时，土壤有机碳储量增加；②当 NPP 不增加或仅有少量增加，而土壤呼吸增加，且土壤呼吸的增量超过前者的增量时，土壤有机碳储量减少；③当 NPP 增加所引起的土壤有机碳储量的增加与土壤呼吸增加所引起的土壤有机碳减少相抵消时，土壤有机碳储量保持不变。目前也有研究认为，气候变暖使森林植被 NPP 有所减少，如研究发现，气候变暖导致可利用水分减少，使热带森林植被的 NPP 有所减少；Wang 等（1995）研究发现，北方森林和潮湿热带雨林的植被 NPP 由于温度升高而降低，这可能是由于植物呼吸作用较光合吸收更敏感的缘故。此外，森林植被 NPP 在受气候变暖影响的同时，也会受降水及太阳辐射等其他因子的影响，所以需综合考虑气候变化对森林植被 NPP 的影响以及相应的土壤有机碳储量的变化。与 1980～1999 年相比，未来 20 年的全球温度将升高约 0.40℃，21 世纪末将上升 1.10～6.40℃（Pachauri et al.，2007）。全球温度升高，使土壤温度上升，导致除沙漠地区外的土壤呼吸作用将随之增强。土壤呼吸作用指土壤中产生 CO_2 的所有代谢过程，主要包括植物根呼吸、土壤微生物呼吸和土壤动物呼吸。随着森林土壤呼吸的增加，将会释放更多的 CO_2 到大气中从而提高大气 CO_2 浓度，有可能进一步加剧全球气候变暖。几乎所有的全球气候模型都预测土壤呼吸导致的土壤有机碳损失是全球气候变暖的原因之一（Schimel et al.，1994）。温度升高对全球不同地区森林土壤有机碳储量的影响有所差异。与低纬度地区森林相比，高纬度地区森林生态系统碳吸收速率较低，但后者的变异范围则明显大得多（Valentini et al.，2000）。气候变暖影响下，土壤有机碳的最大损失将发生在北方森林地区。北方地区的低温条件原本不利于植物凋落物和土壤有机碳的分解，但随着北方高纬度地区的大幅度增暖，将加快地表土壤中有机质的分解，并向大气中排放更

多的 CO_2，造成该地区土壤有机碳的严重损失。目前对土壤有机碳贮藏与全球气候变暖关系的研究没有考虑土壤有机碳的分解对温度的敏感性随时间的动态变化，所以可能高估了全球变暖对土壤有机碳释放的影响。升温对土壤有机碳储量的影响与土壤有机碳分解的温度敏感性有关。土壤有机碳分解的温度敏感性指温度每升高 10℃ 土壤呼吸速率的变化比率，即 Q_{10} 值，该值常被作为生物地球化学模型中的重要参数以及进一步预测生态系统对于气候变化的反馈。温度敏感性一般可分为实际温度敏感性、表观温度敏感性和长期温度敏感性(Smith et al.，2008)，它们通常代表不同的现象，实质与数值也各不相同，但在实际应用中却常被替换使用。对于目前所提到的 Q_{10} 值，大多指土壤有机碳分解的长期温度敏感性。多数研究表明，Q_{10} 值随土壤温度、土壤有机质特性、土壤湿度和森林植被覆盖类型的不同而不同(Zhou et al.，2009)。Q_{10} 值随纬度的升高而逐渐增加(Chen et al.，2005)，该值在温暖的低纬度地区较低，而在寒冷的高纬度地区则较高，表明气候变化对高纬度地区土壤呼吸的影响大于低纬度地区(Chen et al.，2005)。许多土壤有机质模型大多采用单一固定的 Q_{10} 值，但土壤呼吸对温度变化的响应并非固定不变，不同环境条件下的土壤呼吸具有不同的温度敏感性。随着温度的升高或增温时间的延长，土壤呼吸速率的上升可能会变缓甚至停止，即土壤有机碳的分解对气候变暖具有适应性(Knorr et al.，2005)。由于土壤呼吸的温度适应性，土壤呼吸与温度之间的正反馈关系在一定程度上受到了限制。川西亚高山人工针叶林的模拟增温研究表明，土壤温度升高加快了土壤有机碳的分解速率，但土壤有机碳的变化对温度升高存在着一定的适应性，其敏感性随增温时间的延长而降低(Pan et al.，2008)。Melillo(2002)对哈佛森林(Harvard Forest)进行为期 10 年(1991～2000年)的增温试验发现，增温后的前 6 年土壤 CO_2 释放量增加了 28%，后 4 年则显著下降，可见随着增温时间的延长，土壤呼吸速率的增加有所变缓。

然而，森林碳储量净变化，是年降水量、温度、扰动格局等变量因素综合干扰的结果。由于极端天气事件和其他扰动时间的不断增加，土壤有机碳库及其稳定性存在较大的不确定性。在气候变化条件下，气候变率也会随之增加，从而增加区域碳吸收的年间变率。例如，TEM 模型的短期模拟结果显示，在厄尔尼诺发生的高温干旱年份，亚马孙盆地森林是一个净碳源，而在其他年份则是一个净碳汇(Tian et al.，1998)。在 1997～1998 年的厄尔尼诺年，全球火灾引起的碳排放高达 7.7$GtCO_2$/年，其中 90% 发生于热带(Werf et al.，2004)。

2.1.2 气候变化对林火的影响

森林地面生物质的燃烧，包括就地燃烧、场外燃烧以及森林火灾，不仅造成大量

CO_2、CH_4、N_2O 等温室气体的排放，森林火灾更会造成除此以外的经济损失，减少碳汇。据统计，1950～1990 年间，中国森林火灾平均每年发生 15600 次，平均每年火灾受害率为 8.2%。引起森林大火的气候因素，主要有降水量、温度和相对湿度等，其中降水量和温度的变化将影响到大气中相对湿度的变化，从而直接影响林区可燃物的干湿程度。气候因素对林火的发生有决定性的作用，气候变化对林火活动的影响，包括气象要素、上层大气模式和全球循环模式（如厄尔尼诺－南方涛动，太平洋十年波动）等对火动态的影响。这方面的研究趋势是更详细地描述未来的火动态、火频度、强度、大小、季节、严重程度和火烧类型的变化。这些研究将使我们更好地确定火活动的关键驱动因子，包括气候、植被、火源和人类影响。气候变化可改变火动态，火对气候的适应也会对景观产生影响。在研究尺度上，也表现为由区域和大陆尺度发展到全球尺度，这样一个整体模式可以确定林火与气候变化之间的反馈、非线性和相互作用。

在给定火源的情况下，气候因素是控制林火规模的主要因子（Mckenzie et al.，2004；Conard et al.，2002）。例如，气候变化引起的干旱，可增加森林可燃物的可燃性，从而增加火险。近些年夏天地中海地区、北非和加利福尼亚反复发生森林大火，就与干旱有关。在英格兰和威尔士，1965～1998 年户外火灾明显增加，也可能就与日益干热的夏季气候变化趋势有关（Cannell et al.，1999）。同时，气候变化引起的动植物种群变化和植被组成或树种分布区域的变化，对森林可燃物有显著影响，从而影响林火发生频率和火烧强度。林火动态的变化又会促进动植物种群改变。火烧对植物群落结构的影响取决于火烧频率和强度，严重火烧能引起灌木或草地替代树木群落，引起生态系统结构和功能的显著变化。频繁火烧将有利于耐火植物的生存，增加耐火植物的丰度，这反过来增强植物群落的可燃性和火风险。例如，在加拿大东部森林和冻土过渡地带，频繁火烧使云杉林正在向松树林方向更替，树木立木度降低75%～95%（Lavoie et al.，1998）。

虽然目前林火探测和扑救方法明显提高，但伴随着区域明显增温，北方森林年均火烧面积呈增加趋势（Kasischke et al.，1999）。在整个北美洲寒带地区，20 世纪 60～90 年代，火烧面积增加 2.5 倍，而人为火面积几乎没变（Kasischke et al.，2006）。极端干旱事件常常引起森林火灾大爆发，如 2003 年欧洲的森林大火（Schar et al.，2004）。火烧频率增加可能抑制树木更新，有利于耐火树种和植被类型的发展。气候变化还影响人类的活动区域，并影响到火源的分布。火烧的驱动力、生态系统生产力、可燃物积累和环境火险条件都受气候变化的影响。

根据气候预测结果，21 世纪中叶，中国西北、东北地区温度可能增加 1.5～

2.0℃，降水增加5%～8%，因此该地区的森林火灾发生的次数和强度，可能会有所增加。中国南部地区温度可能增加1℃以下，而降水可能减少5%，从而也提高了潜在火灾发生的频度。虽然其他地区水热变化比较小，但由于森林火灾时起时伏，波动较大，多发生在黑龙江、内蒙古和贵州等省（自治区）的特点，全球气候变暖后，这些地区可能仍然是防火重点。

气候变化引起干旱天气的强度和频率增加，森林可燃物积累多，防火期明显延长，早春和夏季森林火灾多发，林火发生地理分布区扩大，加剧了我国森林火灾发生的频度和强度。气候变化对我国林火的影响已经初步显现出来。我国森林火灾比较严重，1952～2003年我国平均每年发生森林火灾1.4万次，平均受害森林面积82.2万hm²。重大和特大森林火灾主要发生在东北林区，1990～2001年内蒙古自治区和黑龙江省的平均过火面积分别为39113hm²和114408hm²，年均受害森林面积分别为6697hm²和20106hm²，分别占同期全国总受害面积的11%和33%。森林火灾对气候的依赖性十分明显，如1987年黑龙江省大兴安岭"5·6"特大森林火灾发生前，大兴安岭北部林区连续两年少雨，在大兴安岭北部地区已形成了一个少雨干旱中心，在这种高温寡湿的气候条件下，森林地表和深层可燃物的含水率都降到最低限度，森林火险级居高不下，特大火灾就是在这样的气候背景和天气形势下发生的（田晓瑞等，2003）。2000年以来，东北林区夏季火灾严重，森林火险期明显延长，夏季火对森林造成的危害更大。大兴安岭的兴安落叶松林分布区是我国对气候变化最敏感、反应最剧烈的地区（蒋延玲，2001）。近年来，大兴安岭林区干暖化趋势明显，特别是频繁出现的夏季持续高温干旱，使很少发生林火的夏季森林火灾频发，有时甚至超过春季防火期林火发生的次数。黑龙江省1980～1999年气温升高，火点和火面积质心随降水量增加会向西和向南移动，反之，则向东和向北移动（王明玉等，2003）。气候变化引起的极端气候事件会导致林木大量折断和死亡，火险增加。例如，2006年川渝地区百年一遇的大旱使往年几乎没有林火的重庆市，发生了158次林火，为历史罕见。受拉尼娜现象的影响，2008年年初我国南方雪灾造成南方林区大量树木树枝或树冠折断，森林中地表易燃可燃物增加2～10倍，平均地表可燃物载量超过50t/hm²，部分严重地区高达100t/hm²，超过可发生高强度林火和大火的标准（30t/hm²），导致当年南方林区森林火灾远远多于常年，其中湖南省2008年3月份的火灾次数超过1999～2007年3月份火灾次数的总和，是3月份平均火灾次数的10.86倍（赵凤君等，2009）。

1972～2009年间，塔河林业局地区年平均温度增势较快，最后5年的年平均气温比最初5年的年平均气温升高了0.64℃，已经接近IPCC在2007年2月第四次报告中提到的全球平均地表气温上升0.74℃的值。历年各防火期内、非防火期的平均气温也均呈增加趋势。从 1972～2009 年，塔河林业局的年降水量仍呈增加趋势。其中最后 5 年的年均降水量较最初 5 年增加了 1.26mm，但与之前的几个 5 年时间段相比，最后 5 年的降水量明显减少。历年各防火期、非防火期内，除了夏季非防火期降水量缓慢减少，其他防火期、非防火期内降水量均呈增加趋势。1972～2009 年间，塔河林业局平均风速的总体情况为下降趋势。2005～2009 年的 5 年平均风速相比 1972～1976 年间的 5 年均值减少了 0.55m/s。历年各防火期内、非防火期的平均风速也均呈下降趋势。但仍然存在着若干极端年份，如 1987 年和 1995 年。1972～2009 年间，塔河林业局的年平均相对湿度呈显著下降趋势，其中 1972～1979 年、1983～1987 年以及 2003～2006 年三个时间区间内年平均相对湿度下降趋势最为明显。2005～2009 年间的 5 年平均相对湿度仅为 63.48%，是 1972～2009 年间所有 5 年区间中年平均相对湿度最小的区间。历年各防火期内、非防火期的平均相对湿度也均呈显著下降趋势，可燃物含水率呈下降趋势，当地的森林防火形势依然严峻。

1974～2004 年间，塔河林业局共发生森林火灾 298 起，平均每年 9.6 起，森林火灾次数随着时间发展呈现较明显的增加趋势，且火灾次数较多的年份周期为 4～5 年。所发生的 298 起森林火灾所引发的总过火面积为 1.63 万 hm²，年均过火面积 5.28 万 hm²，年均每次火灾过火面积 177.71 hm²。31 年间森林火灾次数和过火面积随着时间发展呈现较明显的增加趋势，尤其是进入 20 世纪 90 年代，林火次数和面积明显增多。从 20 世纪 70 年代后期到 90 年代前期，过火面积呈下降趋势，进入 90 年代后，过火面积又呈现上升趋势。这主要是由于雷击火增加导致的结果。统计结果显示森林火灾的成因可分为雷击火、人为火和火因不明火三种类型。其中雷击火发生次数占 50.00%，人为火占 37.18%，火因不明火占 11.74%。31 年间不明火和雷击火次数均呈显著上升趋势，其中雷击火是导致林火次数和面积增多的主要原因。

从林火季节分布情况看，塔河林业局的林火在 2～11 月间均有发生，主要发生在 3～9 月份，其中，以 4～8 月的林火居多，从过火面积上看，5 月和 7 月的林火过火面积较大，森林受害严重。从林火空间分布情况看，塔林林场发生次数最多为 85 次，沿江林场林火最少为 15 次。从过火面积看，塔林林场和盘宁林场的重大森林火灾和特大森林火灾最为严重。从林火发生的时间上看，火灾发生的剧烈时间段集中在 4 月 12 日～6 月 30 日和 8 月 28 日～10 月 20 日，历年最早第一场火灾的发生日期有缓慢滞后的趋势，但历年最后一场火灾的发生日期明显拖后，秋季森林防火的形势越来越严峻。历年第一场大型森林火灾和第一场人为火灾的发生时间有略微滞后的趋势，而历年最晚发生的大型森林火灾和人为火灾的发生时间明显滞后，秋季防火期内大型森林火灾和人为火灾的发生概率越来越大。历年第一场雷击火的发生时间有略微提前的趋势，历年最后一次雷击火的发生时间明显滞后，秋季防火期内雷击火的发生概率越来越大。温度、相对湿度、降水量和风速是影响森林火灾发生和发展的最重要的四个因素，根据对 1974～2004 年塔河林业局记载的森林火灾发生次数、过火面积和气象数据进行的分析，得出火灾发生次数、过火面积与温度、相对湿度、降水量、风速各单因子和多因子之间存在着一定的关联。其中气温指标只在历年 5 月与森林火灾发生次数相关显著性极高，在其他月份都不显著；相对湿度指标在 4～8 月间各个月份与火灾次数关系都显著，与过火面积在 4、5、6、8 月显著；降水量指标在 6 月与火灾次数和过火面积关系显著；风速指标只在历年 4 月与火灾次数关系显著。总之，在全球气候变暖的大背景下，塔河林业局地区的气候总体上向着有利于森林火灾发生的方向演变，有助于森林火灾发生和蔓延的天气越来越多，森林火灾的数量增加，大火、雷击火和人为火的火险期延长。若今后的气候进一步向着有利于森林火灾发生与蔓延的方向发展，塔河林业局的森林火险天气状况和森林防火形势将越来越严峻（舒展，2011）。

大兴安岭地区年平均气温总体呈变暖趋势，1988 年左右出现突变性增温，20 世纪 90 年代是近 34 年来最温暖时期；四季平均气温均呈显著性升高趋势，其中冬季升高幅度最为明显，夏季升高幅度最小。年降水量与平均相对湿度呈略增加趋势，年变化波动较大。四季降水量均呈增加趋势，其中夏季降水增加最不明显且波动最大。四季的相对湿度，夏季呈略减少趋势，其余 3 个季节呈略增加的趋势。90 年代，全年降水、春、秋、冬 3 季的降水以及相对湿度都保持在较高水平，但 21 世纪初的几年，均有较大幅度的减少，且气温升高，表现出明显的暖干化趋势，气候向有利于林火发生的方向演变。夏季降水、相对湿度从 90 年代开始就呈减少趋势，近几年更为明显，这与王遵娅等（2004）的研究结果一致，即：90 年代以后夏季降水形成了南方增加、北方减少的变化形式，反映了夏季风的减弱。1972～2005 年，大兴安岭共发生火灾 1335 次。随着林火管理的加强，大兴安岭人为火比例下降，但雷击火次数占总林火次数的比例呈显著上升趋势。90 年代，由于森林防火工作的加强，森林火灾较少，年均 18 次。在全球气候变暖的背景下，大兴安岭林区的气候向有利于森林火灾发生的方向演变，加之可燃物大量积累，因此森林火灾异常增多，2000～2005 年年均林火次数达 58 次，夏季雷击火的增多趋势最明显，此阶段年均雷击火次数达 38 次，是多年平均值的 2 倍。许多全球气候模型预测，未来气候会更暖，尤其是北半球增温更明显，将导致雷击火增多，森林火险期延长，严格控制森林火灾的发生不大可能实现。2002 年夏季，内蒙古大兴安岭火灾造成 16 万 hm^2 的原始林被毁（张艳平等，2008）。

气候变化对林火的影响已经初步显现出来，在北半球更明显。过去 30 年中，虽然各国扑火能力不断得到提高，但全球森林火灾面积一直在增加。全球气候变化是导致森林火灾增加的一个重要原因。许多气候模式预测，到 2100 年，全球平均温度将升高 $0.8 \sim 3.5℃$，北方林分布区域冬季温度将升高 $6 \sim 10℃$，夏季温度可能升高 $4 \sim 6℃$。虽然国际社会已经开始行动，积极采取减限排措施，但大气中 CO_2 等温室气体的浓度还会继续上升，约需 $100 \sim 300$ 年才能稳定下来。同时，由于全球气候系统对大气中温室气体浓度的变化存在百年尺度的滞后效应，全球气候将持续变暖，温度约需几个世纪才能达到稳定。天气变暖会引起雷击火的发生次数增加，防火期将延长。极端火险天气增加，会导致大面积森林火灾更加频繁。虽然森林生态系统可以在一定程度上自动适应气候变化，但还是有必要研究气候变化情景下森林火险与火行为的变化，采取积极的适应措施，调整林火治理策略，更好地控制林火的发生，使其有利于森林的可持续发展。研究气候变化对林火的影响，主要是通过把各种气候模式与森林火险预报模型耦合，预测未来不同气候情景下的森林火险与火行为变化。Stocks 等(1998)将加拿大森林火险等级系统(FWI)和气候模式输出结果进行耦合，用来预测未来加拿大森林火险的变化。FWI 系统是表示森林火险的一个很好的指标，已经广泛用于加拿大和美国北方林的林火治理。研究结果表明，未来森林火险的严重程度将增加。气候变化对火行为的影响可能成为加拿大北方林资源治理的关键问题。Peterson(1998)研究了气候变化情景下加拿大中部潜在火行为的变化，根据加拿大区域气候模型模拟 3 种情景($1 \times CO_2$，$2 \times CO_2$ 和 $3 \times CO_2$)下火天气和可燃物情况，获得火头强度图。结果表明，在 CO_2 倍增的情景下，出现潜在极端火行为的天数将增加 4 倍，而且平均火烧强度增大。火强度增加可能导致火蔓延速度增大和特殊火行为增多，火烧面积增加。但是，气候变化不一定导致整个区域的潜在火行为都增加，由于可燃物类型和天气模式的作用，火头强度有明显的空间变化。Flannigan 等(2005)基于对不同生态区的历史天气与火天气指数和火烧面积的分析，结合 2 个全球气候模式(CGCM 1 和 HadCM3GGal)估计 21 世纪末加拿大火灾面积平均将增加 $74\% \sim 118\%$。Brown 等(2004)利用平行气候模型预测了美国西部 21 世纪气候变化将引起的森林火险变化，由于相对湿度的变化，高火险天数将增加(基于美国国家森林火险系统的能量释放组分指数)，受影响最显著的是落基山北部、大盆地和西南部区域。Groisman 等(2003)认为，当前的气候变化将引起北半球高纬度地区潜在森林火险的升高，未来可能会更加严重。这些结果及其对林火管理政策的潜在影响，表明气候模型在林火管理上有重要的应用价值。

2.1.3　气候变化对森林病虫害的影响

气候变暖会扩大有害生物的分布范围，加重病虫危害。原来不适宜某些病虫繁衍的高纬度地区，由于温度上升，而导致爆发新的病虫害。例如，在巴黎附近，松异舟蛾每10年向北扩展27km；在意大利山地南坡每10年向高海拔扩展70m，北坡30m（Battisti et al.，2005）。研究发现，地中海地区欧洲赤松的大量落叶与其之前的暖冬密切相关，因此预计气候持续变暖将加重病虫灾害（Hodar et al.，2004）。病虫害的发生还会增加林火风险，如在加拿大安大略省东部发现，1941～1996年云杉蚜虫导致的受害面积是火灾面积的20倍，且虫害爆发后3～9年发生火灾（Fleming et al.，2002）。干旱会进一步加重病虫灾害，干暖化条件导致的病虫害是引起一些森林退化的主要原因。据预测，2070～2100年欧洲北部挪威云杉树皮甲虫种群和世代增加，将导致挪威云杉病虫灾害的大爆发（Schlyter et al.，2006）。

气候变暖使我国森林病虫害分布区域不断向北扩大，森林病虫害发生期提前，世代数增加，发生周期缩短，发生范围和危害程度加大，并促进了外来入侵病虫害的扩展和危害。20世纪90年代以来，全国森林病虫害平均每年发生面积都在800万 hm^{2}左右，其中，中度以上的受害面积约430万 hm^2，相当于年均人工造林面积的80%。近年来，以极端异常气候过程为主要诱因，病虫害发生面积进一步扩大，2007年全国森林病虫害发生面积1253万 hm^2，创历史新高。1961～2001年的历史资料表明，冬季温度偏高的年份，病虫害发生严重，其线性相关关系极为显著（赵铁良等，2003）。油松毛虫原分布在辽宁、北京、河北、陕西、山西、山东等地，现已向北、向西水平扩展，广泛分布在北起内蒙古自治区赤峰市约相当于北纬42.5°或1月均温-8℃等温线以南，东部南端相当于1月均温0℃等温线以北；垂直扩展呈岛状分布于海拔800m以上，或西北黄土高原海拔500～2000m的油松林间。白蚁原是热带和亚热带所特有的害虫，在20世纪50～60年代，白蚁只在广东地区危害严重，随后扩散到福州、杭州、上海、武汉、南京、合肥、蚌埠等地区，70年代扩散到徐州一带，2000～2001年又相继在天津和北京地区发现有白蚁危害，近年来在西安市和山西晋城等地的林木也遭到白蚁危害，向北蔓延趋势明显。东南丘陵地区松树上常见的松瘤象、松褐天牛已在辽宁、吉林地区危害严重。粗鞘杉天牛逐渐向北扩散至河北、山东和辽宁等地。1972～2002年，广东省潮安县年均温度上升1℃多，过去一般以3代幼虫越冬的松毛虫近年来却出现3、4代幼虫重叠越冬的现象。同时气候变暖也加重了病虫害的发生程度，一些次要的病虫或相对无害的昆虫相继成灾，促进了高海拔地区的森林，尤其是人工林病虫害的大发生。过去很少发生病虫害的云贵高原近年来病虫害频发，云南省迪庆地区海拔3800～4000m冷杉林内的高山小毛虫常成灾。松材线虫危害我国松树林，目前已扩展至我国南方11个省份。研究表明该虫1998年暴发成灾与1997年春季的异常干旱有关（王鸿斌等，2007；张真等，2005）。

据统计全国约有 200 多种病虫对森林造成危害，发生面积达 0.1 亿 hm^2，占有林面积的 9%，年经济损失约合人民币 20 亿元。危害较重的林木病害有杨树烂皮病、松材线虫病等，引起侵染病害的主要病原物有真菌、细菌和病虫菌等（张真等，2005）。

2.2　未来气候变化对森林的潜在影响

2.2.1　对森林生产力的影响

大量研究表明（Fischlin et al.，2007；Boisvenue et al.，2006），气候变化将增加森林生产力，主要有三方面原因：①CO_2 浓度增加引起的"施肥效应"；②寒冷地区的增温，并伴随着降水增加；③缺水地区降水的增加。同时，其他一些因子也发挥着协同作用，如氮沉降、物种组成、年龄结构的动态变化、污染和生物间的相互作用等。但是，气候变化也可能对森林生产力带来负面的影响，特别是气候变化导致干旱加重的地区。例如，在亚马孙河流域和欧洲，夏季增温和降水减少而引起干旱。干旱可导致树木生长衰弱甚至死亡，使森林的回复力降低。同时干旱还会增加某些地区森林有害生物和林火的发生，从而对森林带来毁灭性破坏。例如在高纬度地区，受低温和霜冻的限制，虫害较少发生，但随着温度的升高，虫害就有可能大规模暴发。

未来气候变化通过改变森林的地理位置分布、提高生长速率，尤其是大气 CO_2 浓度升高所带来的正面效益，从而增加全球范围内的森林生产力（Sohngen et al.，2005）。例如，研究表明，在未来气候变化情境下，由于 NPP 增加和森林向极地迁移，大多数森林群落的生产力均会增加（Sohngen et al.，2001）。到 2020 年左右，气候变化会提高美国加利福尼亚森林的生产力；而到 2100 年左右，生产力水平则开始下降（Mendelsohn，2003）。

气候变化不会改变中国森林生产力的地理分布格局，但将会对中国森林生态系统的生产力产生重要影响。森林生产力变化率的分布格局与森林气候生产力的地理分布格局恰好相反，即气候变化后中国森林第一性生产力变化率从东南向西北递增。我国热带、亚热带地区，气候变化后森林生产力变化率较小；绝大部分地区（热带、南亚和中亚区）增加只有 1%，部分地区（北亚热带）为 2%，但也有微少局部地区森林生产力增加较高，如南亚热带湿润区中的滇南地区增加 7%～8%，青藏高原南缘湿润区中的波密、川西地区增加 10%。气候变化后中国森林第一性生产力变化率的地理分布格局，取决于气候变化后中国温度和降水的变化格局：东南地区温度和降水变异较小，而西北地区变化较大。因为温带和寒温带大部分森林地区的森林生长主要受温度和热量的限制，所以在降水变化比较小但温度增加的条件下，森林生产力显著提高。在半干旱和半湿润地区，森林生产力的增加则是降水和湿度同时增加影响的结果（徐德应等，1997）。

气候变化对森林生产力的影响机制非常复杂，采用不同的生态系统生产力模型、不同的气候模式和气候指标（温度、降水、CO_2浓度变化等），预测结果会出现较大的不一致性。例如，研究表明，CO_2浓度倍增后，中国森林生产力将有所增加，增加的幅度因地区不同而异，变化在 12% ~ 35% 之间（Conard et al.，2002）。在全球增温条件下，自然植被 NPP 均有所增加，在湿润地区增加幅度较大，而在干旱及半干旱地区增加幅度较小；限制我国自然植被 NPP 的主要原因在于水分供应不足（周广胜等，1998）。当只考虑温度和降水时，降水将占主导作用，NPP 将增加 18.6%；当只考虑 CO_2 浓度增加时，NPP 仅增加 2.7%；而当同时考虑气候变化和 CO_2 浓度倍增时，NPP 将增加 26.4% ~ 37.2%（Su et al.，2007）。

根据未来 2030 年中国气候变化的情景预测，利用中国森林气候生产力模型，预测中国森林生产力的分布格局，与之前气候情景下的模拟结果相似，即从南向西北森林第一性生产力递减，说明未来气候变化没有改变中国森林生产力的地理分布格局。森林生产力变化率的地理分布格局与森林气候生产力的地理分布格局恰好相反，即未来气候变化后中国森林第一性生产力的变化率从东南向西北递增，即东南部生产力变化较小，约 1% ~ 2%，在西北地区生产力的变化率在 6% ~ 8%，甚至达 10%（田广生，2000）。

对九类功能型林分的模拟结果表明，在气候发生变化后，各功能型的样地生物量均值与样地株数均值均有所变化，但无论上升还是下降，均存在明显的滞后性，即当气候发生变化达到一定的年限后，各功能型林分的样地生物量均值与样地株数均值才开始有明显的变化。从模拟出的各功能型样地生物量均值，以及该值在各气候带中所占的比重可以得出，各针叶类功能型所占比重大于阔叶类各功能型林分所占比重。低纬度地区各功能型林分受气候变化的干扰小于高纬度地区各功能型林分，各针叶类功能型林分适应气候变化干扰的能力高于各阔叶类功能型林分。各气候带间比较，以暖温带的增量最为明显。越往南，反应趋小。热带常绿阔叶林不仅增量最小，甚至有下降现象。对栎树六种林分生态系统的模拟结果表明，在气候发生变化后，栎树六种林分的样地生物量均值和样地株数均值均有所变化，但无论是增多还是减少，均存在明显的滞后性。因为各种栎属林分所处的地域和本身的生物学特性不同，所以当气候发生变化后，所受的影响各不相同。蒙古栎生物量增长较为缓慢，锐齿栎生物量增长较为明显，辽东栎生物量增长则上下波动较为明显，栓皮栎和麻栎的生物量变化当达到一定程度后便趋于稳定，盘壳栎的生物量则有所减少。在气候发生变化后，除盘壳栎的生物量和株数有所减少外，其他五种栎树林分的生物量和株数均有所增加，只是存在增加量的差异。这就说明，各种栎树均有较强的适应性，这也正是各种栎树之所以能在各区域广泛分布的原因之一（郝剑锋，2006）。

2.2.2　对森林结构、组成、分布的影响

未来气候有可能向暖湿变化，造成从南向北分布的各种类型森林带向北推进，水平分布范围扩展，山地森林垂直带谱向上移动。为了适应未来气温升高的变化，一些森林分布会向更高海拔的区域移动（Saenz-Romero et al.，2006）。据预测，CO_2 浓度加倍的条件下，约 10%～50% 的冻土带将最终转化为森林（Fischlin et al.，2007）。当升温 2℃ 以下时，40% 的模拟情景预测有林地和无林地之间的明显转化，而当升温超过 3℃ 时，90% 的模拟情景得出这样的结论，特别是在寒带，分别为 44% 和 88%，而对南美洲的热带森林仅为 19% 和 38%（Scholze et al.，2006）。但是，对于气候变化导致干暖化的地区，森林分布受到的影响将截然不同，干暖化可能导致树木大量死亡。

但全球变暖超过 2～3℃ 时，陆地生态系统的结构和功能将很可能发生显著变化，将对非洲和南半球产生正面影响，而位于中高纬度和热带的广阔森林将退化，特别是林火和病虫害的干扰。到 2100 年，在升温 3.2℃ 情景下，约 25% 的现有生态系统将发生显著变化，中、高纬度带的森林结构将趋于向夏绿林、雨绿林或落叶林方向发展；在升温 4.4℃ 的情景下，约 40% 的生态系统将发生显著变化，北方、热带和亚热带森林将显著退化。

气候变化也将改变我国森林植被的分布格局，中国东部各森林植被带可能发生北移，一些森林类型将消失（徐德应等，1997；Scholze et al.，2006；延晓冬等，2000；潘愉德等，2001；赵茂盛等，2002；程肖侠等，2008）。例如，研究预测表明，在大气 CO_2 浓度倍增情景下，寒温带针叶林将明显减少，可能变为温带针叶阔叶混交林；温带针叶阔叶混交林可能向北移动，其中 1/2 将被暖温带落叶阔叶林所取代，净分布面积减少；暖温带的绝大部分将变为亚热带，北亚热带几乎全被中亚热带所替代；中亚热带全部变为南亚热带；南亚热带全部变为边沿热带；边沿热带将变为中热带；中热带的海南岛南端将变为赤道带（Scholze et al.，2006）。程肖侠和延晓东（2008）研究表明，气候增暖，将使东北森林群落中阔叶林的比例增加，针叶林比例下降，温带针阔混交林森林垂直分布带有上移的趋势；降水使得东北森林水平分布带有北移的趋势，同时降水增加削弱温度增加对东北森林的影响。

但是，目前的结果大多基于动态植被模型的预测，气候变化情境下森林是否真如预测那样向北和向南高海拔迁移，还存在很大的不确定性。尽管气候因子是决定树木

地理范围的决定性因素，但树木的迁移可能不与气候的变化同步。因此，气候变暖与森林分布范围的向北和向高海拔移动并不同步，后者具有明显滞后期。如北方森林可能有 150～250 年的滞后期，而灌丛和树线的移动可能要快得多。这些都说明气候变暖导致的森林迁移存在很大的不确定性。干旱、林火和病虫害，加上低的幼苗成活率，可能会使某些旱带森林范围缩减。在许多山地，由于放牧、风和火的扰动以及樵采等人为影响，导致生态系统破碎化，树线位于气候条件允许的树线以下。气候变化导致的北方森林林火增加，可通过促进先锋树种和灌木种向冻土带的扩展，从而加速未来北方森林向北迁移进入冻土带。运用建立的生态信息系统，依据 2030 年的气候情景，对油松、马尾松、杉木、云南松、兴安落叶松、红松和珍稀濒危树种珙桐、秃杉进行了研究，结果表明：气候变化导致的兴安落叶松、红松的南界北移和北界南移，使分布面积减少约 8.5%；马尾松和杉木的北界南移，南界北移，分布面积分别减少约 9.7% 和 8%；而云南松、珙桐和秃杉的南北界明显变化，云南松分布面积新增加 31.6%，珙桐的极限分布面积减少了 20.2%，秃杉减少了 57.1%。

物候学是记录植物生长发育以及动物的季节活动，从而了解气候变化对动植物生长发育阶段的影响和自然季节变化规律的科学。温度、降水、日照等是气候变化的物理指标，而物候是反映气候变化对植物发育阶段影响的综合性生物指标，它们之间有着一定的相关性。在此基础上建立了物候与年平均气温的线性统计模式，以此计算了全球平均气温升高及大气中 CO_2 浓度倍增情况下，我国主要树种物候期的可能变化。结果表明，如果我国各地年平均气温升高 1℃，则春季物候期大约提前 3～5 天，而秋季物候则推迟 3～5 天，绿叶期延长（田广生，2000）。

运用各个树种现实分布的气候参数区间，并以此确定各个树种的极限分布和生态最适分布区，进而根据全球大气环流预测模型 GCM 预测的 2030 年气候变化结果，利用上述相同的气候参数区间，对气候变化后树种分布所受的可能影响进行预测。对我国的主要造林树种（油松、马尾松、杉木、云南松、兴安落叶松、红松）和濒危树种（珙桐和秃杉）在气候变化后的 2030 年地理分布的变化进行的预测表明：①兴安落叶松：到 2030 年，我国兴安落叶松极限分布的南界将发生北移，移动幅度为 0.1～2.7 个纬度，北界、东界基本没有变化，西界变化也不大。兴安落叶松分布区域内的局部地区变化较明显，其中长白山地区将有 50% 左右的兴安落叶松面积消失，小兴安岭地区也将消失 10% 左右，而大兴安岭西北部地区的兴安落叶松分布面积将有所增加。2030 年兴安落叶松适宜分布面积将由当前气候条件下 0.43 亿 hm^2 减少到 0.39 亿 hm^2，减少面积为 0.04 亿 hm^2，约占当前气候条件下总面积的 8.5%。②红松：到 2030 年我国红松分布的南界将发生北移，北移幅度为 0.1～0.6 个纬度。这些变化主要发生在辽宁省红松分布区域内。红松分布北界将北移，北移幅度为 0.3~0.5 个纬度，西界西移，西移幅度为 0.1~0.5 个经度，主要发生在黑龙江省红松分布区的西北部。另外，在吉林省南部的局部地区有一些红松将消失，在黑龙江省红松分布区域内，局部地段有所增加。到 2030 年红松适宜分布面积将由当前 0.29 亿 hm^2，增加到 0.3 亿 hm^2，增加面积为 0.01 亿 hm^2，约占当前气候条件下红松分布面积的 2.2%。③油松：到 2030 年，油松极限分布区将发生不十分明显地北移，北界东部约向北移约 1.4 个纬度，南界约向北移 0.2 个纬度，东西界向中心有所收缩，而油松中心分布区的位置基本上没有变化，但在中国境内的分布区南部由较连续的块状分布变为零散的点状分布。油松极限分布区的面积比当前气候条件下的面积约减少 9.4%，中心分布区的面积比当前气候条件下的面积约减少 7%。油松分布面积的减少，主要发生在海拔 180~1200m 的地区。④马尾松：到 2030 年，马尾松极限分布区的西界向东移约 0.7~1.1 个经度，北界南移约 0.3~1.6 个纬度，南界北移约 0.2~3.4 个纬度，东界没有变化；生态最适分布区南界北移约 0.1~1.1 个纬度，北界南移约 0.1~0.6 个纬度，东西界变化不大。极限分布区内，在长江以南地区，马尾松将由低海拔向高海拔处垂直上移约 80~400m，马尾松极限分布的面积较当前气候条件下的面积减少 9.7%，生态最适分布的面积将减少 13%。⑤杉木：到 2030 年，杉木的极限分布和生态最适分布也有不同程度的变化。杉木极限分布的西界向东移约 0.2~2.3 个经度，北界南移约 0.1~0.9 个纬度，南界北移约 0.1~0.5 个纬度，东界基本上没变化；杉木生态最适分布区南界北移约 0.2~1.3 个纬度，北界南移约 0.2~1.5 个纬度，西界东移约 0.1~0.7 个经度，东界变化不明显。当前气候条件下杉木极限分布的面积约减少 1.8%，其最适分布的面积约减少 1.8%。⑥云南松：云南松为我国西南亚高山地区具有代表性的主要造林树种。到 2030 年，云南松的分布面积有明显的增加。主要表现为随气温和降水量的增加，云南松分布的西界向东移动约 1.5 个经度，南北界基本上无明显变化，但分布区的空间位置发生了较大变化。整个云南松分布区内原有面积减少约 19.5%，新增面积约 31.6%。两者之差使云南松在 2030 年时的面积，较当前气候条件下云南松分布的面积增加约 12.1%。其主要的增加地区，位于滇东北，并较为完整；而减少的面积则较为破碎。⑦珙桐：2030 年气候变化后，珙桐极限分布的北界和南界基本上没有变化，仅北界东段向南移动 0.2~0.7 个纬度，东界向西移动 0.3~1.3 个经度，西界东南段向东移动 0.3~1.9 个经度，珙桐极限分布面积比当前气候条件下的面积约减少 20.2%。气候变化对云南西部的珙桐分布影响较大，由于珙桐的生态适应范围比较狭窄，微弱的气候变化就可能产生较大的影响。⑧秃杉：当前气候条件下秃杉理论分布范围为东经 95.2°~109.4°，北纬 23.6°~32.6°，地跨四川、湖北、贵州、云南、西藏

5 个省(自治区),成间断分布。到 2030 年,大面积的秃杉将消失,但秃杉理论分布的四界移动不明显,分布面积将由当前气候条件下的 0.12 亿 hm^2,减小到 510 万 hm^2,减小面积为 690 万 hm^2,约占当前气候条件下秃杉可能分布面积的 57.1%。该树种与中国的水杉十分相似,原有分布区小,但适应性广,现在的实际分布区远未达到它的理论分布区。事实上,经近年来的大力推广,在我国亚热带地区已广泛种植,因此气候变化对该树种的影响将远非所预料的那样显著(徐德应,2002)。

2.2.3 对森林碳库的影响

预测研究表明(Scholze et al.,2006),未来气温升高 3℃将使全球陆地植被变成一个净的碳源,超过 1/5 的生态系统面积将缩小。未来气候变化情境下,欧洲被管理的土地碳储量总体呈现增加趋势,但其中也会有因土地利用变化导致的小范围碳储量降低(Smith et al.,2005)。气候变化情境下的林火强度和频率的增加将是大气重要的排放源。在增温幅度小于 2℃的情况下,火灾频率仍将显著增加。应用模型模拟表明,2030 年全球陆地碳汇将转为下降,并在 2070 年(升温约 2.5℃)转为碳源;利用海洋—大气环流模型(OAGCMs)模拟表明,陆地碳源将进一步加重气候变化及其对植被的影响,使热带碳源超过寒带碳汇,导致 2100 年大气 CO_2 浓度增加 18% ~40%。IPCC 第四次评估报告基于大量研究的分析认为,按目前的排放速率,陆地碳汇将在 21 世纪中叶以前达到峰值,然后开始下降;即使在不考虑毁林碳排放和生物圈反馈的情况下,陆地将在 2100 年前变为碳源。

对中国的模型模拟表明,在净气候变化(无大气 CO_2 浓度变化影响)假设前提下,2091~2100 年中国森林的平均 NPP 和土壤碳储量将下降,中国森林很可能在较大范围内均成为碳源;在中度变暖假设条件下,大气 CO_2 浓度升高可能会增加未来中国森林碳吸收,但是这种 CO_2 施肥效应会随着时间推移而降低;在大气 CO_2 浓度升高而气候条件不变的情况下,到 2091~2100 年,中国大部分森林将成为碳汇(Conard et al.,2002)。

对全球模型的模拟表明,全球气温升高,森林初级生产力和土壤有机质(SOM)分解率将同时加速(Rustad et al.,2001)。土壤碳储量的平衡将发生移动。森林土壤可能对气温变化的响应更为强烈(杨玉盛等,2005)。Rustad(2001)等研究表明:温度升高,土壤呼吸增加,有机质分解量等于植被生产力的增加量,SOM 含量将降低。在寒冷地区这种趋势可能更加显著(Mclillo et al.,2002);但也有研究认为,气候变暖时,SOM 分解的主体成分是不稳定性碳。在几十年内土壤有机碳储量变化不大(Powlson,2005)。Kirschbaum(1996)和 Powlson(1987)认为,SOM 对气候变化响应的不一致可能是受 SOM 化学组分(性质)的影响。土壤微生物生物过程受 SOM 性质、有效性、可获得性、湿度和温度等外界条件的影响。但与矿质土壤结合的稳定 SOM 受温度影响较小。在稳定态的 SOM 中,土壤微生物对气候变化适应性强,土壤呼吸温度敏感性降低(梁启鹏等,2010)。森林土壤碳储量还随纬度的变化而变化。周国模等(2006)认为,中国不同纬度区域的森林土壤碳储量在森林总碳储量中所占的比重不同,在高纬度的北方森林中约占84%,在中纬度的温带森林中约占63%,在低纬度热带森林中约占50%,即森林土壤碳储量在森林总碳库中所占的比重随着纬度的降低而降低。森林土壤平均碳密度也出现类似的变化规律,以高纬度的北方森林土壤最大,中纬度的温带森林土壤次之,低纬度的热带森林最小。但高纬度的北京妙峰山林场土壤碳密度为 $3.78 \sim 7.85$ kg/m^2,而广东鹤山人工林土壤碳密度最高为 11.46 kg/m^2,几乎为北京地区土壤碳密度的 2 倍。何友军等(2006)报道,湖南会同地区的常绿阔叶林土壤碳密度高达 39.2 kg/m^2,为北京妙峰山林场土壤碳密度的 10 倍。这表明森林土壤碳含量不但在空间上有较大的分异性,而且不同学者的测定方法也具有较大的不确定性。

2.2.4　对湿地的影响

湿地是世界上最具生产力的生态系统之一,是地球的肾脏,生物多样性的摇篮。湿地环境由湿地水文、湿地生物地球化学循环和生物对湿地的适应和改造构成。气候变化对湿地生态系统的影响涉及气温升高和 CO_2 浓度增加的直接影响,以及降水变化、冰盖和雪盖融化引起水文循环改变产生的间接影响。温度升高湖泊下层滞水带氧气浓度降低,湖底磷释放,浮游生物的种类、活动季节和产量将发生改变,导致水质下降。降水增加可导致水体可溶性有机碳浓度上升,从而改变生物地球化学循环。温度上升还影响许多鱼类的分布,对底栖无脊椎动物和微生物产生负面影响,热带地区湖泊 NPP 和鱼类产量下降。无脊椎动物、水禽等向极地方向迁移,许多湿地物种的迁移方式和路线将发生改变,一些种类灭绝。CO_2 浓度升高还导致沼泽和稻田 NPP 增加,甲烷排放也增加。当升温 $2 \sim 3℃$ 时,许多极地湖泊将干涸。在季风气候区,降水变率(降水变率指降水量的年/季/月际变化)的变化将使湿地生物多样性减少,湿地干涸(傅国斌等,2001)。人类土地利用活动将加剧气候变化的影响。

加拿大中心气候模型 GCM1 和英国 HADCM2 模型预测结果都表明,21 世纪全球年均降水量的变化将显著改变湿地水文和水生生态系统。相对较小的降水、蒸发及蒸腾变化只要改变地表水或地下水位几厘米就足以让湿地萎缩或扩展,或者将湿地转变为旱地,或从一种类型转变到另一种类型。淮河流域的气候变化对湿地生态系统的影响主要表现在对湿地水文、湿地生物多样性、湿地生态系统的温室气体源汇等的影响。

(1)气候变化对湿地水文的影响。全球气候变化不仅使得降水、气温、云量等气候参数发生明显变化,而且会对全球水文循环过程和区域水文情势产生深刻的影响。湿地水文条件对气候变化的响应主要表现在因降水量、蒸发及植物蒸腾量的变化,引起湿地生态系统水文环境条件的变化。许多研究都表明,水文参数是控制湿地生态系统结构和功能的关键因子,因此,湿地水文情势的变化必然会影响到湿地生态系统结构和功能的时空格局。据统计,从 1980～2000 年间,淮河流域湖泊水面面积在 $1km^2$ 以上的 62 个湖泊中已有耿家荡、仙墩湖、绿草荡等 11 个湖泊干涸,累计干涸湖泊面积71.1 km^2,62 个湖泊年萎缩水面面积量约0.18%,年减少湖泊蓄水量约0.094%。如果未来气候变暖,而河川径流变化不大的情景下,平原湖泊由于水体蒸发加剧,将会加快萎缩。从 2011～2040 年,淮河流域气候将趋于暖湿,但年径流量将可能以减少趋势为主,这将进一步加剧湿地面积的萎缩。湿地的萎缩和破坏,使湿地生态功能得不到正常发挥,抵御自然灾害和水污染的能力明显降低(孟宪民等,1999;刘春兰等,2007;付国斌等,2001;高歌等,2008;吴培任等,2006;王松等,2008;赵长森等,2008;季玲玲等,2009)。

(2)气候变化对湿地生物多样性的影响。与陆地生态系统相比,湿地的生物多样性较为丰富,它为多种无脊椎动物、冷血和热血的脊椎动物提供栖息和繁衍的场所。湿地最为基本的功能之一就是为动物提供终年的居住环境,并且还是一些候鸟越冬的生境(取决于湿地的地理位置)。因而,湿地生物多样性也将受到全球变化的影响。如淮河流域(安徽段)沿淮湿地中,各种珍稀水禽和水生动植物,不但种类繁多而且资源丰富。据不完全统计,淮河流域(安徽段)湿地中共有湿地维管束植物 259 种,湿地高等动物 260 种(包括鱼类 68 种,两栖爬行动物 26 种,鸟类 152 种,兽类 14 种)。其中,湿地植物中属于国家重点保护的种类有:中华水韭 *Isoetes sinensis*、水蕨 *Ceratopteris thalictroides*、莲 *Nelumbo nucifera*、野菱 *Trapa incisa*、莼菜 *Brasenia schreberi*、野大豆 *Glycine soja* 等;湿地中重点保护的动物有:虎纹蛙 *Rana rugulosa*、白鹳 *Ciconia boyciana*、黑鹳 *Ciconia nigra*、白头鹤 *Grus monacha*、白鹤 *Grus leucogeranus*、大鸨 *Otis tarda*、白琵鹭 *Platalea leucorodia*、大天鹅 *Cygnus cygnus*、小天鹅 *Cygnus columbianus*、鸳鸯 *Aix galericulata* 等。同时,湖泊等湿地水域之中,还广泛分布有虾类、蟹、龟类、蛇类、蛙类、贝类等经济动物,并保存有许多天然鱼类资源。然而,由于气候变化和人类活动导致淮河流域湿地生态环境的逐步恶化,尤其颍河中下游地区与沭河中下游地区水生态系统遭到严重破坏,水环境恶化,自净能力差,水生态系统脆弱,河流多处于病态,水体绿色植物大量死亡,依靠初级生产力为生的鱼类、底栖动物和浮游动物也大量消失。

（3）气候变化对湿地生态系统的温室气体源汇的影响。湿地的物理化学条件使其具有"碳汇"的功能。湿地在化学元素循环中特别是 CO_2、N_2O 与 CH_4 等温室气体的固定和释放中起着重要"开关"作用，湿地碳的循环对全球气候变化有重要意义。由于地下水位下降，气温升高，有些湿地中原来不参与全球碳循环的碳也变得活跃起来，将会由 CO_2 的"汇"变成"源"，这种汇、源之间的转化已经在一些极冷的地区发生了。气候变化对湿地水文情势的影响亦会明显影响到湿地甲烷排放的数量及历时，研究表明，"泥炭岛"温度由 40℃ 增加到 200~250℃，甲烷的产生率会增加 4 倍多。如果湿地变干，则甲烷的排放量会有所减少（季玲玲等，2009）。

第3章 林业与减缓气候变化

3.1 森林在全球碳循环中的作用

在全球碳循环研究中森林具有重要意义。陆地上森林植被具有最广泛的分布面积、最高的生物生产力和最大的生物量积累，全球森林类型主要包括北半球横跨亚洲、美洲、欧洲三大洲的寒温带和温带辽阔的针叶林和针阔混交林，暖温带落叶阔叶林，东亚亚热带常绿阔叶林，亚洲、非洲和南美洲的热带雨林，等等，全球森林总面积约占全球陆地面积的31%，其中22%为郁闭森林。其次与其他植被系统比较，森林生态系统具有较高的碳储存密度(陈泮勤等，2004)。

森林植物在生长过程中通过光合作用，吸收二氧化碳、放出氧气。把大气中的二氧化碳以生物量的形式固定下来，这个过程称为"汇"。根据森林生态系统生产力模型研究的基本思想，结合森林植被自身的生长机理，通过光合作用和呼吸作用，森林与大气间始终保持并进行着二氧化碳的交流与转换。研究证明，森林通过光合作用吸收的二氧化碳量要大于由于呼吸作用而释放的二氧化碳量。经过时间的积累，在包括森林植被和林地土壤在内的整个森林生态系统中，以生物量的形式存在着大量的二氧化碳。而且与陆地生态系统的其他组成部分，比如草地、农田相比，森林吸收并固定二氧化碳的能力更强(李怒云，2007)。

森林是陆地生态系统的主体，对维持陆地生态平衡、保护生态安全、防止生态危机起着决定性的作用。森林的生态功能主要表现在防风固沙、保持水土、涵养水源、保护生物多样性、提供森林游憩和提供多种林产品。森林所具有的一般生态功能长期以来已成为科学家研究的重点，并为社会和大众所熟悉。但是森林的固碳作用直到近些年来才被社会逐渐重视。森林是陆地生态系统中最大的碳储库，森林是二氧化碳的"储存器"。因此，人类开始重视森林内的碳汇功能，试图通过造林和其他林业活动增加森林的碳汇容量，抑制和减缓温室效应(李顺龙，2006)。

森林的"汇"作用可以在一定时期内减少大气中温室气体的积累。森林每生长 $1m^3$

木材，大约可以吸收 1.83t 二氧化碳。根据 Whittaker(1975)估计，热带森林净初级生产力为 $4.5 \sim 16.0 t/hm^2$，温带森林为 $2.7 \sim 11.25 t/hm^2$，寒温带森林为 $1.8 \sim 9.0 t/hm^2$，耕地为 $0.45 \sim 20.0 t/hm^2$，草地仅为 $1.3 t/hm^2$。森林碳汇功能发挥主要有两个渠道：一是人类通过造林、抚育等活动，加快森林资源培育，增加森林资源的存量，这就增加了森林碳库容积和容量，使森林更多、更快地吸收二氧化碳，使大气中的二氧化碳浓度降低；二是合理采伐、利用森林资源。这样既可以创造新的造林地和森林生长空间，又可以通过林木产品(如家具等)继续达到固碳的目的，这是森林固碳作用的延伸。如果人类大量毁林、过度采伐利用森林资源，就会将森林生态系统(包括森林植被和土壤)中储存的二氧化碳释放到大气中，使大气中二氧化碳浓度增加，导致或加快温室效应，引起全球气候变化(李顺龙，2006)。

　　森林碳汇功能使它能够通过参与全球碳循环，对全球性的气候变化产生重大影响。森林与气候变化，尤其与全球性气候变暖的关系主要在于森林生态系统是一个巨大的二氧化碳储存库。人类对于森林的经营和利用都直接影响到大气的二氧化碳浓度，而二氧化碳浓度又直接影响到气候变化，森林作为陆地最大的生态系统，在陆地生态碳库中占有重要地位，在陆地生态系统与大气碳库碳循环和碳交换过程中具有主导地位。处于良好经营状态下的森林可以极大地提高森林碳库的碳吸收速度和能力。合理轮伐以及木材的合理利用可以延伸森林碳汇作用，从而更好地发挥森林的碳汇效果，使森林成为温室效应的"缓冲器"(李顺龙，2006)。

　　据估算，陆地生态系统蓄积的碳量约为 1750Gt。其中土壤有机碳储量约是植物碳库的 2 倍左右，从热带森林的 1:1 到北部森林的 5:1 不等。目前，对于植被碳库和土壤碳库的估算还不一致，这主要是不同估算方法之间的差异，如假设条件、各类参数取值、测定的土壤深度、调查的土壤类型、植被类型全面与否，以及估算中的各种不确定性造成的。2000 年 IPCC 发表报告估计，全球陆地生态系统碳储量约 24770 亿 t，其中植被 4660 亿 t，植被碳储量约占 20%；土壤 20110 亿 t，土壤碳储量约占 80%；森林面积占全球陆地总面积的 27.6%，森林植被的碳储量约占全球植被的 77%，森林土壤的碳储量约占全球土壤碳储量的 39%。森林生态系统碳库储量占陆地生态系统碳储量的 46.6% 左右。在陆地植被与大气之间的碳交换中，90% 是由森林植被完成的(Winjum et al.，1993)。草地植被和农作物也具有很强的固碳能力，但作用是短暂的，不能将吸收的二氧化碳长期保存于生物有机体中。从全球来看，陆地植被通过光合作用每年从大气中吸收约 1200 亿 t 碳，其中约 600 亿 t 通过植被自养呼吸返回大气；余下的约 600 亿 t 中，约 500 亿 t 通过土壤和有机植物残体的异养呼吸(分解作用)返回大气，形成约 100 亿 t 净生态系统初级生产力，这其中又有 90 亿 t 通过干扰排放入大气。因此，陆地植被年净碳交换量约 10 亿 t。在这些交换中，森林约占 80%（李怒云，2007）。

从全球不同植被类型的碳储量来看，陆地碳储量主要发生在森林地区。森林生态系统在地圈、生物圈的生物地球化学过程中起着重要的"缓冲器"和"阀"的功能。约 80% 的地上碳储量和约 40% 的地下碳储量发生在森林生态系统，余下的部分主要贮存在耕地、湿地、冻原、高山草原及沙漠半沙漠中。从不同气候带来看，碳贮存主要发生在热带地区，全球 50% 以上的植被碳和近 1/4 的土壤有机碳贮存在热带森林和热带草原；另外，约 15% 的植物碳和近 18% 的土壤有机碳贮存在温带森林和草地；剩余部分的陆地碳贮存量主要发生在北部森林、冻原、湿地、耕地及沙漠和半沙漠地区。自然生态系统的碳储量和碳释放在较长时间尺度上是基本平衡的，除非陆地碳库的强度加大，否则任何一个碳汇迟早会被碳源所平衡（表 3-1）（周广胜，2003）。

表 3-1　全球植被和土壤碳储量

生物群区	面积 （亿 hm^2）	碳储量（GtC）		
		植被	土壤	合计
热带森林	17.6	212	216	428
温带森林	10.4	59	100	159
北方森林	13.7	88	471	559
热带稀树草原	22.5	66	264	330
温带草原	12.5	9	295	304
荒漠和半荒漠	45.5	8	191	199
冻原	9.5	6	121	127
湿地	3.5	15	225	240
农地	16	3	128	131
合计	151.2	466	2011	2477

同时，许多科学家的研究也显示，在自然状态下，随着森林的生长和成熟，森林吸收二氧化碳的能力会降低，且森林自养和异养呼吸增加，使森林生态系统与大气的净气体交换能力逐渐减小，系统趋于碳平衡状态，或生态系统碳储量趋于饱和，如一些热带和寒温带的原始林（Ciais et al.，2000）。但达到饱和状态无疑是一个十分漫长的过程，可能需要上百年甚至更长的时间。即便如此，仍可以通过增加森林面积来增加陆地碳储量。此外，一些研究测定，发现原始林仍有碳的净吸收。森林被自然或人为扰动后，其平衡将被打破，并向新的平衡方向发展，达到新平衡所需要的时间取决于目前的碳储量水平、潜在碳储量和植物及土壤碳积累速率（Schimel et al.，2003）。

对于被持续管理的森林，成熟林被采伐后可以通过更新再达到原来的碳储量，而收获的木材或木制产品，一方面可以作为工业或能源的代用品，减少工业或能源部门的温室气体排放；另一方面耐用木制品可以长期保存，部分还可以永久保存，起到减缓大气二氧化碳浓度升高的作用。

关于森林碳汇作用的争论。近年来，各国科学家进行了许多关于森林碳汇方面的研究，取得了一定的进展和成果。但是关于森林碳汇的问题也存在许多争论，一派认为森林是巨大的碳汇，可以通过大力造林来减少空气中的二氧化碳，减缓温室效应的发生。增加温室气体吸收汇，是指通过森林等植物的生物学特性，即光合作用吸收二氧化碳，放出氧气，把大气中的二氧化碳固定到植物体和土壤中，在一定时期内起到降低大气中温室气体浓度的作用。森林是陆地生态系统的主体，是最大的利用太阳能的载体。基于森林生态系统在物质循环和生态系统中不可忽视的作用及地位，科学家将森林作为吸收二氧化碳的"储存器"开展了一系列研究和实践。另一派认为森林碳沉降作用是有限的，甚至在许多时候森林变成了二氧化碳的排放源（碳源），人类不能寄希望于通过造林来减少空气中的二氧化碳（李怒云，2007）。

科学家对近 20 年来地球陆地生态系统的碳排放与吸收情况进行研究之后认为，所谓的"碳沉降"效应可能只是暂时的，不能依靠它来长期遏制全球变暖。"碳沉降"是指植被吸收的二氧化碳多于它们释放的二氧化碳，这有助于降低大气二氧化碳浓度，缓解全球变暖的趋势。

来自欧洲和美国等多个地区的 30 名科学家在日前出版的英国《自然》杂志上指出，地球植被的碳沉降效果并不稳定，大气中二氧化碳和氧气含量的数据证实，陆地生物圈在 20 世纪 80 年代期间吸收和排放的二氧化碳数量基本相当，没有出现碳沉降，20 世纪 90 年代则有一定的沉降效果（王艳红，2001）。

数据表明，20 世纪 90 年代的碳沉降效应主要出现在北半球的非热带地区，包括北美洲、欧洲及中国等。科学家认为，出现碳沉降的主要原因可能是上述地区的退耕还林。此外，森林和草场火灾减少，使植被释放的碳减少，对碳沉降也有帮助。光合作用、呼吸作用、虫灾等其他因素的变化也可能导致树叶、枯死植物和土壤微生物释放的碳减少。科学家说，大气中二氧化碳浓度升高，可以提高植物生长速度，从而吸收更多的碳，暂时增强碳沉降效果，但这一效应终将达到饱和。影响碳沉降的不稳定因素很多，长期来看，全球陆地生物圈并不一定能够持续起到碳沉降的作用，特别是在温暖而干燥的年份（王艳红，2001）。

实际上，这两种观点从根本上说并不对立。两者对于森林的固碳作用都加以了肯定。如果森林"生物生产力"不断提高，森林资源蓄积量处于不断增加的趋势，则森林在吸收空气中二氧化碳，森林所发挥的就是"碳汇"作用，反之森林就会向大气释放它过去储存的碳，成为大气二氧化碳的一个排放源（碳源）。森林具有碳汇和碳源的双重功能，其功能的发挥方向和作用结果的大小完全取决于人类对森林的经营活动（李顺龙，2006）。

陆地表面有广泛的人类活动干扰，生态系统在贮碳方面即使只发生很小的变化，也会影响大气与生态系统之间碳的平衡。但是，陆地生态系统对于全球碳循环的影响程度仍难以准确把握。这是因为至少有两个因素控制着生态系统对于碳的储存水平：其一是人类对地表的改造。例如，砍伐森林，开垦草地，使之成为农田，导致二氧化碳向大气中的净释放。其二是生态系统净生产量的可能变化，这可能是由大气二氧化碳浓度变化引起的，也可能是由其他全球生物地球化学循环的变化，或者物理性气候系统的变化所引起（周广胜，2003）。

陆地生态系统是一个土壤—植被—大气相互作用的复杂系统，内部各子系统之间及其与大气之间存在着复杂的相互作用和反馈机制。正因为如此，陆地生物圈对大气二氧化碳浓度年际变化的影响要比海洋大，更为重要的是，陆地碳库也是全球碳循环中受人类活动影响最大的部分，与人类活动有关的矿物燃料燃烧、水泥生产及土地利用变化等都会造成二氧化碳的排放，改变大气各组成成分。因此，全球碳循环中最大的不确定性主要来自陆地生态系统（周广胜，2003）。

因此，注重发挥森林的碳汇功能，需要制定促进碳汇自然生产力的政策措施。政策措施主要应包括林业部门规章、社会舆论宣传、造林技术规程及完善相关法律法规等。一方面，通过增加森林植被，加强森林管理，不断增强森林吸碳固碳能力；另一方面，也要减少对森林的毁灭和破坏，尽量降低森林因此向大气排放的二氧化碳，从而通过开展有效林业活动，改善生态环境，对全球应对气候变化的国际行动做出应有的贡献（李怒云，2007）。

森林在吸收大气温室气体、稳定和减缓大气二氧化碳浓度方面的作用主要从以下几个方面得以体现：一是保护好现有的森林碳储量。防止毁林和森林火灾，使得现有森林所固定的碳不会释放到大气中，但森林的合理采伐和利用会扩大森林的固碳能力（木材使用继续起到固碳的作用和提供林地进行再造林）。二是增加森林碳库容积。通过合理经营管理，提高森林固碳速度和固碳能力，提高森林固碳总量。三是能源替代。森林生物质不仅仅是农村的薪材，还可以用来发电，其潜力十分可观。四是原材料替代。钢铁、水泥、铝材、塑料等都属于能耗密集型产品，它们在一定程度上都可以被木材替代，从而大量减少这些原材料在生产过程中向大气排放二氧化碳等温室气体（李顺龙，2006）。

森林被采伐和利用的过程是二氧化碳排放的过程。森林破坏造成向大气中排放大量的碳。现在受到破坏并消失得最快的森林是热带森林。正是由于森林受到大面积破坏，以致从全球角度来看，减少森林的破坏，避免因此向大气中排放二氧化碳已成为科学研究领域的一个新的课题。

这里的毁林是指森林向其他土地利用的转化或林木冠层覆盖度长期或永久降低到一定阈值以下。由于毁林导致森林覆盖率的完全消失，除毁林过程中获取的部分木材及其木制品可以较长时间保存外，大部分储存在森林中的巨额生物量碳将迅速释放进入大气。同时，毁林引起的土地利用变化还将导致森林土壤有机碳的大量排放。研究表明，毁林转化为农地后，由于土壤有机碳输入大大降低和不断地耕作，其碳的损失一般在 0~60%，最高可达 75%。而毁林转化为草地后土壤有机碳的变化不明显。

自工业革命以来，全球毁林面积呈增加趋势，特别是近 50 年来，以热带、亚热带和南美洲为主的毁林大幅度上升。在 20 世纪 50 年代以前，毁林主要发生在北美洲和欧洲等温带地区以及热带亚洲和南美洲。20 世纪中叶以后，北美洲和欧洲(除原苏联外)的毁林基本遏止，并通过人工造林和退耕还林，森林面积呈增加趋势。

造林再造林是减缓温室效应、抑制气候变暖的主要途径，由于森林在影响和减缓全球气候变化中的作用，气候变化与森林问题在国家气候变化谈判中一直是备受关注的问题之一。研究表明森林碳汇潜力巨大，人类通过加强对森林资源的合理经营，可以增加森林碳汇容量，使森林吸收更多的二氧化碳(李顺龙，2006)。

3.1.1　全球森林碳储量

根据联合国粮农组织(FAO)2011 年公布的《2010 年全球森林资源评估》报告，2010 年全球森林覆盖面积为 40.3 亿 hm^2，占陆地总面积的 31%。2000~2010 年间年度变化率为 -0.13%，年度变化为 -521.6 万 hm^2，即每年减少约 520 万 hm^2。森林立木蓄积总量为 5270 亿 m^3，森林生物量为 6000 亿 t(地上和地下)及 670 亿 t 枯死木，人工林面积约为 2.64 亿 hm^2，人均森林面积为 0.6 hm^2(表3-2 和表3-3)。

总共占世界森林面积 94% 的 180 个国家和地区报告了 2010 年的森林生物量。占世界森林面积 60% 的 73 个国家和地区就枯死木提交了报告。FAO 通过将各分区域每公顷平均值乘上相关年份的森林面积，对其余国家和地区的生物量和枯死木蓄积量做出了估计。

表 3-2　世界上一些主要国家的森林资源状况（1990~2010 年）

国家／地区	森林的面积（2010 年）			年度变化率				活立木生物量中的碳储量
	森林面积（万 hm²）	占国土面积的%	每千人面积（hm²）	1990~2000 年		2000~2010 年		2010 年（t/hm²）
				（万 hm²）	（%）	（万 hm²）	（%）	
埃及	7	0	1	0.2	3	0.1	1.7	99
尼日利亚	904.1	10	60	-41	-2.7	-41	-3.7	120
南非	924.1	8	186	0	0	0	0	87
苏丹	6994.9	29	1692	-58.9	-0.8	-5.4	-0.1	20
非洲总计	67441.9	23	683	-406.7	-0.6	-341.4	-0.5	
中国	20686.1	22	154	198.6	1.2	298.6	1.6	30
日本	2497.9	69	196	-0.7	0	1	0	—
韩国	622.2	63	129	-0.8	-0.1	-0.7	-0.1	43
印度	6843.4	23	58	14.5	0.2	30.4	0.5	41
巴基斯坦	168.7	2	10	-4.1	-1.8	-4.3	-2.2	126
印度尼西亚	9443.2	52	415	-191.4	-1.7	-49.8	-0.5	138
马来西亚	2045.6	62	757	-7.9	-0.4	-11.4	-0.5	157
泰国	1897.2	37	282	-5.5	-0.3	-0.3	0	46
伊朗（伊斯兰共和国）	1107.5	7	151	0	0	0	0	23
土耳其	1133.4	15	153	4.7	0.5	11.9	1.1	73
亚洲总计	59251.2	19	145	-59.5	-0.1	223.5	0.4	
奥地利	388.7	47	466	0.6	0.2	0.5	0.1	101
丹麦	54.4	13	100	0.4	0.9	0.6	1.1	68
芬兰	2215.7	73	4177	5.7	0.3	-3	-0.1	38
法国	1595.4	29	257	8.2	0.5	6	0.4	76
德国	1107.6	32	135	3.4	0.3	0	0	127
意大利	914.9	31	153	7.8	1	7.8	0.9	61
挪威	1006.5	33	2111	1.7	0.2	7.6	0.8	39
西班牙	1817.3	36	409	31.7	2.1	11.9	0.7	23
瑞典	2820.3	69	3064	1.1	0	8.1	0.3	45
欧洲总计	100500.1	45	1373	87.7	0.1	67.6	0.1	
加拿大	31013.4	34	9325	0	0	0	0	45
墨西哥	6480.2	33	597	-35.4	-0.5	-19.5	-0.3	32
美国	30402.2	33	975	38.6	0.1	38.3	0.1	64
北美洲总计	67896.1	33	1497	3.2	0	18.8	0	
澳大利亚	14930.0	19	7085	4.2	0	-56.2	-0.4	—
新西兰	826.9	31	1955	5.5	0.7	0	0	156
大洋洲总计	19138.4	23	5478	-3.6	0	-70.0	-0.4	
阿根廷	2940.0	11	737	-29.3	-0.9	-24.6	-0.8	104
巴西	51952.2	62	2706	-289	-0.5	-264.2	-0.5	121
南美洲总计	86435.1	49	2246	-421.3	-0.5	-399.7	-0.5	
世界	403306	31	597	-832.3	-0.2	-521.1	-0.1	

资料来源：联合国粮农组织（FAO），《2011 年世界森林状况》（FAO，罗马，2012），附件表 2 及表 3。

表3-3　1990～2010年各区域和分区域的总生物量变动趋势

区域/分区域	森林总生物量(Mt)				森林生物量(t/hm²)			
	1990 年	2000 年	2005 年	2010 年	1990 年	2000 年	2005 年	2010 年
非洲东部和南部	37118	35232	34304	33385	122.0	123.2	124.0	124.8
非洲北部	3931	3721	3731	3711	46.2	47.0	47.2	47.1
非洲西部和中部	88340	84886	83275	81603	245.5	247.2	248.0	248.7
非洲总计	129390	123839	121309	118700	172.7	174.8	175.4	176.0
东亚	13877	16185	17563	18429	66.3	71.4	72.6	72.4
南亚和东南亚	60649	57111	54904	51933	186.4	189.6	183.4	176.4
西亚和中亚	3063	3236	3355	3502	73.8	76.7	78.2	80.5
亚洲总计	77589	76532	75822	73864	134.7	134.2	129.8	124.7
欧洲,除俄罗斯联邦	19866	22630	24097	25602	110.0	119.8	125.3	130.7
欧洲总计	84874	86943	88516	90602	85.8	87.1	88.4	90.2
加勒比	822	987	1060	1092	139.3	153.4	157.5	157.5
中美洲	4803	4145	3931	3715	186.7	188.6	189.5	190.5
北美洲	72518	74453	75646	76929	107.2	110.0	111.6	113.3
北美洲和中美洲总计	78143	79585	80637	81736	110.3	112.8	114.3	115.9
大洋洲总计	22095	21989	21764	21302	111.2	110.8	110.6	111.3
南美洲总计	230703	222251	217504	213863	243.8	145.8	146.5	247.4
世界	622794	611140	605553	600066	149.4	149.6	149.1	148.8

资料来源：联合国粮农组织(FAO)，《2010年世界森林状况》(FAO，罗马，2011)，表2.19。

表3-4表明，2010年世界森林所含总生物量(地上和地下)达6000亿t，相当于每公顷149t。有热带森林的区域每公顷生物量蓄积最高，例如南美洲及西部和中部非洲的每公顷生物量蓄积超过200t。世界森林的枯死木量估计约为670亿t干物质或每公顷16.6t。

总共有占世界森林面积94%的180个国家和地区报告了2010年的生物量碳储量。就枯死木碳而言，相对应的数字是72个国家(61%)；就枯枝落叶碳而言，有124个国家(78%)；就土壤碳而言，有121个国家(78%)。联合国粮农组织通过将各分区域每公顷的碳储量平均值乘上相关年份的森林面积，对其余国家和地区做了估计。

在2010年，枯死木和枯枝落叶的总碳储量为720亿t，或平均值为17.8t/hm²，比2005年森林资源评估中报告的要稍高些。但有关枯死木和枯枝落叶的碳储量数据仍然太少。大多数国家没有这些碳库的国别数据，所以在IPCC提供更好的默认值之前，有关这些碳库的估计将仍然保持薄弱。土壤中的总碳储量估计为2920亿t或每公顷

72.3t，比森林生物量中的碳储总量稍高些。

将生物量、枯死木、枯枝落叶和土壤中的所有的碳综合在一起，得出的 2010 年森林碳储总量估计为 6524 亿 t，相当于每公顷 161.8t（表 3-5）。

表 3-4　2010 年各区域和分区域的生物量和枯死木生物量

区域/分区域	生物量		枯死木	
	（Mt）	（t/hm²）	（Mt）	（t/hm²）
非洲东部和南部	33385	124.8	6888	25.7
非洲北部	3711	47.1	1060	13.6
非洲西部和中部	81603	248.7	7747	23.6
非洲总计	118700	176	15704	23.3
东亚	18429	72.4	2514	9.9
南亚和东南亚	51933	176.4	5964	20.3
西亚和中亚	3502	80.5	70	1.6
亚洲总计	73864	124.7	8548	14.4
欧洲，除俄罗斯联邦	25602	130.7	1434	7.3
欧洲总计	90602	90.2	15790	15.7
加勒比	1092	157.5	120	17.2
中美洲	3715	190.5	419	21.5
北美洲	76929	113.3	8633	12.7
北美洲和中美洲总计	81736	115.9	9172	13.0
大洋洲总计	21302	111.3	3932	20.5
南美洲总计	312863	247.4	13834	16.0
世界	600066	148.8	66980	16.6

资料来源：联合国粮农组织（FAO），《2010 年世界森林状况》（FAO，罗马，2011），表2.17。

表 3-5　1990～2010 年各区域和分区域的总生物量中碳含量变动趋势

区域/分区域	生物量中的碳		枯死木和枯枝落叶中的碳		土壤中的碳		总碳量	
	（Mt）	（t/hm²）	（Mt）	（t/hm²）	（Mt）	（t/hm²）	（Mt）	（t/hm²）
非洲东部和南部	15762	58.9	3894	14.6	12298	46.0	31955	119.4
非洲北部	1747	22.2	694	8.8	2757	35.0	5198	66.0
非洲西部和中部	38349	116.9	3334	10.2	19406	59.1	61089	186.2
非洲总计	55859	82.8	7922	11.7	34461	51.1	98242	145.7
东亚	8754	34.4	1836	7.2	17270	67.8	27860	109.4
南亚和东南亚	25204	85.6	1051	3.6	16466	55.9	42722	145.1
西亚和中亚	1731	39.8	546	12.6	1594	36.6	3871	89.0
亚洲总计	35689	60.2	3434	5.8	35330	59.6	74453	125.7

（续）

区域/分区域	生物量中的碳		枯死木和枯枝落叶中的碳		土壤中的碳		总碳量	
	（Mt）	（t/hm²）	（Mt）	（t/hm²）	（Mt）	（t/hm²）	（Mt）	（t/hm²）
欧洲，除俄罗斯联邦	12510	63.9	3648	18.6	18924	96.6	35083	179.1
欧洲总计	45010	44.8	20648	20.5	96924	96.4	162583	161.8
加勒比	516	74.4	103	14.8	416	60.0	1035	149.2
中美洲	1763	90.4	714	36.6	1139	58.4	3616	185.4
北美洲	37315	55.0	26139	38.5	39643	58.4	103097	151.8
北美洲和中美洲总计	39594	56.1	26956	38.2	41198	58.4	107747	152.7
大洋洲总计	10480	54.8	2937	15.3	8275	43.2	21692	113.3
南美洲总计	102190	118.2	9990	11.6	75473	87.3	187654	217.1
世界	288821	71.6	71888	17.8	291662	72.3	652371	161.8

资料来源：联合国粮农组织（FAO），《2010 年世界森林状况》（FAO，罗马，2011），表2.19。

总共有 174 个国家和地区提交了有关整个时序的森林生物量（地上和地下）中的碳储量信息，这些国家占全球森林总面积的93%。FAO 通过将各分区域每公顷的碳储量平均值乘上相关年份的森林面积，对其余国家和地区的生物量中的碳储量做出了估计。

表 3-6 显示了在 1990～2010 年期间各分区域、区域和全球范围森林生物量中的碳储量变动趋势。在 1990～2010 年期间，全球森林生物量中的碳储量下降了约 100 亿 t，或每年平均减少 5 亿 t，这主要是由于世界森林面积丧失造成的。就生物量而言，在全球范围，每公顷的碳储量没有出现显著变化。

2010 年森林碳储总量估计数为 6520 亿 t，相当于每公顷 161.8t。在 1990～2010 年期间，碳储总量有所下降，主要由于同期森林面积的丧失。每公顷的碳储量略有增加，但从统计学角度来看，可能未达显著水平。

2010 年森林资源评估所显示的碳储量略高于 2005 年森林资源评估的估计值，主要由于 2010 年森林资源评估中估计的森林面积比 2005 年森林资源评估时要大。每公顷的碳储量几乎保持不变，但 2005 年森林资源评估显示了每公顷的碳储量有卜降趋势，而 2010 年森林资源评估显示随时间推移没有变化。

表3-6　1990～2010 年各区域和分区域森林生物量中的碳储量变动趋势

区域/分区域	森林生物量中的碳（Mt）				森林生物量中的碳（t/hm²）			
	1990 年	2000 年	2005 年	2010 年	1990 年	2000 年	2005 年	2010 年
非洲东部和南部	17524	16631	16193	15762	57.6	58.2	58.5	58.9
非洲北部	1849	1751	1756	1747	21.7	22.1	22.2	22.2

（续）

区域/分区域	森林生物量中的碳（Mt）				森林生物量中的碳（t/hm²）			
	1990 年	2000 年	2005 年	2010 年	1990 年	2000 年	2005 年	2010 年
非洲西部和中部	41525	39895	39135	38349	115.4	116.2	116.6	116.9
非洲总计	60898	58277	57083	55859	81.3	82.2	82.6	82.8
东亚	6592	7690	8347	8754	31.5	33.9	34.5	34.4
南亚和东南亚	29110	27525	26547	25204	89.5	91.4	88.7	85.6
西亚和中亚	1511	1599	1658	1731	36.4	37.9	38.7	39.8
亚洲总计	37213	36814	36553	35689	64.6	64.6	62.6	60.2
欧洲，除俄罗斯联邦	9699	11046	11763	12510	53.7	58.5	61.2	63.9
欧洲总计	42203	43203	43973	45010	42.7	43.3	43.9	44.8
加勒比	387	466	500	516	65.5	72.4	74.4	74.4
中美洲	2279	1969	1865	1763	88.6	89.6	89.9	90.4
北美洲	35100	36073	36672	37315	51.9	53.3	54.1	55.0
北美洲和中美洲总计	37766	38508	39038	39594	53.3	54.6	55.3	56.1
大洋洲总计	10862	10816	10707	10480	54.7	54.5	54.4	54.8
南美洲总计	110281	106226	103944	102190	116.5	117.5	117.8	118.2
世界	299224	293843	291299	288821	71.8	71.9	71.7	71.6

资料来源：联合国粮农组织（FAO），《2010 年世界森林状况》（FAO，罗马，2011），表2.22。

在 2010 年，枯死木和枯枝落叶的总碳储量为 720 亿 t，或平均值为17.8t/hm²，比 2005 年森林资源评估中报告的要稍高些。但有关枯死木和枯枝落叶的碳储量数据仍然太少。大多数国家没有这些碳库的国别数据，所以在 IPCC 提供更好的默认值之前，有关这些碳库的估计将仍然保持薄弱（表3-7）。

表3-7　1990～2010 年各区域和分区域枯死木和枯枝落叶的总碳储量变动趋势

区域/分区域	枯死木和枯枝落叶中的碳（Mt）				枯死木和枯枝落叶中的碳（t/hm²）			
	1990 年	2000 年	2005 年	2010 年	1990 年	2000 年	2005 年	2010 年
非洲东部和南部	4419	4156	4025	3894	14.5	14.5	14.5	14.6
非洲北部	674	668	688	694	7.9	8.4	8.7	8.8
非洲西部和中部	4118	3761	3542	3334	11.4	11.0	10.6	10.2
非洲总计	9211	8586	8255	7922	12.3	12.1	11.9	11.7
东亚	1428	1608	1729	1836	6.8	7.1	7.1	7.2
南亚和东南亚	1134	1069	1067	1051	3.5	3.6	3.6	3.6
西亚和中亚	502	517	530	546	12.1	12.2	12.4	12.6
亚洲总计	3064	3194	3325	3434	5.3	5.6	5.7	5.8

（续）

区域/分区域	枯死木和枯枝落叶中的碳（Mt）				枯死木和枯枝落叶中的碳（t/hm²）			
	1990 年	2000 年	2005 年	2010 年	1990 年	2000 年	2005 年	2010 年
欧洲，除俄罗斯联邦	3337	3495	3561	3648	18.5	18.5	18.5	18.6
欧洲总计	20254	20223	20259	20648	20.5	20.3	20.2	20.5
加勒比	72	89	97	103	12.2	13.8	14.3	14.8
中美洲	929	799	756	714	36.1	36.4	36.4	36.6
北美洲	25590	25621	25932	26139	37.8	37.8	38.3	38.5
北美洲和中美洲总计	26591	26510	26784	26956	37.5	37.6	38.0	38.2
大洋洲总计	3027	3025	3014	2937	15.2	15.3	15.3	15.3
南美洲总计	10776	10382	10154	9990	11.4	11.5	11.5	11.6
世界	72923	71919	71792	71888	17.5	17.6	17.7	17.8

资料来源：联合国粮农组织（FAO），《2010 年世界森林状况》（FAO，罗马，2011），表 2.23。

占全球森林面积 78% 的 117 个国家和地区对整个时序的土壤碳提交了报告，比 2005 年森林资源评估的答复率有显著提高，那时仅有 43 个国家提交了报告。粮农组织通过将各分区域每公顷土壤碳储量平均值乘上相关年份的森林面积，对其余国家和地区做出了估计。大多数国家使用了 IPCC 的每公顷储量默认值，即土壤深度为 30cm。在这项分析中，对用非标准土壤深度做出有关碳储量报告的国家的数据没有进行调整。

在 1990~2010 年期间（表 3-8），土壤中碳储总量的下降源于同期森林面积的丧失，因为每公顷的碳储量显示几乎没有变化。土壤中的总碳储量估计为 2917 亿 t 或每公顷 72.3t，比森林生物量中的碳储总量稍高些。

全世界森林的碳储量超过 6500 亿 t，44% 在生物量中，11% 在枯死木和枯枝落叶中，45% 在土壤层。由于森林面积的丧失，全球碳储量正在下降，但在 1990~2010 年期间，每公顷的碳储量几乎保持不变。根据这些估计值，由于森林总面积的下降，世界森林目前是净排放源（表 3-9）。

表 3-8　1990~2010 年各区域和分区域土壤中的森林碳储量变动趋势

区域/分区域	土壤中的碳（Mt）				土壤中的碳（t/hm²）			
	1990 年	2000 年	2005 年	2010 年	1990 年	2000 年	2005 年	2010 年
非洲东部和南部	13871	13084	12690	12298	45.6	45.8	45.9	46.0
非洲北部	2952	2748	2771	2757	34.7	34.7	35.1	35.0
非洲西部和中部	21083	20223	19814	19406	58.6	58.9	59.0	59.1

（续）

区域/分区域	土壤中的碳(Mt)				土壤中的碳(t/hm²)			
	1990年	2000年	2005年	2010年	1990年	2000年	2005年	2010年
非洲总计	37907	36055	35275	34461	50.6	50.9	51.0	51.1
东亚	14220	15402	16432	17270	67.0	67.9	67.9	67.8
南亚和东南亚	18071	16760	16701	16466	55.5	55.7	55.8	55.9
西亚和中亚	1534	1550	1564	1594	37.0	34.7	36.5	36.6
亚洲总计	33826	33712	34698	35330	58.7	59.1	59.4	59.6
欧洲，除俄罗斯联邦	17503	18495	18632	18924	97.0	97.9	96.9	96.6
欧洲总计	95503	96495	96632	96924	96.5	96.7	96.5	96.4
加勒比	354	386	403	416	59.9	59.9	60.0	60.0
中美洲	1511	1287	1212	1139	58.7	58.6	58.4	58.4
北美洲	39752	39645	39613	39643	58.7	58.6	58.4	58.4
北美洲和中美洲总计	41617	41318	41229	41198	58.7	58.6	58.5	58.4
大洋洲总计	8584	8533	8490	8275	43.2	43.0	43.2	43.2
南美洲总计	82989	78961	76909	75473	87.7	87.3	87.2	87.3
世界	300425	295073	293232	291662	72.1	72.2	72.2	72.3

资料来源：联合国粮农组织(FAO)，《2010年世界森林状况》(FAO，罗马，2011)，表2.24。

表3-9 1990～2010年森林总碳储量变动趋势

	总碳储量(Mt)				碳储量(t/hm²)			
	1990年	2000年	2005年	2010年	1990年	2000年	2005年	2010年
生物量中的碳	299224	293843	291299	288821	71.8	71.9	71.7	71.6
枯死木中的碳	34068	33172	32968	32904	8.2	8.1	8.1	8.2
枯枝落叶中的碳	38855	38748	38825	38984	9.3	9.5	9.6	9.7
土壤中的碳	300425	295073	293232	291662	72.1	72.2	72.2	72.3
总碳储量	672571	660836	656323	652371	161.4	161.8	161.6	161.8

资料来源：联合国粮农组织(FAO)，《2010年世界森林状况》(FAO，罗马，2011)，表2.25。

　　自2005年森林资源评估以来，数据可得性和质量都有所提高，但仍然有些令人担忧的问题。与立木蓄积量和生物量一样，尚缺乏有关趋势的数据，因为大多数国家只有某一时点的国家立木蓄积量数据，这意味着碳储量的变化只能反映森林面积的变化。IPCC的2006年准则中省去了枯死木碳默认值，而且有关枯枝落叶的碳默认值也很不精确。就土壤碳储量而言，各国根据不同的土壤深度而得出碳储量估计数据。最后，某些拥有大片森林泥炭沼泽的国家难以根据IPCC的准则来评估土壤碳储量。

　　《2010 年全球森林资源评估》提供的重要信息是，森林采伐和自然损失速度仍然高得惊人，但趋势有所放缓。20 世纪 90 年代，全球每年消失约 1600 万 hm² 的森林，过去 10 年来下降至每年约 1300 万 hm²。同时，在全球范围内，一些国家和地区的植树造林和森林自然扩展有效降低了森林面积的净损失。在 1990～2000 年期间，每年森林面积净减少 830 万 hm²，但在 2000～2010 年期间有所下降，估计每年净减少 520 万 hm²（大致相当于哥斯达黎加的国土面积）。然而，大部分的森林损失仍继续发生在热带地区的国家和地区，而大部分森林面积的增加则出现在温带和寒温带地区及一些新兴经济体（FAO，2012）。

　　2010 年森林资源评估的主要结果突出了在促进可持续森林管理、实现 2010 年生物多样性目标以及 4 项全球森林目标方面出现的一些令人担忧的情况：

　　（1）在一些区域和国家，森林砍伐和森林自然损失的速度仍然令人震惊。

　　（2）原生林的面积每年减少大约 400 万 hm²。其部分原因是森林砍伐，另一部分原因则是择伐和其他人类活动，这些活动留下了明显人为影响的迹象，从而使某些原生林在 2010 年森林资源评估的分类系统中转变为"其他自然再生林"。

　　（3）在某些区域，遭受干旱和虫害不利影响的森林面积正在增加。

　　（4）在 1990～2005 年间，在全球范围内，森林营造、管理和使用方面的就业减少了约 10%。

　　（5）木材采伐价值在 20 世纪 90 年代有所下降，在 2000～2005 年间回升后又急剧下降。

　　虽然并非所有上述趋势均被视为消极（就业水平的下降可能归咎于劳动生产率的提高，从而导致生产成本下降），但是仍需要付出极大的努力来应对所出现的惊人趋势，以便使所有国家和区域能够在实现可持续森林管理方面取得更大进展。然而也存在一些非常好的消息：

　　（1）全球一级的森林砍伐率出现减缓征象，在过去 5～10 年间，某些国家在降低森林丧失率方面取得了显著进展。

　　（2）自 1990 年以来，指定用于生物多样性保护的森林面积增加了 9500 多万 hm²，这类森林现在共达 4.6 亿 hm² 以上。其中大多数，但并非全部，位于依法建立的保护区内，现约占世界森林的 13%。

　　（3）在 2000～2010 年间，人工林面积每年增加了约 500 万 hm²。尽管人工林仅占森林总面积的 7%，这些森林占木材需求的比例越来越大。

　　（4）在 2000～2010 年间，指定主要用于水土保持的森林面积增加了 5900 多万 hm²，现约占森林总面积的 8%。

(5)在进一步发展和推进可持续森林管理框架方面取得了显著进展。制定或更新了许多森林政策和法律；将近75%的世界森林现在归国家森林计划管辖；非洲撒哈拉以南地区和南美洲有管理计划的森林面积有显著上升。

除了其他功能之外，森林在缓解和适应气候变化中起到关键性的作用。2010年森林资源评估得出的积极结果之一是：近年来，由于砍伐率降低和大规模的植树造林活动，森林的碳排放量有所下降。

目前对森林在缓解气候变化中所起作用的认识是前所未有的。最近依据《联合国气候变化框架公约》就奖励机制进行了讨论，对减少来自毁林和森林退化的碳排放量的发展中国家给予奖励(REDD延续计划)，希望已经保证的额外资金将进一步降低许多国家的毁林率和森林退化。

3.1.2　中国森林碳储量

根据2014年的报告，我国现有林业用地3.10亿hm²，森林面积2.08亿hm²，活立木蓄积量164.33亿m³，森林蓄积151.37亿m³，森林覆盖率为21.63%。我国森林资源总量不足、质量不高、分布不均、森林覆盖率只有世界平均水平的72%，人均占有森林面积和蓄积分别只有世界平均水平的23%和14%。然而目前我国林业用地的利用率只有59.77%，具有很大的发展潜力。

全国第八次森林资源清查数据显示，全国幼龄林面积5332万hm²，蓄积16.30亿m³；中龄林面积5311万hm²，蓄积41.06亿m³；近熟林面积2583万hm²，蓄积30.34亿m³；成熟林面积2176万hm²，蓄积35.64亿m³；过熟林面积1058万hm²，蓄积24.45亿m³。幼中龄林面积所占比重较大，幼龄林、中龄林面积占林分面积的65%，蓄积占林分蓄积的38.94%(图3-1)。

图3-1　中国森林各龄级的面积和蓄积比例(%)

全国第八次森林资源清查数据显示，林分按林种分为防护林、用材林、薪炭林、特用林。防护林面积 9967 万 hm²，蓄积 79.48 亿 m³；特用林面积 1631 万 hm²，蓄积 21.70 亿 m³；两者合计分别占林分面积、蓄积的 42.81% 和 53.97%；用材林面积 6724 万 hm²，蓄积 46.02 亿 m³；薪炭林面积 177 万 hm²，蓄积 0.59 亿 m³（图 3-2）。

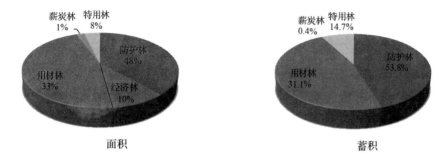

图 3-2　中国森林各材种的面积和蓄积比例（%）

根据 IPCC 的估算参数，可以得到我国森林生长积累的生物质有机碳量（陈泮勤等，2008），见表 3-10。

表 3-10　我国森林生长积累的生物质有机碳量

省份	林业用地面积（万 hm²）	森林面积（万 hm²）	林分面积（万 hm²）			植物碳增长量（万 tC/年）			合计（Mt）
			经济林	天然林	人工林	经济林	天然林	人工林	
北京	97.29	37.88	14.36	10.72	27.08	70.57	23.64	133.07	2.27
天津	13.44	9.35	4.78	0.36	8.99	23.49	0.79	44.18	0.68
河北	624.55	328.83	105.26	132.31	179.48	517.25	291.74	881.96	16.91
山西	690.94	208.19	45.66	107.11	99.19	224.37	236.18	487.42	9.48
内蒙古	4403.61	2050.67	7.91	1374.85	241.29	40.72	1361.10	1242.16	26.44
辽宁	634.39	480.53	141.53	196.50	267.60	728.60	194.54	1377.60	23.01
吉林	805.57	720.12	7.92	571.26	148.22	40.77	565.55	763.04	13.69
黑龙江	2026.50	1797.50	5.32	1624.87	172.63	27.39	1608.62	888.70	25.25
上海	2.25	1.89	1.02	—	1.89	5.06	0.00	9.37	0.14
江苏	99.88	77.41	29.33	3.24	74.17	145.48	11.05	367.88	5.24
浙江	654.97	553.92	117.64	298.29	255.63	583.49	1017.17	1267.92	28.69
安徽	412.32	331.98	59.39	146.36	185.51	294.57	499.09	920.13	17.14
福建	908.07	764.94	112.57	407.96	356.98	558.35	1391.14	1770.62	37.20
江西	1044.69	931.39	122.26	655.50	275.25	606.41	2235.26	1365.24	42.07
山东	284.64	204.64	121.60	10.24	194.40	597.54	22.58	955.28	15.75

（续）

省份	林业用地面积（万 hm²）	森林面积（万 hm²）	林分面积(万 hm²)			植物碳增长量(万 tC/年)			合计（Mt）
			经济林	天然林	人工林	经济林	天然林	人工林	
河南	456.41	270.30	70.80	109.19	161.11	347.91	240.76	791.69	13.80
湖北	766.00	497.55	67.51	351.33	145.90	334.85	1198.04	723.66	22.57
湖南	1171.42	860.79	198.86	469.76	390.39	986.35	1601.88	1936.33	45.25
广东	1048.14	827.00	128.55	385.69	440.83	637.61	1315.20	2186.52	41.39
广西	1366.22	983.83	203.69	532.29	449.62	1010.30	1815.11	2230.12	50.56
海南	194.47	166.66	75.66	57.56	109.10	375.27	196.28	541.14	11.13
重庆	366.84	183.18	18.28	120.31	62.87	90.67	410.26	311.84	8.13
四川	2266.02	1464.34	93.23	890.95	343.29	462.42	3038.14	1702.72	52.03
贵州	761.83	420.47	66.29	236.65	183.50	328.80	806.98	910.16	20.46
云南	2424.76	1560.03	136.28	1250.05	251.45	675.95	4262.67	1247.19	61.86
西藏	1657.89	1389.61	0.64	842.38	2.76	3.17	2872.52	13.69	28.89
陕西	1071.78	670.39	124.09	467.59	169.21	609.78	1031.04	831.50	24.72
甘肃	745.55	299.63	28.04	152.86	67.32	137.79	337.06	330.81	8.06
青海	556.28	317.20	0.52	30.35	4.36	2.56	66.92	21.43	0.91
宁夏	115.34	40.36	5.44	4.84	9.81	26.73	10.67	48.21	0.86
新疆	608.46	484.07	24.57	134.83	45.90	120.74	297.30	225.55	6.44
台湾	210.24	210.24	—	170.98	39.26	—	—	—	—
香港	1.92	1.92	—	—	—	—	—	—	—
澳门	0.06	0.06	—	—	—	—	—	—	—
全国	28492.56	17490.92	2139.00	11747.18	5364.99	10614.95	28959.26	26527.14	661.01

结果表明，我国森林生态系统的植物碳增长量为661Mt/年，其中经济林、天然林和人工林分别为106.1Mt/年、289.6Mt/年和265.3Mt/年，分别占森林植物碳增长总量的16.1%、43.8%和40.1%。从区域分布上来看，云南省森林植物固碳量最大，占全国9.4%，其次为广西、湖南、广东、福建等地，分别占全国的份额均超过5%（陈泮勤等，2008）。

根据《中国森林资源状况》，在行政区划的基础上，依据自然条件、历史条件和发展水平，把全国划分为：东北地区、华北地区、西北地区、西南地区、华南地区、华东地区和华中地区，进行森林资源的格局特征分析（江泽慧等，2008）。

（1）东北地区。东北林区是中国重要的重工业和农林牧生产基地，包括辽宁、吉林和黑龙江3省，跨越寒温带、中温带、暖温带，属大陆性季风气候。除长白山部分地段外，地势平缓，分布落叶松、红松林及云杉、冷杉和针阔混交林，是中国森林资源最集中分布区域之一，森林覆盖率 37.99%。全区林业用地面积 3466.46 万 hm²，占土地面积的 43.92%，其中有林地面积 2981.08 万 hm²，占该区林业用地的 86.00%。活立木总蓄积量 254058.59 万 m³，占全国活立木总蓄积量的 18.66%，其中森林蓄积 236624.39 万 m³，占该区活立木总蓄积量的 93.14%。该区是我国最主要的天然林区，天然林面积 2392.63 万 hm²，占该区有林地面积的 80.26%；天然林蓄积 211801.21 万 m³，占该区森林蓄积的 89.51%。东北地区是中国最重要的商品材和多种林产品基地。

（2）华北地区。华北地区包括北京、天津、河北、山西和内蒙古 5 省（自治区、直辖市）。该区自然条件差异较大，跨越温带、暖温带以及湿润、干旱和半干旱区，属大陆性季风气候。分布有松柏林、松栎林、云杉林、落叶阔叶林，以及内蒙古东部兴安落叶松林等多种森林类型，除内蒙古东部的大兴安岭为森林资源集中分布的林区外，其他地区均为少林区。全区森林覆盖率 17.22%，现有林地面积 5829.83 万 hm²，占土地面积的 38.10%；其中有林地面积 2181.38 万 hm²，占该区林业用地的 37.42%。活立木总蓄积量 146184.56 万 m³，占全国活立木中蓄积量的 10.73%，其中森林蓄积 123844.05 万 m³，占该区活立木中蓄积量的 84.72%。该区天然林资源比重较大，天然林面积 1625.35 万 hm²，占该区有林地面积的 74.51%；天然林蓄积 112548.60 万 m³，占该区森林蓄积的 90.88%，天然林资源对于改善本地区生态环境发挥了重要作用。由于华北地区特别的地理位置，保护和发展森林资源，防沙治沙工程，改善自然条件，改善生态状况，已成为该区林业和生态建设的重要任务。

（3）西北地区。西北地区包括陕西、甘肃、宁夏、青海和新疆 5 省（自治区）。该区自然条件差，生态环境脆弱，境内大部分为大陆性气候，寒暑变化剧烈，除陕西和甘肃东南部降水丰富外，其他地区降水量稀少，为全国最干旱的地区，森林资源稀少，森林覆盖率仅为 5.86%。森林主要分布在秦岭、大巴山、小陇山、洮河和白龙江流域、黄河上游、贺兰山、祁连山、天山、阿尔泰山等处，以暖温带落叶阔叶林、北热带常绿落叶阔叶混交林以及山地针叶林为主。全区现有林业用地面积 3097.41 万 hm²，占全区土地面积的 10.0%；其中有林地面积 1087.07 万 hm²，占该区林业用地的 35.10%。活立木总蓄积量 88964.42 万 m³，占全国活立木总蓄积量的 6.71%，其中森林蓄积量 80305.25 万 m³，占该区活立木总蓄积量的 90.27%。该区天然林面积 790.47 万 hm²，占该区有林地面积的 72.72%；天然林蓄积量 74015.55 万 m³，占该区森林蓄积量的 92.17%。天然林资源对于维护该区域生态环境发挥了重要作用。该区是西部大开发和全国生态建设的重点区域之一。

（4）华中地区。华中地区包括安徽、江西、河南、湖北和湖南 5 省。该区南北温差大，夏季炎热，冬季比较寒冷，降水量丰富，常年降水量比较稳定，自然条件优越。森林主要分布在神农架、沅江流域、资江流域、湘江流域、赣江流域等处，主要为常绿阔叶林，并混生落叶阔叶林，马尾松、杉木、竹类分布面积也非常广，森林覆盖率为33.26%。全区现有林业用地面积3850.84万 hm^2，占全区土地面积的44.28%；其中有林地面积2890.30万 hm^2，占该区林业用地的75.06%。活立木总蓄积量111202.91万 m^3，占全国活立木总蓄积量的8.39%，其中森林蓄积为93222.84万 m^3，占该区活立木总蓄积量的83.83%。该区是中国人工林资源比较丰富的地区之一，人工林面积1158.16万 hm^2，占该区有林地面积的40.07%；人工林蓄积33810.13万 m^3，占该区森林蓄积的36.27%；其人工林面积、蓄积分别占全国的21.75%和22.47%。该区是中国集体林主要分布区之一，也是速生丰产林基地建设的重点区域。

(5)华南地区。华南地区包括广东、广西、海南和福建4省(自治区)。该区气候炎热多雨，无真正的冬季，跨越南亚热带和热带气候区，分布有南亚热带常绿阔叶林、热带雨林和季雨林，森林覆盖率为48.02%。全区现有林业用地面积3516.90万 hm^2，占全区土地面积的61.58%；其中有林地面积2740.03万 hm^2，占该区林业用地的77.91%。活立木总蓄积127525.40万 m^3，占全国活立木总蓄积量的9.62%，其中森林蓄积116395.41万 m^3，占该区活立木总蓄积量的91.27%。该区人工林面积大，人工林面积1356.53万 hm^2，占该区有林地面积的49.51%；人工林蓄积量42283.67万 m^3，占该区森林蓄积量的36.33%。该区植被茂盛，树种、动植物种类最为丰富。

(6)华东地区。华东地区包括上海、江苏、浙江和山东4省(直辖市)。该区临近海岸地带，其大部分地区因受台风影响获得降水，降水量丰富，而且分配比较均匀。森林类型多样，树种丰富，低山丘陵以常绿阔叶林为主，森林覆盖率为23.11%。全区现有林业用地面积1041.56万 hm^2，占全区土地面积的28.73%；其中有林地面积837.86万 hm^2，占该区林业用地的80.44%。活立木总蓄积23972.98万 m^3，占全国活立木总蓄积量的1.81%，其中森林蓄积17056.01万 m^3，占该区活立木总蓄积量的71.15%。该区人工林资源比重较大，人工林面积526.09万 hm^2，占该区有林地面积的62.79%；人工林蓄积量8868.87万 m^3，占该区森林蓄积的52.00%。该区人工林发展对推进林业生态建设，建立农业生态屏障，促进区域经济发展发挥了积极的作用。

(7)西南地区。西南地区包括重庆、四川、云南、贵州和西藏5省(自治区、直辖市)。该区垂直高差大，气温差异显著，形成明显的垂直气候带与相应的森林植被带，森林类型多样，树种丰富，森林覆盖率仅为21.32%。森林主要分布在岷江上游流域、青衣江流域、大渡河流域、雅砻江流域、金沙江流域、澜沧江和怒江流域、滇南山区、大围山、渠江流域、峨眉山等处。全区现有林业用地面积7477.34万 hm^2，占全区土地面积的31.77%；其中有林地面积4184.21万 hm^2，占该区林业用地面积的

55.96%。活立木总蓄积574026.74万m³，占全国活立木总蓄积量的43.29%，其中森林蓄积542315.72万m³，占该区活立木总蓄积量的94.48%。全区天然林面积3340.34万hm²，占该区有林地面积的79.83%；天然林蓄积519234.23万m³，占该区森林蓄积的95.74%。该区天然林面积约占全国天然林面积的30%，天然林蓄积约占全国天然林蓄积的50%，是中国天然林主要分布区之一，生物多样性十分丰富。

由于数据源、估计对象和方法上的差异，对我国森林生态系统碳储量的估计有较大差异，但是总的趋势是：20世纪80年代以前呈降低趋势，以后呈增加趋势。根据全国森林资源清查的森林蓄积量数据，采用蓄积生物量扩展系数的方法计算的森林植被碳密度高于向联合国粮食及农业组织（FAO）报告的平均值，低于IPCC森林植被的平均碳密度（Ciais et al.，2000）。基于具有较大的可信度的国家森林资源清查的估算，目前全国森林生态系统碳储量约26～27GtC，其中土壤碳储量约20GtC，生物量约5～6GtC，枯落物约0.8～0.9GtC。根据研究样地资料采用InTEC、CEVSA模型的方法，计算的森林植被碳密度（51.6～71.69 tC/hm²）与碳储量（6.2～10.02GtC）明显较高。基于样地调查得出的碳储量，由于选择的样地大多是没有人为或自然干扰的、肥力条件较好的立地类型，这往往会过高地估计整个森林生态系统的碳密度及碳储量（Fang et al.，1998）。由我国森林资源清查资料来估算区域碳储量，在世界范围内被广泛认可。我国具有悠久的造林历史和高涨的造林热情，国家和民间每年都会投入大量的人力、物力和财力进行大范围的植树造林工作。从1949年以来，我国累计造林面积已经达288.64万km²（国家统计局，2013），是我国国土面积的近1/4。但现有的人工林和经济林面积总共有69.33万km²，即保留下来的林地（包括所有人工林和经济林）仅占造林面积的24.02%。

造林后的森林生态系统的植物碳库增加是比较显著的。根据IPCC的估算参数，可以估算出我国造林可以增加的植物碳库量。我国2004年的造林面积为556.64万hm²，可以固定大气中的二氧化碳约27.67MtC（表3-11）。造林固碳较多的省份包括陕西、河北、甘肃、四川等，均超过全国造林总固碳的5%，其次为河南、山东、新疆、云南等，均超过全国造林总固碳的4%（陈泮勤等，2008）。

我国是世界上的木材生产和消费的大国之一。森林的采伐将会造成森林生态系统的植物碳库的减少。根据IPCC的参数，可以估算出由于森林采伐造成的植物碳库的损失（表3-12）。2004年我国的林木采伐量为5197.33万hm²，损失的植物碳为20.66Mt/年，其中采伐释放的有机碳较多的省份有福建、广西和湖南，均超过全国森林砍伐释放有机碳总量的10%以上，其次为江西、广东、安徽、黑龙江、吉林和内蒙古，均超过全国森林砍伐释放有机碳总量的5%以上（陈泮勤等，2008）。

表 3-11 2004 年造林增加的森林植物碳量

省份	造林面积（hm²）	植物碳库积累量（Mt）	省份	造林面积（hm²）	植物碳库积累量（Mt）
北京	31527	0.15	湖北	162488	0.81
天津	4787	0.02	湖南	333772	1.66
河北	414133	2.04	广东	39961	0.20
山西	317519	1.56	广西	170704	0.85
内蒙古	635026	3.27	海南	35393	0.18
辽宁	135878	0.70	重庆	107168	0.53
吉林	58144	0.30	四川	370130	1.84
黑龙江	174416	0.90	贵州	177109	0.88
上海	11308	0.06	云南	228184	1.13
江苏	64418	0.32	西藏	24803	0.12
浙江	20948	0.10	陕西	564862	2.78
安徽	54364	0.27	甘肃	367916	1.81
福建	16306	0.08	青海	52456	0.26
江西	58097	0.29	宁夏	162594	0.80
山东	262711	1.29	新疆	235462	1.16
河南	273858	1.35	全国	5566442	27.67

表 3-12 我国 2004 年森林采伐损失的植物碳库

省份/地区	采伐面积（万 hm²）	损失的植物碳库（Mt）	省份/地区	采伐面积（万 hm²）	损失的植物碳库（Mt）
北京	3.37	0.01	湖南	463.88	2.17
天津	—	—	广东	342.55	1.60
河北	43.29	0.12	广西	488.10	2.28
山西	5.51	0.02	海南	59.29	0.28
内蒙古	378.03	1.05	重庆	0.69	0.00
辽宁	139.31	0.36	四川	50.72	0.24
吉林	400.22	1.05	贵州	32.78	0.15
黑龙江	497.62	1.30	云南	181.24	0.85
上海	—	0.00	西藏	15.00	0.07
江苏	66.41	0.31	陕西	35.05	0.10
浙江	177.67	0.83	甘肃	3.16	0.01
安徽	280.33	1.31	青海	2.37	0.01
福建	582.34	2.72	宁夏	—	0.00
江西	459.07	2.14	新疆	50.67	0.14
山东	42.90	0.12	大兴安岭	206.83	0.67
河南	66.48	0.19	全国	5197.33	20.66
湖北	122.45	0.57			

森林火灾是影响森林生态系统结构的最重要自然和外来干扰之一。根据 IPCC 提供的参数，可以估算出我国 2004 年森林火灾释放到大气中的有机碳量（表 3-13）。2004 年全国森林火灾发生次数为 13466 次，受灾面积为 34.42 万 hm^2，排放二氧化碳约 11.94MtC。其中黑龙江省排放最多，占全国火灾总排放量的 42.1%，其次为广西、湖南、江西、福建、浙江、贵州、四川和内蒙古等，占全国火灾总排放量的 1%~10%（陈泮勤等，2008）。

表 3-13　我国 2004 年森林火灾释放的有机碳

省份	受灾面积（hm^2）	有机碳释放（Mt）	省份	受灾面积（hm^2）	有机碳释放（Mt）
北京	101.7	0.00	湖北	5056.0	0.23
天津	10.0	0.00	湖南	23239.7	1.04
河北	1346.7	0.04	广东	6246.0	0.28
山西	1841.2	0.06	广西	23770.3	1.06
内蒙古	5126.5	0.14	海南	375.2	0.02
辽宁	430.3	0.01	重庆	1330.2	0.06
吉林	327.2	0.01	四川	8519.1	0.38
黑龙江	185547.2	5.02	贵州	11282.9	0.50
上海	—	—	云南	292.6	0.01
江苏	498.0	0.02	西藏	290.7	0.01
浙江	19246.8	0.86	陕西	287.4	0.01
安徽	2065.5	0.09	甘肃	41.0	0.00
福建	22444.8	1.00	青海	373.2	0.01
江西	23199.5	1.04	宁夏	2.0	0.00
山东	124.3	0.00	新疆	291.7	0.01
河南	503.4	0.02	全国	344211.1	11.94

在我国一些地方，薪材是一种重要的农村能源。根据现有的 1998 年的统计资料，我国薪材的使用量为 1.47 亿 t，换算成损失的有机碳量为 73.56MtC，其中江西省最多，占全国 10%，其次为湖南、福建、云南、四川、河北、广东和浙江等，占全国薪材造成的森林碳损失量的 5% 以上（表 3-14）。

根据以上估算，我国森林生态系统现有森林生长累积的有机碳为 661.01MtC/年。造林活动引起的有机碳增加量为 27.67 MtC/年，只有森林增长累积的有机碳的 4.19%（表 3-15）。森林采伐和森林火灾释放的有机碳为 35.12MtC/年，是森林生长积累的有机碳的 5.31%，是造林有机碳的增加量的 1.27 倍。与化石燃料消耗的二氧化碳释放量（1994 年 755MtC）相比，我国森林生态系统的固碳潜力是化石燃料二氧化碳释放量的 86.6%，造林的固碳潜力是化石燃料二氧化碳释放量的 3.67%，森林采伐和森林火灾释放的二氧化碳是化石燃料二氧化碳释放量的 4.65%。也表明，造林增加的森林生态系统植物碳库积累量是小于森林采伐和森林火灾的植物碳库损失之和（陈泮勤等，2008）。

表3-14 1998年我国农村薪材使用量及其释放的有机碳

省份	薪材使用量 （万t）	损失有机碳量 （MtC）	省份	薪材使用量 （万t）	损失有机碳量 （MtC）
北京	38.90	0.19	湖北	851.43	4.26
天津	0.55	0.00	湖南	1253.43	6.27
河北	834.13	4.17	广东	755.40	3.78
山西	194.13	0.97	广西	1052.87	5.26
内蒙古	141.88	0.71	海南	11.40	0.06
辽宁	492.86	2.46	重庆	350.44	1.75
吉林	325.76	1.63	四川	842.11	4.21
黑龙江	238.83	1.19	贵州	572.00	2.86
上海	—	—	云南	957.04	4.79
江苏	197.61	0.99	西藏	—	—
浙江	749.53	3.75	陕西	437.77	2.19
安徽	607.57	3.04	甘肃	169.45	0.85
福建	1079.00	5.40	青海	—	—
江西	1538.78	7.69	宁夏	—	—
山东	483.42	2.42	新疆	85.07	0.43
河南	451.23	2.26	全国	14712.59	73.56

表3-15 我国森林生态系统的固碳潜力

项目	森林生长	造林	森林采伐	森林火灾	薪材	合计
固碳潜力(Mt)	661.01	27.67	-23.18	-11.94	-73.56	580

对我国森林碳源汇功能的估算表明，我国森林表现为大气碳的净吸收汇。亚洲开发银行在1993年完成的项目，利用简单方法估计出1990年碳汇为60MtC/年；世界银行1994年完成的项目，利用简单模型的估计数据是79MtC/年；1998年完成的中国气候变化国别研究，利用全国森林净生长量的估计结果为86MtC/年；"八五"攻关项目"温室气体浓度和排放检测及有关过程研究"估计的中国陆地生态系统净碳吸收汇为240MtC/年，但遗憾的是没有将森林生态系统单独分离进行计算。在"九五"攻关和国家重点项目中，中国林业科学研究院开发了FCARBON模型，考虑了不同地域和年龄级森林碳密度和生长速率的差异，还考虑了枯落物、采伐剩余物的分解过程以及不同木材利用方式木材腐烂分解过程，其估算的1990年和1994年森林碳汇量分别为98MtC/年和102MtC/年。方精云等利用不同时期森林清查资料估算不同时期森林碳储量及其变化（Fang et al.，2001），得出1989~1993年和1994~1998年期间中国森林净碳吸收汇分别为35MtC/年和26MtC/年，但他们的计算虽然考虑了树种森林类型差异，

但仅针对部分森林类型，特别是在计算 1994～1998 年期间的碳汇量时，只计算了 1.5894 亿 hm² 森林中的 10582hm²。此外，中国科学院地理与资源研究所的李可让等在召开的 IGBP 中国委员会年会上提交的资料表明，1990 年和 1994 年中国森林和相关土地利用变化导致的碳汇分别为 89MtC 和 85MtC。

从地域分异来看，我国西南地区的森林植被碳储量大约占全国的 28%～35%，东北地区占全国的 24%～31%。森林碳储量及碳密度在部分区域表现出较大的时间变化，特别是在西北和华北地区，20 世纪 70 年代末实施的三北防护林体系建设工程，使森林碳储量显著增加；而东北与西南地区在不同的调查时期均表现出了较高的碳储量和碳密度，这些区域大多被具有较高生物量积累的北方森林或由云冷杉和落叶松组成的亚高山针叶林所占据；以人工林为主的东部及中部地区具有较低的碳密度（Fang，2001）。

岷江上游森林在 1992～2006 年期间，碳储量增加了 10～32MtC，平均年增长率为 1.52%，森林面积增加了 38.82%，碳密度从 80.06 t/hm² 降低到 69.97 t/(hm²·年)，平均年降低 0.9%。冷杉面积和碳储量所占比例不断下降，云杉面积和碳储量所占比例不断增加。用材林面积和碳储量减少，防护林面积和碳储量不断增加，特用林面积、碳储量及碳密度呈现增加，其他森林类型碳密度呈现下降。岷江上游碳储量在成熟、过熟林中所占比例不断下降，幼龄林、中龄林和近熟林所占比例呈不断增加的趋势，但目前仍然是成熟、过熟林碳储量所占比例高，中龄林和近熟林生物量碳密度呈现增加趋势，幼龄林、成熟林、过熟林碳密度呈现下降趋势。在此期间林业用地面积和有林地面积不断增长，森林覆盖率增加了 9.66%。岷江上游针叶林中的成熟林、过熟林生物量碳密度较高，中龄林、幼龄林生物量碳密度较低，成熟林、过熟林生物量碳密度高于全国平均水平，中龄林和近熟林低于全国平均水平，幼龄林与全国平均水平相近；中龄林生物量碳密度年增长率最大，为 1.3%，其次过熟林生物量碳密度年增长率为 0.8%，幼龄林生物量碳密度年增长率最小，为 0.7%；海拔 3600～3800m 的生物量碳密度最大，明显高于其他海拔区段；海拔 3000～3400m 的生物量碳密度年增长率最高，为 1.03%；半阴坡和半阳坡的生物量碳密度高且年增长率大，阳坡生物量碳密度低，年增长率小，阴坡介于两者之间。过去 20 多年，岷江上游暗针叶林生物量碳密度呈现逐年增加的趋势，1997～2002 年，生物量碳密度年平均增长率为 1.15%，高于其他调查期间碳密度年增长率。1988～2002 年期间，老龄林地上生物量密度净增量为 27.311±15.58 t/hm²，平均增长率为 1.930±1.091 t/(hm²·年)，平均枯损率为 2.271±1.424 t/(hm²·年)；地上生物量变化受各径级保留木生长量、枯损量及进界生长量影响，其中 20～40cm 径级保留木生长量与生物量净增量最大，大于

80cm 径级生物量增量最小，40～60cm 和 60～80cm 径级生物量在调查期间净增量出现负增长；岷江上游老龄林地上生物量动态变化具有时空异质性，同一样地在不同调查间隔期或同一调查期间不同样地间生物量变化不同，不仅是增量数值大小差异，还表现为生物量增量的正负差异。通过因子分析等方法分析气候因子、海拔、人口、林龄、面积和碳密度等要素对岷江上游森林碳储量的影响，结果表明：温度和降水与碳储量呈正向关系，降水影响更大，海拔与碳储量呈负向关系；人口密度与区域碳密度呈对数下降关系，随着人口密度增大碳密度呈下降趋势；林龄是影响碳储量的内在因子，区域整体各龄组碳储量增加，碳密度在幼龄林、成、过熟林呈现下降，固定连续调查样地各龄组碳储量与碳密度呈现增加；森林碳储量变化主要受森林面积和碳密度影响，岷江上游碳储量积累主要来自于森林面积的增加，森林碳密度在研究后期呈现增长（张国斌，2008）。

张萍（2009）对北京市延庆县 9 个主要森林建群种的碳储量进行了研究，结果表明，各树种的含碳率为：油松 0.5308、落叶松 0.5210、侧柏 0.5104、山杨 0.4824、蒙古栎 0.4801、核桃楸 0.4514、刺槐 0.4640、白桦 0.5031、杂木 0.4824。针叶树种平均含碳率 0.5207 高于阔叶树种含碳率 0.4772，灌木平均含碳率 0.4777。延庆县 9 类森林林分乔木层的储碳密度（t/hm²）分别为：油松林 69.5224、落叶松林 30.2855、侧柏林 49.9849、山杨林 34.4055、蒙古栎林 43.9550、核桃楸林 57.6091、刺槐林 43.8971、白桦林 53.6560、杂木林 55.1286；9 类林分乔木层的碳储量（Mt）分别为：侧柏林 0.1051、刺槐林 0.0729、落叶松林 0.05650、蒙古栎林 1.1458、核桃楸林 0.0019、山杨林 0.0931、油松林 0.5240、白桦林 0.2460、杂木林 0.3807。延庆县林分乔木层平均储碳密度 49.0774t/hm²，储碳总量 2.6073Mt；林下灌木层平均储碳密度 5.8526t/hm²、总碳储量 0.0121Mt。延庆县 9 类林分各组分生物量（W）与林分平均胸径、平均树高和林分密度之间，以及林分各组分生物量（W）与林分活立木蓄积（V）之间存在极显著的线性相关关系。基于北京市延庆县 3756 个样地数据，建立在林分水平上的生物量—蓄积量线性估计模型可直接应用到区域尺度。根据 1990～2005 年的二类清查资料，北京地区森林各调查年份的总碳储量（10^{-2}MtC）分别为：1990 年 587.022、1995 年 617.548、2000 年 790.622、2005 年 878.5960。北京森林碳储量每 5 年平均增长率为 10.61，生物量的平均增长率为 10.79，总体上发挥碳汇的功能。

王金亮等（2011）通过遥感信息过程模型估算得出：云南省香格里拉县森林生态系统总碳储量为 302.984MtC，其中，乔木层、灌木层、草本层、枯落物层和土壤层的碳储量分别为 60.196MtC、5.433MtC、1.080MtC、3.582MtC、232.692MtC，分别占总碳储量的 19.87%、1.79%、0.36%、1.18%、76.80%。各层按照碳储量大小排序为：土壤层>乔木层>灌木层>枯落物层>草本层。通过对各种森林类型的平均碳密度估算可知：香格里拉县森林生态系统平均碳密度为 403.480t/hm²，其中，云冷杉林的碳密度最大，为 576.889t/hm²，其次是栎类，为 326.947t/hm²，再次是高山松和云南松分别为 279.993t/hm² 和 255.792t/hm²。

江苏省徐州地区森林总生物量和碳储量（田勇燕，2012）分别为 1383.13 万 t 和 629.599 万 t。其中，乔木林分别占 92.08% 和 91.80%；灌木林分别占 2.97% 和 19%；四旁树分别占 4.95% 和 5.01%。徐州市乔木林生物量为 1273.67 万 t，碳储量为 577.999 万 t。按优势树种分，杨树生物量为 1163.04 万 t，碳储量为 524.18 万 t；柏类生物量为 2.18 万 t，碳储量为 26.14 万 t；银杏生物量为 31.87 万 t，碳储量为 14.85 万 t。从生物量和碳密度指标看，也是杨树最高，分别为 48.43t/hm² 和 21.83t/hm²，其次为柏类 39.55t/hm² 和 19.82t/hm²，银杏为 21.40t/hm² 和 9.97t/hm²，杂木最低，仅为 16.91t/hm² 和 8.16t/hm²。徐州市灌木林生物量为 41.01 万 t，碳储量为 20.07 万 t。按优势树种分，苹果树生物量为 23.21 万 t，碳储量为 11.37 万 t；桃树生物量 3.96 万 t，碳储量为 1.92 万 t；其他灌木生物量 13.84 万 t，碳储量为 6.78 万 t。从生物量和碳密度指标看，苹果树分别为 11.63t/hm² 和 5.7t/hm²，桃树分别为 9.45t/hm² 和 4.58t/hm²，其他为 13.14t/hm² 和 6.43t/hm²。徐州市四旁树生物量为 68.45 万 t，碳储量为 31.53 万 t。按优势树种分，杨树生物量为 46.02 万 t，碳储量为 20.74 万 t；柏类生物量为 0.208 万 t，碳储量为 0.104 万 t；银杏生物量为 2.174 万 t，碳储量为 1.013 万 t。单株生物量和碳密度指标分别为：杨树是 79.5kg/株 和 35.8kg/株，柏类是 33kg/株 和 16.8kg/株，银杏是 33.6kg/株 和 15.6kg/株。

3.2 森林碳源汇

3.2.1 森林碳源汇概述

森林植物在其生长过程中通过同化作用，吸收和同化大气中的 CO_2，扣除植物呼吸消耗，形成 NPP。部分 NPP 经过自身的死亡、凋落，或受自然干扰或人为干扰，形成死有机体，经过异养分解而排放，余下部分为净生态系统生产力（NEP）。因此，森林的碳源汇功能及其大小取决于 NEP 的正负和大小；NEP 大于零，则系统表现为净碳吸收汇，否则表现为净碳排放源。在全球每年近 60GtC 的净初级生产量中，热带森林占 20.1GtC，温带森林占 7.4GtC，北方森林占 2.4GtC（Sabine et al.，2004）。森林的

NEP 因不同气候——森林类型、年龄、立地条件和人为干扰状况等因子而异，北方森林约为 $-1.0 \sim 2.5$ tC/(hm^2·年)($n=20$)，温带森林约为 $2.5 \sim 8.0$ tC/(hm^2·年)($n=35$)，地中海地区森林为 $-1.0 \sim 2.0$ tC/(hm^2·年)($n=8$)，热带森林为 $2.0 \sim 6.0$ tC/(hm^2·年)($n=12$)。欧洲通量网测定结果表明，欧洲森林生态系统 NEP 为 $1.0 \sim 6.6$ tC/(hm^2·年)，随纬度增加而降低，而总第一性生产量与纬度无关，即 NEP 取决于呼吸量的大小(Valentini et al.，2000)。

在自然状态下，随着森林的生长和成熟，森林吸收 CO_2 的能力逐渐下降，同时森林自养和异养呼吸增加，使森林生态系统与大气的净碳交换逐渐减小，系统趋于碳平衡状态，或生态系统碳储量趋于饱和，如一些热带和寒温带的原始林。但达到饱和状态无疑是一个十分漫长的过程，可能需要上百年甚至更长的时间。一些研究测定发现原始林仍有碳的净吸收。一般而言，大多数未成熟和成熟的森林生态系统表现为碳吸收汇，而老龄林多数处于平衡状态，或仅其死有机质和土壤碳仍有缓慢积累。

自然或人为引起的森林破坏(包括采伐)是大气 CO_2 的重要排放源。森林被自然或人为干扰后，除其转化而成的耐用木制品可长时间保存外，大部分生物量通过异养呼吸或燃烧迅速排放到大气中。扰动后死有机质分解碳排放往往超过林分生长碳吸收量。单个林分即可能表现为碳吸收汇，也可能表现为碳排放源。森林碳汇通常是长期而缓慢的过程，而干扰和森林采伐碳排放则是短时而快速的过程，取决于林分所处的发展阶段。扰动后引起的土地利用变化(即毁林)还会引起土壤碳的大量排放(Murty et al.，2002；吴建国等，2004)。1990 ~ 2000 年，全球平均毁林面积达 1460 万 hm^2/年，其中热带地区为 1420 万 hm^2/年，占 97.3%(FAO，2001)。2000 ~ 2005 年毁林速率 1290 万 hm^2/年，略有降低。据 IPCC 估计，1850 ~ 1998 年，由于土地利用变化引起的全球碳排放达 136 ± 55 GtC，其中 87% 由毁林引起，13% 由草地开垦造成，而同期化石燃料燃烧和水泥生产的排放量为 270 ± 30 GtC。在 20 世纪 80 年代和 90 年代，以热带地区毁林为主的土地利用变化引起的年碳排放量的 31% 和 25%。IPCC 近期估计(Denman et al.，2007)，20 世纪 90 年代土地利用变化引起的年碳排放为 1.6 ± 1.1 GtC/年。

因此，区域尺度上林业碳源汇功能取决于森林本身的 NEP 以及扰动和土地利用变化引起的碳源汇的大小。理论上讲，当区域所有林分都达到老龄状态时，碳储量达到最大。而实际上，由于自然或人为干扰，一个区域内的森林通常处于不同的发育阶段。

大气测量和模拟研究表明，20 世纪 80 年代陆地是一个 0.2 ± 1.0 GtC/年的吸收汇，即 1.9 ± 1.3 GtC/年的陆地碳吸收与土地利用变化引起的 1.7 ± 0.8 GtC/年的碳排放之差；90 年代吸收汇增至 0.7 ± 1.0 GtC/年，即 2.3 ± 1.3 GtC/年的陆地碳吸收减土地利用变化引起的 1.6 ±0.8GtC/年的碳排放。IPCC 近期的评估认为，20 世纪 90 年代陆地净碳为 1.0 ±0.6GtC/年，即 2.6 ±1.7GtC/年的陆地碳吸收与土地利用变化引起的 1.6 ±1.1GtC/年的碳排放之差；2000 ~ 2005 年，陆地净碳汇为 0.9 ±0.6GtC/年。在全球尺度，热带毁林、温带和寒带地区的森林再生是决定陆地碳源汇的主要因素。

联合国粮农组织（FAO）（2006）全球森林资源评估表明，1990 ~ 2000 年和 2000 ~ 2005 年期间，全球森林面积净减少 890 万 hm^2 和 730 万 hm^2，森林生物量碳储量分别降低 1.08GtC/年和 1.16GtC/年，其中非洲占 33% 和 24%，南美洲占 32% 和 47%。

2004 年 LULUCF（land use，land-use change and forestry）为净排放源，其温室气体排放占当年全球温室气体排放总量的 17.3%，仅次于能源行业（26%）和工业（29%）。1970 ~ 2004 年，LULUCF 排放量增加 40%，仅次于能源行业（145%）、交通运输业（120%）和工业（65%）。

20 世纪 80 年代后期以前，人们普遍认为整个生态系统 CO_2 的光合固碳作用、植物呼吸作用和土壤有机质分解大致是平衡的，即除土地利用导致的 CO_2 释放外，生态系统本身生理生态过程的变化对大气 CO_2 浓度没有影响。但是大气 CO_2 平衡研究发现（Tans et al.，1990），大气中 CO_2 积累量和海洋对 CO_2 的吸收量小于 CO_2 的总释放量。即由于化石燃料燃烧和土地利用变化，使每年约有 6GtC 以 CO_2 的形式向大气释放，从大气中 CO_2 的增长率可计算出来，其中大约有 3GtC 残留在大气之中，其余大约 50% 碳的趋向无法解释，故称之为趋向不明的碳汇或碳的失踪问题。进一步研究发现，大气 CO_2 浓度增长，气候变暖、CO_2 的施肥效应和大气氮沉降可提高陆地生态系统的生产力和 CO_2 吸收能力，因此估计失踪的 CO_2 可能被陆地生态系统所吸收。

根据计算结果（Marland et al.，1999），1850 ~ 1998 年约 150 年期间，全球累计由化石燃料和水泥生产向大气中约排放 270 ±30GtC，其中，176 ±10GtC 滞留在大气中，从而使大气中 CO_2 的浓度从大约 285mL/m^3 增长到目前的 366mL/m^3（Keeling et al.，1999）。通过海洋碳循环模型的计算，估计在此期间海洋累计吸收了 120 ±50GtC。为了平衡这一时期与化石燃料的碳收支，产生了一个相对较小的 26 ±60GtC 的陆地净碳源，即在此期间，陆地系统似乎是一个碳源。

将全球陆地净碳源与此期间由农田扩张、森林砍伐和其他土地利用变化产生的直接排放估算相比较发现，它们的关系密切。据独立的计算指出（Houghton，1999），1850 ~ 1998 年由土地利用变化导致的 CO_2 的排放，全球累计达 136 ±55GtC，其中，大约 110 ±80GtC 来自森林生态系统的转换，大约 13% 来自中纬度草地的转换。为了平衡起见，需要从土地利用变化对碳储存影响造成的较大的陆地碳源中，扣除由上述碳收支估计的陆地净碳源，因此剩余一个 110 ±80GtC 的全球陆地碳汇。这个剩余的陆地碳汇，通常可考虑为上述不知去向的或失踪的碳汇。这个碳汇与上述同一时期海洋的净吸收的量级相当。

近 20 年来，即 20 世纪 80 年代和 90 年代由不同原因导致的全球年平均碳源汇的统计，全球平均 20 世纪 80 年代由化石燃料和水泥生产导致的 CO_2 排放为 $5.5 \pm 0.5GtC/年$，其中来自《联合国气候变化框架公约》附件 1 发达国家的排放为 $3.9 \pm 0.4GtC/年$，其他国家为 $1.6 \pm 0.3GtC/年$，仅占 29%。90 年代的排放又有增加，全球平均为 $6.3 \pm 0.6GtC/年$，年平均约增加 $0.8GtC/年$，主要来自附件 1 以外的国家(Marland et al. ，1999)。

20 世纪 80 年代和 90 年代 CO_2 在大气中的储存变化不大，约为 $3.3 \pm 0.2GtC/年$。也有研究认为 90 年代略有减少，可能是由于 90 年代初期陆地对 CO_2 的异常迅速吸收有关。

通过对化石燃料燃烧的排放量和大气中 CO_2 和 O_2 的年代际变化趋势分析，可用来估算海洋对 CO_2 的吸收量和陆地的 CO_2 净平衡。此外，现已开发出有关海洋和陆地碳循环的过程模式，并与定位研究和大气观测进行了比较检验。海洋碳循环模式的计算表明，20 世纪 80 年代和 90 年代海洋和大气之间的全球平均 CO_2 通量，分别为 $2.0 \pm 0.8GtC/年$ 和 $2.3 \pm 0.8GtC/年$，海洋为吸收，90 年代的吸收量稍有增加(IPCC，1996)。

CO_2 被溶解进入海洋，又缓慢向深海传递，导致海洋碳浓度增加。CO_2 在陆地上的固定取决于所储存的生态系统及碳库类型，也就是储存在现存生物量中或土壤中。CO_2 可被固定进入一年或几年以下的短的滞留期的碳库(叶子、细根)，再进入大气；或者转移到滞留期长达几十年至几百年的碳库(如树茎、树干、土壤有机质)中。全球陆地生态系统和大气之间的净碳通量是由光合作用吸收量和释放量之间的不平衡决定的。其中，释放量主要来自植物、土壤微生物、生物化学过程、动物以及各种扰动、气候变化的影响，人类活动的影响主要通过土地利用变化和间接通过 CO_2 施肥、营养物沉降和空气污染等产生。

全球碳的净交换导致陆地生物圈对 CO_2 的净吸收，20 世纪 80 年代为 $0.2 \pm 1.0GtC/年$，信度为 90%，90 年代全球平均为 $0.7 \pm 1.0GtC/年$(Houghton，1999)。目前还不清楚，90 年代的增长是自然变率的结果，还是受人类活动的影响所致。陆地生态系统碳吸收的速率和趋势是很不确定的，然而这两个 10 年期间，陆地生态系统可能已经变成 CO_2 小的净汇。尽管由于土地利用变化产生了向大气的净排放，但陆地汇似乎已经发生。土地利用变化导致的净排放主要发生在热带，全球平均这两个 10 年分别为 $1.7 \pm 0.8GtC/年$ 和 $1.6 \pm 0.8GtC/年$。

3.2.2 发达国家林业碳源汇

　　根据 2009 年各国向联合国提交的温室气体清单，2006 年 UNFCCC(the United Nations Framework Convention on Climate Change)附件I所列 41 个工业化国家缔约方的林业表现为净温室气体吸收汇，其大小为 1.45GtCO$_2$，占当年温室气体源排放总量的 8.2%。不同国家之间林业碳源汇的大小和方向差异较大，除澳大利亚和加拿大林业均表现为净碳排放源外，其他国家的林业均表现为净碳吸收汇。澳大利亚的森林表现为较强的碳吸收汇，但其毁林是一个更大的碳排放源。尽管加拿大森林面积达 2.3 亿 hm^2，但它是林业表现为净排放源的唯一国家，主要与森林火灾有关，同时毁林也是加拿大的一个重要碳排放源。美国以其 2.56 亿 hm^2 的森林，成为林业碳汇量最大的国家，高于欧盟林业碳汇量的总和；俄罗斯为全球森林面积最大的国家，达 6.19 亿 hm^2，但由于其地处寒温带，林业碳汇量相对较低。

　　2009 年林业碳汇量占国家温室气体源排放量的百分比为拉脱维亚最高，为 -193.5%，其次为北欧的芬兰、瑞典和挪威，分别为 -70.0%、-69.9% 和 -53.6%。其他主要发达国家为：日本 -3.8%，德国 -2.6%，法国 -13.3%，丹麦 -4.4%，英国 -2.1%。欧盟平均为 -7.9%(表 3-16)。

表 3-16　发达国家 2009 年林业温室气体源汇量

国家或组织	基准年[①] 总源排放量 (Gg CO$_2$ 当量)	碳源汇[②](Gg CO$_2$)			
		森林	毁林	合计	占当年总源排放量的百分比
澳大利亚	547700	-14996	41338	26342	4.8%
奥地利	79050	-2648	1264	-1384	-1.7%
比利时*	145729	-223	168	-55	0.0%
保加利亚*	132619	-1673	153	-1520	-2.6%
加拿大	593998	-797	14699	13902	2.0%
克罗地亚		-8787	75	-8712	-30.2%
捷克*	194248	-6736	170	-6566	-4.9%
丹麦*	69978	-2724	35	-2689	-4.4%
爱沙尼亚*	42622	-187	423	236	1.4%
欧盟(15 个成员国)	4265518	-315697	23365	-292332	-7.9%
芬兰*	71004	-50077	3619	-46458	-70.0%

（续）

国家或组织	基准年① 总源排放量 （Gg CO₂当量）	碳源汇② （Gg CO₂ ）			
		森林	毁林	合计	占当年总源 排放量的百分比
法国	563925	−79071	10107	−68964	− 13.3%
德国*	1232430	−25306	1066	−24240	− 2.6%
希腊*	106987	−2295		−2295	− 1.9%
匈牙利*	115397	−3046	81	−2965	− 4.4%
冰岛	3368	− 147		− 147	− 3.2%
爱尔兰*	55608	−2834	34	−2800	− 4.5%
意大利	516851	−55161	390	−54771	− 11.2%
日本*	1261331	−49421	3087	−46334	− 3.8%
拉脱维亚*	25909	−21608	856	−20752	− 193.5%
列支敦士登	229	− 3	0.43	− 2.57	− 1.0%
立陶宛*	49414	−4388	574	−3814	− 18.7%
卢森堡		− 78	141	63	0.5%
摩纳哥					
荷兰*	213034	−537	833	296	0.1%
新西兰	61913	−17624	356	−17268	− 24.5%
挪威	49619	−28092	622	−27470	− 53.6%
波兰*	563443	−51941	264	−51677	− 13.5%
葡萄牙*	60148	−11537	1433	−10104	− 13.5%
罗马尼亚	278225	−23166	23	−23143	− 18.0%
俄罗斯*	3323419	−538829	19286	−519543	− 24.4%
斯洛伐克	72051	−469	280	− 189	− 0.4%
斯洛文尼亚	20354	−10293	331	−9962	− 51.3%
西班牙*	289773	−25077	107	−24970	− 6.8%
瑞典*	72152	−45507	3522	−41985	− 69.9%
瑞士	52791	−1172	258	− 914	− 1.8%
乌克兰	920837	−57476	5820	−51656	− 13.8%
英国*	779904	−12621	648	−11973	− 2.1%
合计	16831578	− 1472244	135428	− 1336816	− 9.9%

注：①基准年通常是指《京都议定书》上规定的1990年，但也有若干国家的基准年是指1995年。＊指1995年。特别说明的是，欧盟的基准年指1990年或者1995年，罗马尼亚的基准年指1989年。

②1 Gg ＝10⁹ g，负值表示净碳汇，正值表示净排放，不包括非 CO₂ 排放。

从 1990~2009 年，附件I 国家的林业总的表现为净碳汇，碳汇量总体上在稳步增长后近期又呈现稍下降的趋势，但年际间波动较大，介于 1.11~2.04Gt CO_2 之间。其中，当前欧盟降低 14.02%，德国降低 65.4%，日本降低 42.1%，意大利降低 8.7%，法国增长 14.9%，英国增长 19.7%。尽管澳大利亚林业一直为净排放，在 1990~2009 年期间，其排放量降低 73.7%。加拿大在 20 世纪 90 年代初林业表现为净碳吸收汇，随后在碳源和碳汇之间波动，2002 年开始为净碳源。俄罗斯林业净碳源汇年际间变化极大，没有明显变化趋势（图 3-3）。1990~2009 年瑞典的林业净碳汇降低 45.4%，比利时、捷克、爱沙尼亚、拉脱维亚、立陶宛、斯洛伐克、瑞士等国的林业虽然均一直表现为净碳汇，但均有不同程度的降低（张小全等，2009）。

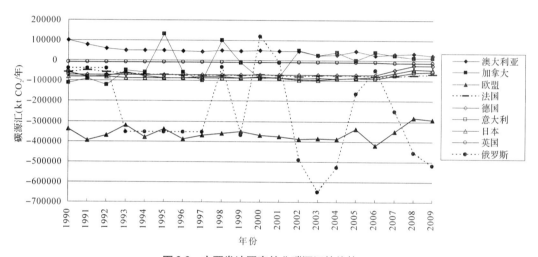

图3-3　主要发达国家林业碳源汇的趋势

1990~2009 年，附件 I 国家林业的碳汇总量在总的温室气体源排放中所占比例在 5.0%~10.1% 之间波动，无明显趋势。大部分发达国家的林业碳源汇在其总的温室气体源排放中所占的比例在 10% 以下。英国呈小幅增加趋势，从 1990 年的 −1.5% 增加到 2009 年的 −2.1%；意大利从 1990 年的 −11.5% 到 2009 年的 −11.2% 平稳波动；德国从 1990 年的 −6.0% 逐步增加后又减少至 2009 年的 −2.6%；法国从 1990 年的 −10.8% 稳定增加到 2009 年的 −13.3%；澳大利亚的林业净排放占其总温室气体源排放量的比例从 1990 年的 23.2% 稳定下降到 2009 年的 4.8%。由于俄罗斯和加拿大的林业碳源汇的年际变化极大，其所占比例无明显趋势（图 3-4）。

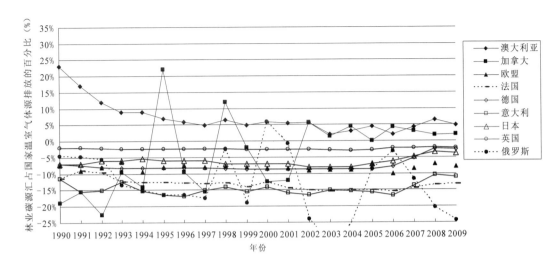

图3-4　林业碳源汇占温室气体源排放的百分比及其趋势

3.2.3　中国森林碳源汇

由于数据源、估计对象和方法上的差异，对我国森林碳源汇量的估算存在较大差异。利用生物地球化学模型对中国陆地生态系统1981~2000年间碳源汇的年际变化的模拟表明，全国NPP总量约为2.89~3.37GtC/年，平均值为3.09GtC/年，年平均增长约为0.32GtC/年，年均增长0.40%。年平均NEP为0.07GtC/年，表现为净碳吸收汇，20年间净吸收总量为1.22GtC/年，约占全球碳吸收总量的10%。尽管由于较高的年际变率，NEP在统计上没有明显的变化趋势，但NPP的增长率低于HR(heterotrophic respiration，异养呼吸)的增长率，说明中国陆地生态系统的碳汇功能由于气候变化降低了。全国大多数地区年平均NEP接近零，在东北平原、西藏自治区东南部和黄淮平原等地区表现为净碳吸收汇(NEP为正)，而大小兴安岭、黄土高原和云贵高原等地区表现为碳排放源，但是该结果没有区分不同的陆地生态系统，也没有区分植被和土壤。中国森林生态系统NPP以亚热带常绿阔叶林最大(1.274GtC/年)，其次分别为温带落叶林(0.579GtC/年)、温带针阔混交林(0.528GtC/年)、热带常绿林(0.302GtC/年)、温带针叶林(0.170GtC/年)、寒带针叶林(0.082GtC/年)、旱生林(0.046GtC/年)和热带落叶林(0.031GtC/年)(Xiao et al.，1998)。近期基于过程模型、森林和土壤清查方法以及大气反演三种方法的研究表明，1980~2002年中国陆地生态系统为0.19~0.26GtC/年的净碳吸收汇(Piao et al.，2008)。

利用我国森林资源清查，采用生物量扩展因子方法，对我国森林植被碳源汇变化的估计也有较大差异，除了是否包括经济林和竹林引起的差异外，采用的生物量转换参数的差异是其主要原因。

我国的森林包括经济林和竹林。竹林的生长不同于其他森林，一般树木通常要到数十年才能成熟，而单株竹约在出笋后三个月可生长到成竹大小，以后数十年内个体大小不再变化，只是竹林密度有所增加，但增加速率越来越慢。采伐的竹个体通常是老竹，同时每年都有新竹产生。因此，在群体水平上，一般 6 ~ 8 年竹林就会达到平衡状态。同样，经济林（特别是果树类）通常在最初几年生长迅速，但由于集约管理，修枝、疏伐是常见的管理措施，使生物量难以维持增加并很快进入稳定阶段。而且经济林和竹林难以通过蓄积来度量，使得对中国森林植被碳源汇的估计多数不包括经济林和竹林。

据估算（Chen et al. , 2009），新中国成立以来我国竹林碳储量一直呈增长趋势，第 2 ~ 3 次、3 ~ 4 次、4 ~ 5 次、5 ~ 6 次森林资源清查期间，竹林年碳汇量分别为 0.0095GtC/年、0.0043GtC/年、0.0137GtC/年、0.0201GtC/年，其中植被碳储量分别为 0.0073GtC/年、0.0013GtC/年、0.0085GtC/年、0.0123GtC/年。也有估算第 1 ~ 2 次清查期间，我国竹林为排放源（0.0018GtC/年），第 2 ~ 3 次、3 ~ 4 次清查期间分别为 0.0006GtC/年和 0.0024GtC/年的碳吸收汇（Pan et al. , 2004）。

中国初始国家信息通报采用 IPCC 方法，得到 1994 年我国林业为 0.1112GtC 的净碳吸收汇（包括竹林、经济林、疏林、散生木和四旁树），约占我国温室气体源排放的 10%，其中竹林和经济林生物量分别为 0.0065GtC/年和 0.0165GtC/年的碳吸收汇（国家发展和改革委员会，2004）。近期估计，第 5 ~ 6 次清查期，经济林生物量部分的碳汇量约 0.0038GtC/年。

森林土壤碳储量变化具有更大的不确定性，个别的估计在 20 世纪 80 ~ 90 年代介于 0.004 ~ 0.0117GtC/年。我国森林生态系统的碳库总量约为 15.9GtC，其中森林植被总碳库约为 5.4GtC，约占森林生态系统碳库的 34%，土壤总碳库为 10.5GtC，约占 66%。土壤碳库约为植被碳库的 2 倍，土壤碳库仍是森林生态系统最大的碳库，这一比例关系略低于全球土壤碳库平均为植被碳库的 2.2 ~ 2.7 倍的比例关系。这可能有两方面因素：一方面，没有考虑土壤凋落物碳库；另一方面，由于我国人工林发展迅速，人工林的比重较大，而人工林通常都是种植在较为贫瘠的土壤上，在森林发育的初期缺少充足的凋落物补充和积累，导致土壤碳密度偏低。

在我国森林植被碳库估算方面，方精云（2001）等曾利用我国第七次森林资源清查的统计资料直接估算了我国森林植被的碳储存总量为 4.75GtC，罗天祥（1996）利用我国第四次森林资源清查资料统计的我国不同森林类型的面积，对我国森林生物总产量进行了估算。全国林分面积为 108.6Mhm^2，总生物量为 13.78Gt，若按系数 0.45 折算的碳储量为 6.2GtC。此外，国际上，对中国森林植被碳库总量也有一些估计结果。如联合国粮食及农业组织 1995 年公布的《1990 年全球森林资源评估》，其中对我国森林生物量估计为平均 157t/hm²，总生物量为 16.01Gt，按系数 0.45 折算，即我国森林植被的平均碳密度约为 53.89tC/hm²，森林总碳存储量为 7.2GtC，相对误差约为 33%。

3.3　林业活动与减排增汇

3.3.1　造　林

造林是增加森林面积的最有效措施。通过造林活动增加陆地碳吸收汇已得到国际社会的广泛认同，造林活动不但可增加生态系统生物量碳储量，还可增加死有机质储量，并在一定程度上提高土壤碳储量。造林活动产生的生物量碳的累计速率因造林树种、立地条件和管理措施而异，约在 1~35tC/（hm²·年）之间，寒温带约 0.8~2.4tC/（hm²·年），温带约 0.7~7.5tC/（hm²·年），热带约 3.2~10tC/（hm²·年）（李克让等，2003）。营造的森林采伐后，部分生物量碳转移到木制品中，可储存数年到数十年。

造林后土壤碳的变化受多种因素影响，如气候、初始土壤碳储量、林地清理和整地方式、土壤黏粒含量、收获或轮伐期长短，以及营造的森林类型、密度和管理措施。大量的研究表明，气候因子决定了造林再造林后土壤碳积累的长期潜力。热带和亚热带湿润地区，造林再造林后土壤碳呈增加趋势，而在温带或地中海气候区造林再造林后表层土壤碳有所降低，即在最初 10 年，10cm 表土层土壤碳年降低 0.38%，10年后平均降低 0.04%（Paul et al.，2002）。在土壤碳储量较低的土地（如长期耕作的农地）上造林，土壤碳累计速率较高，而在初始碳储量较高的土地（如某些草地生态系统）上造林，可导致土壤碳的减少，这种差异于再造林后 10 年内表现得尤为明显。

由于林地清理和整地还会引起植被和土壤碳的流失，一些研究将造林再造林后最初的几年土壤碳的减少归咎于整地。但分析表明，不同干扰强度的整地措施引起的土壤碳降低量的差异并不显著，认为造林后最初几年土壤碳的减少主要是由于植物残体输入的减少，而不是整地（Paul et al.，2002）。

造林的增汇成本因地区和土地类别而异，受可利用的土地规模、整地和劳动力成本、土地的机会成本、森林的生长速率等因素的影响。发展中国家的造林增汇成本在 0.5~0.7 美元/tCO₂ 之间，在工业化国家约在 1.4~22 美元/tCO₂ 之间。

可用于造林的土地规模大小取决于碳价格、机会成本、改变土地利用方式的障碍因素、土地权属、商品价格以及其他社会和政策因素（Nabuurs et al.，2007）。例如，当碳价格为 1 ~ 41 美元/tCO_2 时，美国造林碳吸收汇的经济潜力为 0.047 ~ 2.340$GtCO_2$/年。当碳价格为 25 美元/tCO_2 时，在加拿大 750 万 hm^2 的农地上种植杨树人工林就变得具有经济吸引力（Mckenney et al.，2004）。若在未来 50 年将全球可用于造林和农用林的约 3.45 亿 hm^2 土地全部实施造林和农用林，碳汇潜力可达 35 ~ 38GtC，其中造林 28 ~ 30.6GtC，农用林 7GtC（Brown et al.，1996；Reed et al.，2001）。但这只是造林的技术潜力，如果考虑到社会经济因素，其经济潜力要小的多。经济潜力占技术潜力的比例与碳价格有关，随碳价格的提高，经济潜力所占比例就越大。例如，当碳价格为 7 美元/tCO_2 时，经济潜力最大只占技术潜力的 16%；当碳价格为 27 ~ 50 美元/tCO_2 时，经济潜力占技术潜力的 58% 或更高。

自上而下的模拟表明，当碳价格为 13.6 美元/tCO_2 时，20 年内的年均经济潜力可达 0.51$GtCO_2$/年，40 年内的年均经济潜力可达 0.805$GtCO_2$/年（Benftez-Ponce et al.，2007）。当碳价格为 2.7$GtCO_2$/年，且以每年 5% 的速度上涨时，2000 ~ 2050 年的减排潜力可达 91.4$GtCO_2$，其中 41% 来自造林再造林；当碳价格为 5.4 美元/tCO_2，且以每年 3% 的速度上涨时，减排潜力可达 104.8$GtCO_2$，其中 31% 来自造林再造林（Sathaye et al.，2007）。

IPCC 最新评估显示，当碳价格为 100 美元/tCO_2 时，2030 年全球造林潜力可达 4.045$GtCO_2$/年，其中：中南美洲 0.750$GtCO_2$/年，非洲 0.665$GtCO_2$/年，东亚非附件I国家 0.605$GtCO_2$/年，亚洲其他国家 0.745$GtCO_2$/年，经济转型国家 0.545$GtCO_2$/年，美国 0.445$GtCO_2$/年。这些结果远高于采用自下而上的模拟结果（Nabuurs et al.，2007）。

以 2000 年为基准年，2020 年前中国造林碳汇量呈迅速增加趋势，2010 年高达 65.2MtC/年，2020 年以后稳定在 100MtC/年左右。造林碳吸收汇中，生物量增加占 70% 以上，土壤碳储量增加占 30% 以下。造林碳吸收主要以人工造林为主，约占总碳吸收量 90%，飞播造林 10%。以防护林造林为主要碳吸收汇，是其他林种造林再造林总碳吸收汇的近两倍，其次为用材林、经济林、竹林和薪炭林造林（李玉娥等，2010）。

2020 年前我国造林的年碳储量变化呈迅速增加趋势，2020 年以后稳定在约 100MtC/年的水平。基年越早，造林再造林碳汇潜力越大，2020 年以后差距缩小，说明 2020 年后基年选择对造林碳汇影响不大。1990 ~ 2009 年造林再造林累计吸收 10.89 亿 t 碳，其中生物量固定 8.18 亿 t 碳，土壤 2.71 亿 t 碳。基年为 1990 年时，人工造林碳吸收在 2010 年前主要来自经济林造林和用材林造林；2010 年后防护造林碳吸收迅速增加，成为人工造林碳吸收的主要来源，其次为用材林、经济林和竹林造林，薪炭林造林碳吸收潜力较小。基年为 2000 年时，防护林造林为主要碳吸收汇，是其他林种造林总碳吸收汇的近两倍，其次为用材林、经济林、竹林和薪炭林造林。西南地区造林再造林生物量碳吸收潜力明显大于其他地区，其次为华东华南、西北和华北，其潜力相近，再次为东北，西藏的潜力非常小。

造林通过增加森林覆盖，对生态系统碳贮存量有显著的影响。可是，利用造林作为一种抵消碳排放量的工具受到可利用土地面积的限制。在欧洲，造林项目已经占用农业土地利用面积的 20%，而在奥地利、芬兰、瑞典、瑞士等一些国家的森林覆盖率已经是 50%，进一步增加覆盖率是不大可能。然而，在森林覆盖率低的国家(例如，爱尔兰、丹麦、地中海沿岸国家)，增加森林面积还只是在政治议程上。《京都议定书》的第 3.4 条允许使用森林管理增加的碳汇来抵消国家碳排放的限制。所以，树种构成、森林发育阶段、土壤类型和经营治理活动等对森林碳储存的影响不能被忽略，造林是固定大气 CO_2 一种可选择方法，不同造林类型与森林管理措施对森林土壤碳储存是有影响的，为了提高再造林的意识和加强对这种影响的理解，清查森林碳库和碳库存变化来决定最合适的造林树种、方法和森林管理措施是必要的。树种从几个方面影响生态系统的碳库，包括生物量的积累、凋落物和土壤碳储存，以及木材密度、碳贮存量等。樟子松 Pinus sylvestris var. mongolica 林土壤碳储量显著很低，而山毛榉 Fagus sylvatica 林土壤碳库存和总碳库存都是最高的。不同树种的土壤碳库存平均值描述了立地条件状况，在这一立地条件下，该物种是优势物种。例如樟子松往往生长在浅层、干燥的土壤中，这些土壤碳储存量低，而山毛榉林多生长在更肥沃一些的土壤中。与落叶树种相比，浅生针叶树种趋向于在森林凋落物层积累土壤有机质，但砂质土壤中积累的较少。相同体积的生物量，木材密度大的树种(许多落叶树种)比木材密度小的树种积累更多的碳，演替晚期树种树干密度比先锋树种高。关于树种的影响，常见的相同树种连续种植(replicated stands)试验对其进行了研究。在丹麦进行的关于树种对森林凋落物碳储量影响的研究中，将 7 个树种重复种植在沿土壤肥力梯度变化的 7 个不同场地，其中樟子松、挪威云杉和冷杉的碳储量比欧洲山毛榉和橡木高。在德国实施的类似实验表明，松树林凋落物碳储量比山毛榉凋落物碳储量高。这是因为松树和云杉的凋落物比落叶树的凋落物腐烂的慢。应该指出的是，树种对土壤的作用有所不同。一个奥地利的研究表明在挪威纯云杉林土壤碳储量高于混合针阔叶林分。云杉混交增加了土壤碳储量，贫瘠土壤碳储量最大值高于肥沃土壤。没有充分的证据证明树种在土壤碳储存上有与此相一致的作用，在山毛榉之后云杉林的建立导致碳从部分土壤中释放出来，而植物根不再穿过土壤层。根深度与土壤中碳有关，因为根系生长是输入碳到土壤中的一个最有效方式。总之，树种对森林凋落物层碳库存影响很迅速。对碳固定的持久性来说，选择那些能够使土壤中稳定性碳库存增加的树种会更加有意义。地下生物量的产出推动了土壤碳库存增加。然而，这种推动作用有多大，尚缺少证据。造林模式（混交林和纯林）对碳汇的影响，混交林和纯林相比，占据不同生态位的树种可以相互补充，以至于许多混交林的生物量产量高于纯林。森林抗干扰的稳定性对整个轮换期森林生产力是很重要的。在中欧，相比纯云杉林，山毛榉——云杉的混交林是更好的选择，尽管纯云杉林木生长速度很快，但混交林能充分利用立地条件、改善树木营养状况，并且可以减少病虫害和森林火灾。另外，可以获取较好的经济收益，快速生长的树木有较短的轮伐期，而一些更有价值的树木有较长的轮伐期。这样，早期的收益更加有利于晚收获的价值较高的树种的生长。然而，在热带雨林地区，混交林不普遍，因为这样较难治理和收获。由于混交林研究的资料较少，精确预测混交林的生长动态是很困难的。对比研究表明，混交林生长得很好，其产量比纯林高或与纯林相当，混交林比纯林可以积累较多的地上生物量和碳汇。这个研究也同时表明，混交林也有利于废弃的草地再造林后土壤肥力的恢复。罗云建等（2006）的研究表明南方杉木纯林随着连栽代数的增加，生物量和土壤有机碳储量均呈现明显的下降，2代杉木人工林生物量和土壤有机碳储量分别比1代下降24%和10%，3代分别比2代下降39%和15%。已有人提议将中欧的次生欧洲云杉林[*Picea abies*（L.）Karst. 又称挪威云杉]转换为混交林，其主要目标是减少风暴破坏，并在当前不断变化的环境中增强森林的稳定性。即使把云杉林较高的产量风险纳入考虑范畴，云杉林创造的财政收入还是比混交林或纯山毛榉林高。根据模型，北美黄杉和山毛榉混交林土壤长期碳汇高于挪威云杉林土壤。种植山毛榉的松林立地，土壤碳储量随深度变化。在松树——山毛榉混交林中，更多碳积累在土壤较深的部分，这是因为山毛榉的根到达了深层土壤部分。这些碳是否被转移到稳定碳库还有待研究。然而，从松树到山毛榉的转换过程中收获的总土壤碳很少（工汝南等，2010）。

3.3.2　减少毁林和森林退化

　　毁林和森林退化都会引起森林生物量碳储量的迅速减少，并导致土壤碳的排放。因此减少或避免毁林和森林退化，就能避免其储存的巨大生物量和土壤碳库的迅速排放，是林业部门减排最迅速、直接而有效的措施。减少毁林排放的成本取决于导致毁林的驱动因素（木材、薪材、农业土地利用、基础设施建设或城市扩展）、毁林和保护产生的经济回报、减少毁林的经济补偿，并因国家或地区而异（Reed et al.，2001）。

由于毁林主要发生在热带国家，因此减少毁林和森林退化在南美洲、非洲、热带非洲（东南亚）和中美洲具有很大的潜力。据估计，当碳价格为 27.2 美元/tCO_2时，毁林可被彻底根除，这意味着未来 50 年相对于极限情景的减排总量达 278$GtCO_2$，其中东南亚 109$GtCO_2$、南美洲 80$GtCO_2$、非洲 70$GtCO_2$、中南美洲 22$GtCO_2$；当碳价格为 1.36 美元/tCO_2，且以每年 5% 的速度上涨时，2000～2050 年的减排潜力可达 91.4$GtCO_2$，其中 59% 来自减少毁林；当碳价格为 5.4 美元/tCO_2，且以每年 3% 的速度上涨时，减排潜力可达 104.8$GtCO_2$，其中 69% 来自减少毁林。自上而下的模拟表明，当碳价格小于等于 100 美元/tCO_2时，2030 年全球减少毁林的减排潜力可达 3.95$GtCO_2$/年，其中：中南美洲 1.845$GtCO_2$/年，非洲 1.16$GtCO_2$/年，亚洲 0.78$GtCO_2$/年。这些结果高于采用自下而上的模拟结果。

以 2000 年为基准年，中国毁林碳排放从 2000 年的 35.8MtC，降低到 2010 年的 32.5MtC 和 2050 年的 12.6MtC。通过森林保护减少毁林引起的年减排量由 2010 年的 3.3MtC 增加到 2050 年的 23.2MtC。

森林退化也是导致森林生态系统碳排放的主要过程。据估计（Houghton，1996），20 世纪 80 年代热带森林退化引起的净碳排放量为 0.6GtC/年。在热带亚洲，森林退化引起的碳排放与毁林相当。

3.3.3 森林管理

森林由于自然或人为原因常遭受火灾、病虫害、风暴和雪崩等自然灾害的干扰，而森林火灾是各种干扰中对森林影响最大的因子。森林火灾的发生有自然因素，也有人为因素。世界各国和地区的森林火灾发生频繁，且大小程度不一，严重损害了当地森林资源的数量和质量。全球每年森林火灾面积约为 0.1 亿 hm^2，占全世界森林总面积的 0.2%～0.3%，排放的 CO_2 量占全球所有源排放量的 45%。森林病虫害是继森林火灾后对森林资源危害的第二大干扰因子。病虫害通过对植株根、茎、叶的蚕食和破坏，影响植株的正常生长和发育，从而降低植株的固碳能力。世界各国因地域分布和气候差异，病虫害发生种类和危害程度不一样。据统计，我国每年遭受病虫害的森林面积在 100 万 hm^2 左右，以虫害危害影响较大。

加强森林火灾和病虫害管理，提高对各种自然和人为干扰的预测预报能力，减少对森林的破坏和损失，保护好现有森林资源，是增加森林碳汇的又一个重要途径。通过森林管理措施增加森林生长量和碳密度，使森林表现为碳汇功能是新形势下对森林管理提出的新要求。通过延长森林的采伐作业周期，加强森林资源的抚育间伐管理，使森林具有合理的林分密度，促进森林生长，可以增加森林的实际生物量和碳储量。

加强林产品的循环再利用，延长各种木制品的使用寿命，从而减少对森林采伐的需求，也可间接增加森林的碳吸收，延缓空气 CO_2 浓度的升高。

通过可持续森林管理可提高林分水平和景观水平森林碳储量。提高林分水平碳储量的森林管理措施包括避免砍伐、保护林分死有机质、减少水土流失、避免炼山和其他高排放活动。采伐和自然干扰后，采取人工更新措施可加速森林生长并降低土壤碳流失。经济因素往往在决定森林管理措施中起至关重要的作用。例如，避免炼山可减少温室气体排放，但会大幅增加更新造林前的林地清理和整地的成本以及造林后最初几年的抚育成本，特别是在潮湿的热带和亚热带地区。择伐作业可减少生物量碳流失，但会大幅增加采伐和更新成本，同时降低木材受益。大量的肥料使用可提高森林生长和碳吸收速率，但同时会增加 N_2O 的排放。

景观水平碳储量是林分水平碳储量之和，森林管理活动对碳储量的影响最终需在景观水平进行评估。延长轮伐期可提高景观水平碳储量，但会降低其他碳库的碳储量，如木制品碳储量。

制定合理的森林管理计划是实施以气候变化减缓为目的的森林管理的前提条件。目前，工业化国家近 90% 的森林制定并实施了森林管理计划，而在发展中国家，只有约 6% 的森林有国家正式批准的管理计划。

自上而下的模拟表明，当碳价格小于等于 100 美元/tCO_2 时，2030 年全球森林管理增汇潜力可达 5.78$GtCO_2$/年，其中，亚洲 2.16$GtCO_2$/年，中南美洲 0.55$GtCO_2$/年，经济转型国家 1.055$GtCO_2$/年，美国 1.59$GtCO_2$/年。

以 2000 年为基准年，2000 年以后我国森林管理活动碳吸收汇呈下降趋势，到 2017 年达最低值，随后呈缓慢增加趋势，2010 年、2020 年和 2030 年森林管理活动碳吸收汇分别为 269$MtCO_2$、264$MtCO_2$ 和 267$MtCO_2$。

近年来的大量研究和实验表明，森林的管理可影响 CO_2、CH_4 和 N_2O 的源和汇，生态系统的保护与管理实践可以储存、维持和增加土壤碳库。森林和湿地作为自然保护区和娱乐区进行有效管理，也可存储大量的碳。

林业的管理，林木和木材的采伐等将改变土地覆盖和碳的储存，一些长期的实验表明，土壤中的碳可能以 $0.5 \sim 2.0t/(hm^2 \cdot 年)$ 的速度增长，如果管理适当，可增大碳库。自然植被砍伐清理后，直接转变为牧场导致的碳损失要比转变为农田所致的碳损失要小，森林清理后转变为牧场的初期土壤碳呈减少态势，但其后 10 年内，土壤碳甚至可能增加到清理前的碳水平。由于管理的改进，可能长期保持高水平的土壤碳，但如不加管理和过度放牧，不但生产力下降，侵蚀和土壤退化也会发生，从而导致土壤碳的减少。

为了保持、储存和增大森林土壤碳库的主要管理措施大致包括如下几方面：①肥料的应用；②减少乱砍滥伐及燃烧；③对老龄林实施保护；④在采伐期间为了保护有机物，应减少对立地的干扰和破坏；⑤在育林期间，保存森林的枯枝落叶和植物碎屑；⑥减少土壤通风、加热和干燥化的各种管理措施等。

基年为1990年时，森林转化碳排放在2002年以前呈迅速上升趋势，以后逐渐降低。当基年为2000年时，森林转化碳排放在2003年以前迅速增加，之后逐渐降低。基年越晚，森林转化碳排放越大。森林转化引起的土壤碳排放量大于生物量碳排放。1990~2009年，森林转化累计碳排放6.19亿tC，其中生物量2.94亿tC，土壤排放3.25亿tC。在森林转化碳排放及减排额中，生物量约占44%，土壤碳排放占55%左右。同一基年，总－净核算方式和净－净核算方式下的森林管理碳吸收汇变化趋势相同，总－净核算方式下的森林管理碳吸收汇大于净－净核算方式下的森林管理碳吸收汇。总－净核算方式下，基年越早，森林管理活动的面积越小，碳汇潜力越小。净－净核算方式下，基年越早，森林管理活动的碳汇潜力越高。基准年选择的不同，对森林管理的碳汇计量影响较大(侯振宏，2010)。

3.3.4　增加木制品碳储量

森林生长到一定程度后，达到碳饱和状态，森林碳储量不再增加或增量十分有限。但是如果进行可持续森林管理，将森林年采伐量控制在小于或等于森林年生长量水平，可使森林碳储量保持不变或有增加。采伐的木材根据其用途，其储存的碳的寿命短则几天，长则数十年甚至上百年，废旧木制品垃圾填埋，可长期保存，总体而言木制品碳储量呈增加趋势。因此，通过增加来自可持续管理森林的木制品碳储量可解决森林碳饱和的问题，不但保持了森林碳储量，增加异地木制品碳储量，而且还为人们提供了生产和生活所需的木材、纤维和能源。

碳替代措施包括以耐用木材替代能源密集型材料、生物能源、采伐剩余物的回收利用。

木制品可替代化石燃料密集型材料或直接作为生物质能源替代化石能源。由于水泥、钢材、塑料、铝等是能源密集型材料，在被木制品替代后可减少再生产这些材料的过程中因燃烧化石燃料而引起的温室气体排放(叶雨静等，2011)。虽然木制品中储存的部分碳最终会通过分解作用返回大气，但由于森林的可再生特性以及可持续的森林管理，森林的生长可将这部分碳吸收。瑞典和芬兰的研究表明，用木结构替代混凝土结构的房屋，可减排110~470kgCO_2/m^2(Gustavsson et al.，2006)。用木材替代建筑材料，1m^3木材可减排约0.8tCO_2碳量。在欧洲和澳大利亚，建造一座木结构房屋可减

排 $10tCO_2$ 碳量（Anon，2005；2004）。如果首先用于建筑材料替代，然后用做生物能源，其减排效益更大。而木结构的房屋需要消耗更多的能量用于取暖和降温。

与化石燃料不同，森林生物质燃料不会产生向大气的净 CO_2 排放，因为其燃烧排放的 CO_2 可通过森林的生长从大气中吸收回来，而化石燃料的燃烧则产生向大气的净排放。森林生物质燃料主要包括初级剩余物、次级剩余物和终端废弃物。据估计，目前森林生物质燃料的技术潜力可达 $12 \sim 74EJ/$ 年，占目前一次性能源消耗的百分之几至 15%。碳价格低于 20 美元 $/tCO_2$ 时的经济潜力约为技术潜力的 10% ~ 20%。由此估计 2030 年的减排潜力为 $0.42 \sim 4.40GtCO_2/$ 年，取决于其替代化石燃料的种类（煤或天然气），相当于电力生产排放量的 5% ~ 25%。

此外，通过提高木材利用率，可降低分解和碳排放速率；增加木制品寿命，可减缓其储存的碳向大气排放。废旧木制品垃圾填埋，可延缓其碳排放，部分甚至可永久保存。

全球木制品碳储量一直呈增长趋势，全球木制品总碳储量达 $3.0 \sim 4.2GtC$，木制品碳储量年变化 $0.026 \sim 0.05GtC/$ 年（Waston et al.，1995；Pingond，2003）。

1987 ~ 2001 年，美国木制品碳储量从 $1185MtC$ 增加到 $1384MtC$，垃圾填埋木制品碳储量从 $735MtC$ 增加到 $1328MtC$。木制品年碳储量变化从 20 世纪 80 年代的 $11.8MtC/$ 年增加到 90 年代的 $26.0MtC/$ 年，未来数十年中预计将略有下降。垃圾填埋木制品的碳储量年变化从 1910 年的 $1.1MtC/$ 年增加到 2000 年的 $32.5MtC/$ 年，预计到 2040 年可达 $50.8MtC/$ 年（Skog et al.，2000）。澳大利亚木制品碳储量从 1998 年的 $27MtC$ 增加到 2000 年的 $29.5MtC$，预计到 2007 年可达 $37.5MtC$（Jaakko，2000）。2050 年欧洲各国木制品碳储量将比 1990 年平均增加 40%，其中奥地利可增加 65%，挪威和德国也将增加 50% 以上（Nilsson et al.，1992）。

我国木制品碳储量一直呈增加趋势，且增加速率越来越快。1980 年、1990 年、2000 年和 2003 年木制品碳储量分别为 $86MtC$、$125MtC$、$203MtC$ 和 $235MtC$，预计 2020 年可达 $614MtC$。1900　1960 年、1961 ~ 1990 年和 1991 ~ 2003 年碳储量年均增加分别为 $0.72MtC/$ 年、$2.69MtC/$ 年 和 $8.48MtC/$ 年，预计 2003 ~ 2020 年碳储量年均增加 $22.32MtC/$ 年。由于涉及产品的进出口，不同方法计量结果有显著差异（阮宇等，2006）。

伦飞等（2012）基于 IPCC 提出的大气流动法，综合考虑伐木制品废弃情形，以 2000 年为基准年，估算了我国 2000 ~ 2009 新生产伐木制品的碳储量。结果表明，我国伐木制品是一个大碳库，且碳储量呈不断增加趋势。2000 ~ 2009 年我国新生产的伐木制品，在 2009 年净碳储量为 $306.52MtC$，非纸木制品、纸类和竹材制品碳储量分别为

114.71MtC、4.33MtC 和 199.07MtC，而薪材燃烧累计碳释放量为 11.60MtC，其他伐木制品累计碳释放量共为 37.76MtC。在 2009 年，终端伐木制品碳储量为 318.12MtC，木材制品和竹制品碳储量分别占 37.42% 和 62.58%；在木材制品中，非纸木制品和纸类碳储量为 114.71MtC 和 4.3MtC，各占 96.36% 和 3.64%。与方精云估算的我国 1999～2003 年森林年碳汇量 168.1MtC/年相比，这一时期生产的伐木制品年净碳储量为 25.21MtC/年，占森林年碳汇量的 15%，这说明伐木制品在维持碳平衡中具有重要的作用。此外，按照终端伐木制品净碳储量情况，可将我国分成高储量区、中储量区和低储量区。高储量区包括福建、浙江、湖南、云南、江西 5 个省，这些地区终端伐木制品净碳储量占全国的 67%；中储量区包括安徽、山东、湖北、四川、黑龙江、吉林和内蒙古等地区，其他地区为低储量区。我国 7 个地区按终端伐木制品净碳储量顺序排列为：华东、华中、华南、西南、东北、华北、西北。研究还表明，我国南方和北方伐木制品碳储量分别以竹材制品和木材制品储存为主。

白彦锋（2007）利用 IPCC 缺省法、储量变化法、生产法和大气流动法分别估算我国1961～2020 年木质林产品的碳排放量，结果表明：我国木质林产品的碳排放量在不断增长，四种方法估算 2020 年木质林产品的碳排放量分别将达 88.47MtC、79.18MtC、81.55MtC 和 85.81MtC。在薪材、废料和在用木质林产品所产生的碳排放量中，薪材的碳排放量所占比重最大。四种方法的碳排放差异不明显，尽管我国木质林产品出口量在不断地增长，但是我国木质林产品出口量相对于消费量而言还是比较少的。储量变化法、生产法和大气流动法估算我国 1961～2020 年木质林产品的碳储量，结果证明目前我国的木质林产品是一个碳库，并且这个碳库的碳储量呈不断增长的趋势。三种方法估算 2020 年我国木质林产品的碳储量分别是 640.03MtC、568.91MtC 和 493.62MtC。三种方法估算的碳储量结果差异明显，表明我国是木质林产品进口大国。三种方法分别估算我国 1961～2004 年各种在用木质林产品的碳储量，人造板、木浆纸和纸板的碳储量在近十几年来呈现快速增长趋势。生产法和大气流动法估算的锯材的碳储量在 1996 年以前一直逐年稳步的增加，但 1996 年以后开始出现减少的局面，这主要是由于流入锯材碳库的碳量小于流出碳库碳量的缘故。比较国内外不同参数估算我国木质林产品的碳排放和碳储量的结果表明：国外参数估算的碳排放量结果要高于相同方法下国内参数估算的同期木质林产品的碳排放量结果，而碳储量的估算结果刚好相反，造成这种结果的原因可能是国外研究中假设短期产品的碳在计量当年释放到大气中。碳储量和碳排放的估算采用参数不同则最后的估算结果也有差异。比较不同国家 2000 年木质林产品碳排放和碳储量的结果显示：我国木质林产品的碳排放量要低于美国木质林产品的碳排放量。我国 1990～1999 年在用木质林产品的碳储量的平均增长量是 24.1MtC/年，仅次于美国的平均增长量 36.7MtC/年。对估算方法涉及的参数进行敏感度分析结果表明：原木基本密度、含碳率和薪材含碳率对碳排放和碳储量结果的影响来说较大，是灵敏度比较高的因子。各类木质林产品含碳率变化对我国木质林产品碳储量和碳流动结果的影响中，其他工业原木含碳率变化对三种方法估算的结果影响反应灵敏。木浆纸和纸板的使用寿命变化对木质林产品的碳储量和碳流动的结果比较灵敏。通过延长在用木质林产品的使用寿命，均会不同程度地增加木质林产品的碳储量。

通过对我国木质林产品的进一步研究，表明我国木质林产品是一个碳库，并且这个碳库碳储量增长越来越快。工业和建筑行业年消耗木材的碳储量不断增长。我国是木质林产品净进口国，从木质林产品的碳储量和年平均碳储量变化结果来看，储量变化法估算的碳储量高于另外两种方法估算的碳储量结果，其次是大气流动法估算结果，生产法估算的碳储量结果最小。木质林产品在替代建筑材料产品方面减排潜力巨大。我国树种含碳率和基本密度随树种的不同存在差异。测定的人造板产品含碳率平均值为 0.466，基本密度的平均值是 0.670t/m^3，含水率平均值 5%，纸张含碳率是 0.34，明显低于 0.5。以产品使用寿命小于 20 年为限，对比木质产品的碳质量，结果依次是建筑模板 < 纸和纸板 < 坑木和支柱 < 装修用材 < 木桌椅 < 木门窗 < 木橱柜 < 木床 < 木结构房屋。储量变化法、生产法和大气流动法估算我国所有木质林产品（含薪材转化部分）碳储量到 2020 年将达 1436.18MtC、1057.48MtC 和 1347.80MtC，其中在用产品的碳储量是 1199.65MtC、869.20MtC 和 1095.07MtC。推算到 2020 年工业建筑部门消耗木质林产品的碳储量分别为 2373.57MtC、1279.22MtC 和 437.33MtC。储量变化法、生产法和大气流动法估算各类在用木质林产品的碳储量总体呈上升趋势，其中纸和纸板以及人造板碳储量的增长趋势基本一致，锯材和其他工业原木产品的碳储量增长趋势类似。锯材、人造板、纸和纸板以及其他工业原木碳储量对在用木质林产品碳储量的贡献在核算方法之间没有明显差别，并且 1990～2008 年贡献率的变化趋势也一致。我国进出口木质林产品碳储量整体呈不断上升的趋势，并同时是木质林产品净进口国。原木是净进口国，1900～2008 年间工业原木净进口碳储量累计为 141.09MtC。锯材、人造板、纸和纸板以及其他工业原木产品的总体表现为净进口，1900～2008 年净进口产品碳储量合计为 57.43 MtC。蒙特卡洛方法模拟结果表明生产法估算的碳储量结果不确定性最高；碳储量结果对木材基本密度和产品使用寿命比较敏感。建筑用材碳储量，在灰色系统模型和建筑房屋木材消耗强度的基础上预测到 2020 年建筑竣工面积达 38 亿 hm^2，消耗木材将为 1.56 亿 m^3，则建筑业消耗木材碳储量累积为 674.62MtC。预测到 2020 年家具业消耗木材约为 35412 万 m^3，则家具业消耗木材的碳

储量将达 363.96MtC。其中 2008 年国内消费家具碳储量为 50.52MtC，预测到 2020 年国内消费家具碳储量是 354.38MtC。根据生产弹性系数和木材消耗强度预测到 2020 年我国造纸业用材约为 440.90 万 m^3，相应的纸和纸板消耗木材的碳储量是 442.26MtC。预测 2020 年国内纸和纸板所消耗木材的碳储量变化是 57.08MtC/年。根据经济发展对煤炭的需求，预测到 2020 年我国煤炭业产量将达 45.7 亿 t，届时木材消耗量将达到 1600 万 m^3，煤炭业消耗木材的碳储量不断增长，到 2020 年碳储量将达 39MtC。

3.4　林业碳汇的计量方法

为了充分了解各国林业行动的效果，发挥林业减缓行动在缓解全球气候变化过程中所起的作用，促进温室气体减排目标的实现，UNFCCC 要求所有签约国定期对本国温室气体排放量和汇清除量进行监测并报告其计量和监测结果。《京都议定书》制定的清洁发展机制(Clean Development Mechanism, CDM)、联合履约(Joint Implementation)等市场机制也是基于对温室气体排放量和汇清除量的严格计量来实现的。因此，碳汇计量方法的合理性和可比性对于 UNFCCC 各缔约方而言，不仅是履行国际气候公约的基础，也是各国的碳汇交易顺利进行的前提。目前林业碳汇的计量主要采用碳储量变化法、模型模拟法或遥感估算法对生物量碳库和土壤碳库进行计量(张小全等，2010)。

3.4.1　模型模拟的方法

目前计量森林碳储量所采用的模型主要有 CO_2 FIX 模型、FullCAM 模型、F-CARBON模型等。

(1)CO_2 FIX 模型。CO_2 FIX 模型是基于森林生态系统水平的用于计算生物量碳库、土壤碳库和木质产品碳库的碳储量和碳通量的碳平衡模型。CO_2 FIX 模型由生物量、土壤以及林产品三个模块组成(林而达，2003)。生物量模块主要由生物量生长、生物量周转、竞争、管理和干扰五个部分组成，该模块将生物量的生长分为干生物量和枝、叶、根生物量两个部分；土壤模块中叶、细根、枝、粗根和干的凋落死亡是土壤碳的主要输入项，这些有机残体在生物量模块中的生物量周转、自然死亡和采伐引起的死亡以及采伐剩余物的描述中进行了量化，在该模块中，植物残体可分为非木质残体、细木质残体和粗木质残体，每种残体通过物理降解转化为可溶物类、纤维素类和木质素类。

（2）FullCAM 模型。FullCAM 模型是由澳大利亚温室气体办公室（Australian Greenhouse Office，AGO）开发的国家碳计量工具（National Carbon Accounting Toolbox，NCAT）的一部分。FullCAM 模型集合了 CAMFor、CAMAg、3PG、GENDEC 以及 Roth C 五个子模型。通过运行其中的 CAMFor、3PG 以及 Roth C 这三个子模型就可以计算与地上生物量碳库、地下生物量碳库、枯落物碳库以及土壤碳库有关的碳储量和碳通量。

（3）F-CARBON 模型。该模型是我国开发的森林碳平衡模型，它包括森林面积计算、碳吸收、碳排放、土壤碳和碳平衡 5 个模块，其中与 CDM 造林再造林项目（CDM-AR）相关的模块是：①碳吸收模块：根据各区域不同龄级生长量和面积计算生物生产量、净碳吸收量。②碳排放模块：计算森林采伐及木材利用、采伐剩余分解和燃烧引起的碳排放。③土壤碳模块：计算采伐引起的土壤碳的净变化。

基于模型模拟的方法是研究大尺度森林生态系统碳储量的必要手段，其较适合于估算一个地区在理想条件下的碳储量，但在估算土地利用和土地覆盖变化对碳储量的影响时存在较大困难。在 CDM-AR 项目中采用该方法缺乏一定的透明性。

3.4.2　遥感的方法

通过遥感技术（RS）和地理信息系统（GIS）等先进手段可以测定从林分到区域等不同空间尺度的森林碳储量。其原理是光合作用是植被生产力形成的重要生理生态过程，树冠层的叶面积指数和生物化学成分是森林获得碳储量的决定因素，植物对太阳辐射的吸收、反射、投射及其辐射，会在林冠内和大气中产生传递，这种传递信息和影响植被生产力的生态因子与卫星接收的信息之间可以建立一定的解析式，可利用这些解析式来测定林分生物量，然后通过生物量估算出森林的碳储量。遥感可以分为光学、近红外遥感以及微波遥感。光学和近红外光谱只对绿叶产生反应，而微波可以穿透林冠，不仅能和叶发生作用，也能和干发生作用，因此，微波遥感能对森林地上生物量碳储量进行全面和准确的估测。

3.4.3　碳储量变化法

该方法是以碳库年均碳储量变化来表示计量边界内一定时间范围的碳储量变化的。通常估算林分在某段时间所产生的碳储量变化是通过计算森林在两个时刻产生的碳储量之差除以两个时刻的间隔时间来完成的（IPCC，2003）。可用下式表达：

$$\Delta C_t = (C_{t_2} - C_{t_1})/t \tag{3-1}$$

式中：ΔC_t——林分 t_2 年至 t_1 年的碳储量年变化（tC／年）；

C_{t_2}——林分在 t_2 时刻的碳储量（tC）；

C_{t_1}——林分在 t_1 时刻的碳储量（tC）；

t——时间 t_2 与时间 t_1 之间的间隔年限。

基于 IPCC《LULUCF 优良做法指南》的建议，林分地上和地下生物量碳库的碳储量是通过碳库中的生物量乘以生物量中碳元素的含量推算出来的，所以林分生物量和造林树种的含碳率是预测林分碳储量的两个关键因子，可通过下列公式来表示：

$$C_{ijk,t} = B_{ijk,t} \cdot CF_k \tag{3-2}$$

式中：$C_{ijk,t}$——第 i 层、第 j 层、种植树种 k，t 年时生物量碳库的碳储量（tC）；

$B_{ijk,t}$——第 i 层、第 j 层、种植树种 k 的区域在 t 年时生物量碳库的生物量（tC）；

CF_k——生物量碳库中 k 树种的含碳率。

3.4.3.1 生物量的测定方法

（1）乔木。根据 IPCC 建议，乔木生物量碳库生物量的测定最好采用相对生长法或蓄积转换法两种方法。本书仅介绍乔木的相对生长法。

在《LULUCF 优良做法指南》中提供了各种森林类型地上和地下生物量与胸径的异速生长方程，见表 3-17（IPCC，2000）。但在测定我国林分的生物量时，表中的异速生长方程是否可用，需在计量边界内、样地之外采用收割法采伐不同大小的树木，估计它们的生物量，将结果与基于方程计算出的生物量进行比较，来验证该方程。如果采用收割法得出的生物量与通过方程所预测的生物量的值相差不超过 ±10%，那么该方程就适合于该次测定，在每次监测边界内乔木的生物量时，只需测量固定样地中胸径，估计出平均值，采用该方程即可监测出乔木的生物量。如果超过，则建议开发针对位置的当地异速生长方程。

表 3-17　估算热带和温带森林类型地上生物量的异速生长方程

方程	森林类型	R^2/样地大小	胸径范围（cm）
$Y = \exp[-2.289 + 2.649\ln(DBH) - 0.021\ln(DBH)^2]$	热带阔叶林	0.98/226	5 ~ 148
$Y = 21.297 - 6.953(DBH) + 0.740(DBH)^2$	热带雨林	0.92/176	4 ~ 112
$Y = 0.887 + [10486(DBH)^{2.84}/(DBH^{2.84} + 376907)]$	温带/热带针叶林	0.98/137	0.6 ~ 56
$Y = 0.5 + [25000(DBH)^{2.5}/(DBH^{2.5} + 246872)]$	温带阔叶林	0.99/454	1.3 ~ 83.2

注：式中，Y = 单株地上生物量（kg/株）；DBH = 胸高直径（cm）。

资料来源：LULUCF-GPG，2003。

第一步，对边界内所设样地内起测径阶以上的所有林木（包括枯立木）的胸径进行每木检尺，分别记录活立木和枯立木（枯立木的数据主要用于枯立木生物量的计算）。

起测径阶应根据树木预期的大小来确定。对于树木生长较慢的酸性环境，起测径阶可以看做是 2.5cm；而对于生长较快的潮湿环境，可看成 10cm。一般调查时，幼龄林的测定和监测可以以 1cm 或 2cm 为起测径阶；中龄林取 4cm，成过熟林的起测径取 8cm。根据相对生长法选出标准木（不包括枯立木的数据），伐倒后分别干、枝、叶、侧根和主根称取各组分的鲜质量。

第二步，采集标准木各组分样品，测定其干质量和干鲜比。

第三步，测定标准木各组分的生物量。

根据样品的干质量与样品鲜质量的比，计算出乔木树种 k 各组分生物量，并估算出 k 树种的根冠比。

第四步，根据从样地标准木中获得的数据，参考经验模型建立乔木树种 k 的单株地上生物量与胸径、树高的回归关系。

第五步，每次监测时，对固定样地中的乔木进行每木检尺，估算出单株乔木的平均胸径和树高，利用第四步中所建立的方程，即可监测出单株乔木的地上生物量。

第六步，根据乔木树种 k 的根冠比采用下式测定出乔木树种 k 的单株的地下生物量：

$$B_{BB\text{-}tree,k} = B_{AB\text{-}tree,k} \cdot R_{tree,k} \qquad (3\text{-}3)$$

式中：$B_{BB\text{-}tree,k}$——树种 k 的单株地下生物量（kg）；

$B_{AB\text{-}tree,k}$——树种 k 的单株地上生物量（kg）；

$R_{tree,k}$——树种 k 的根冠比。

第七步：根据拟议项目的各乔木树种的造林密度估算项目各乔木树种地上生物量碳库中的平均地上生物量和地下生物量碳库中平均地下生物量。

（2）灌木的测定。IPCC 建议测定灌木生物量的方法可根据林分内灌木的大小来决定。如果灌木较大，采用下列方法 1；如果灌木较小，建议采用方法 2。

方法 1：

第一步，通过对样地内的每丛（株）灌木地径（D）、冠幅（L）、丛高（H）等相关变量的测量，算出其平均值，根据其平均值选出一株标准丛。

第二步，测出标准株的各组分鲜质量：采用收割法分别称取标准株干、嫩枝叶及根的鲜质量（$W_{s\text{-}shrub,k}$、$W_{b\text{-}shrub,k}$、$W_{l\text{-}shrub,k}$）。

第三步，测定其干质量和干鲜比：采集样品，分别称取干、嫩枝叶、根鲜质量后，将样品带回室内，在 70℃烘箱中烘至恒质量后称其干质量。算出各组分的干鲜比。

第四步，测定标准株的各组分生物量：根据样品的干质量与样品鲜质量的比，采

用下式计算出灌木 k 各组分的生物量：

$$B_{\text{s-shrub},k} = \frac{\text{DW}_{\text{s-shrub},k}}{\text{FW}_{\text{s-shrub},k}} \cdot W_{\text{s-shrub},k} \tag{3-4}$$

$$B_{\text{b-shrub},k} = \frac{\text{DW}_{\text{b-shrub},k}}{\text{FW}_{\text{b-shrub},k}} \cdot W_{\text{b-shrub},k} \tag{3-5}$$

$$B_{\text{l-shrub},k} = \frac{\text{DW}_{\text{l-shrub},k}}{\text{FW}_{\text{l-shrub},k}} \cdot W_{\text{l-shrub},k} \tag{3-6}$$

$$B_{\text{AB-shrub},k} = B_{\text{s-shrub}} + B_{\text{b-shrub}} + B_{\text{l-shrub}} \tag{3-7}$$

式中：$B_{\text{s-shrub},k}$——灌木 k 标准株单株干的生物量（kg）；

$\quad\quad B_{\text{b-shrub},k}$——灌木 k 标准株单株枝生物量（kg）；

$\quad\quad W_{\text{s-shrub},k}$——灌木 k 标准株单株干鲜质量（kg）；

$\quad\quad W_{\text{b-shrub},k}$——灌木 k 标准株单株枝鲜质量（kg）；

$\quad\quad \text{DW}_{\text{s-shrub},k}$——灌木 k 标准株单株树干样品干质量（g）；

$\quad\quad \text{FW}_{\text{s-shrub},k}$——灌木 k 标准株单株树干样品鲜质量（g）；

$\quad\quad \text{DW}_{\text{b-shrub},k}$——灌木 k 标准株单株枝条样品干质量（g）；

$\quad\quad \text{FW}_{\text{b-shrub},k}$——灌木 k 标准株单株枝条样品鲜质量（g）；

$\quad\quad B_{\text{AB-shrub},k}$——灌木 k 标准株单株地上生物量（kg）。

第五步，根据从样地中的标准株单株所获得的数据，建立灌木 k 的单株地上生物量与年龄的回归关系。

第六步，根据所建立的回归方程，预测项目碳信用的计入期内的灌木 k 的单株地上生物量；并根据灌木 k 的根冠比采用下式预测灌木 k 的单株的地下生物量：

$$B_{\text{BB-shrub},k} = B_{\text{AB-shrub},k} \cdot R_{\text{shrub},k} \tag{3-8}$$

式中：$B_{\text{BB-shrub},k}$——灌木 k 的单株地下生物量（kg）；

$\quad\quad R_{\text{shrub},k}$——灌木 k 的根冠比。

第七步：根据拟议项目的灌木的造林密度推算各灌木地上生物量碳库中的平均地上生物量和地下生物量碳库中平均地下生物量。

方法2：

按方法1的步骤，选择标准丛，以标准丛为中心布设 2m×2m 的小样方，采用收获法收获样方内全部灌木的地上和地下部分，并分别称取嫩枝叶、干和根（将泥土洗净）的鲜质量。称质量后各取少量样品，并称其鲜质量。将样品带回室内，在 70℃ 烘箱中烘至恒质量后称其干质量，计算各部分的干鲜比，根据上述公式计算各部分的生物量，然后推算出各种灌木的平均地上生物量。以后的步骤与方法1第五、六步相同。由于非乔木的植被根的大部分主要分布在土层的上部，所以样方的深度为0.3～0.4m。如果样本是在更深的土层采集，建议把土层分成两层或更多层，清楚地对每一层进行记录。

（3）草本。项目边界内草本层的生物量可以通过在对照样地上设置4个小样方，采用简单的收割法来测定。通常使用一个能罩住0.5m²或更小的小框（圆形或方形）来完成这项工作。把框内的所有植物从地面水平进行收割，然后进行混合称质量，选取适量作为样品并称质量（鲜质量）。把从每个样方中获得的样品混合，然后烘干、称质量，确定草本植物的干湿比，根据这个比率来算出整个样方生物量，然后根据样方面积推算出项目边界内草本层的生物量。

（4）粗木质残体碳库生物量的预测方法。粗木质残体碳库中的粗木质残体可分为枯死倒木和枯立木。通常情况下，无论是枯倒木还是枯立木，其生物量与林分中的任何指数都没有太多的相关关系。所以在预测CDM-AR项目生物量碳库的生物量时，将该碳库的生物量变化假定为处于稳定状态，不随时间而变化。对其的预测一般根据文献或专家所提供的信息来完成。

3.4.3.2　树种含碳率的测定方法

在所选样地的标准木中从树干基部到梢头分段取样，枝从粗枝到细枝按比例取样，叶混合取样包括不同大小的叶片，侧根包括细根、粗根的混合样。

所有采集的样品在粉碎前均放入85℃的恒温烘箱中烘至恒质量。考虑到分析时样品的实际用量较少，为了保证取样全面及混合均匀，采用三次粉碎法制样，即初次粉碎时取样量较大，在初粉碎的基础上按四分法取其中的四分之一进行二次粉碎，然后进行第三次粉碎，经粉碎的样品过200目筛后装瓶备用。所有粉碎后的样品在分析前，再次放入85℃的恒温箱中烘24小时。

利用Elementar Vario EL有机元素分析仪，采用干烧法进行样品分析，每次测3个平行样，测定结果取平均值，误差为±0.3‰。

如果没有试验条件，林分各树种的含碳率可采用IPCC的《LULUCF优良做法指南》中估算森林碳储量的缺省值0.5（国家林业局国家合作司，2002）。

第4章 国际气候公约中与林业相关的规定

4.1 《联合国气候变化框架公约》中与林业相关的规定

4.1.1 《联合国气候变化框架公约》

大气中温室气体浓度增加引起的全球环境变化，严重威胁着人类生存与社会经济的可持续发展，成为各国政府、科学家及公众强烈关注的重大问题之一。为减缓全球气候变化，保护人类生存环境，1992 年 5 月 9 日在纽约联合国总部通过了《联合国气候变化框架公约》（以下简称《公约》），并在里约热内卢联合国环境与发展大会期间（1992 年 6 月 4～14 日）供与会各国签署，153 个国家和欧洲共同体在此期间签署了《公约》。《公约》于 1994 年 3 月 21 日正式生效。目前共有 189 个国家和欧盟成为公约缔约方。缔约方分为附件I缔约方、附件II缔约方和非附件I缔约方。附件I缔约方包括属经济合作与发展组织（OECD）成员国的工业化国家、经济转型国家以及欧盟，共 41 个成员；附件II缔约方指附件I缔约方中的 OECD 成员；除附件I缔约方以外的 100 多个成员为非附件I缔约方，主要是发展中国家。

《公约》是第一个全面应对控制温室气体排放、应对全球气候变暖的国际公约，是全球在气候变化问题的国际合作的基本框架，它号召各缔约方采取各种可能的措施自愿减排温室气体，其中附件I的发达国家缔约方应更加主动地采取相应措施，改变温室气体的排放现状。《公约》明确定义了"汇"的概念，并将森林碳汇提到重要的碳汇措施位置，成为林业碳汇国际法规则谈判的国际法基础。

针对土地利用和土地利用变化及林业（LULUCF），所有缔约方应在农业、林业等相关部门，促进减少或防止人为引起的温室气体排放的技术开发、应用和推广，并开展合作，包括技术转让；促进可持续管理，保护和增强所有温室气体的吸收汇和储存库，包括生物量、森林以及其他陆地生态系统；在适应气候变化的影响方面开展合作，制定水资源、农业的综合计划以及受干旱、荒漠化和洪涝影响地区的保护和恢复计划；在可行范围内，将气候变化纳入相关的社会、经济和环境的政策和行动，并采用适当的方法，尽可能降低气候变化减缓和适应措施对经济、公共健康和环境产生的不利影响。

对发展中国家而言，国家温室气体排放清单是其义务的核心内容，要求采用由缔约方大会制定的方法编制由人为引起的各种温室气体的源排放和汇清除的国家清单，但发达国家必须为其提供相应的资金。

4.1.2　《京都议定书》

1997 年 12 月 1 ~ 11 日，在日本京都举行的《公约》第三次缔约方会议，通过了《京都议定书》。《京都议定书》为发达国家规定了有法律约束力的量化减排指标，即附件I缔约方在 2008 ~ 2012 年的承诺期内，其 CO_2、CH_4 等 6 种温室气体排放量（以 CO_2 当量计），在 1990 年排放水平基础上总体减排至少 5%（UNFCCC，1997）。其中欧盟减排 8%，冰岛增排 10%。同时，《京都议定书》的第 6 条、第 12 条和第 17 条分别确定了"联合履约"（Joint Implementation，JI）、"清洁发展机制"（Clean Development Mechanism，CDM）和"排放贸易"（Emission Trading，ET）三种境外减排的灵活机制，使附件I缔约方可以通过这三种机制在境外取得减排限排的抵消额，从而以较低成本实现减限排目标，缓解其国内减排压力。JI 和 ET 只在附件I缔约方之间进行，CDM 则只在附件I和非附件I缔约方之间进行。《京都议定书》第 5 条还对温室气体源排放和汇清除计量的方法学问题进行了原则规定。

根据《京都议定书》第 25 条第 1 款之规定，《京都议定书》的生效条件是：至少 55 个 UNFCCC 缔约方批准《京都议定书》，且其合计的 CO_2 排放量至少占全部附件I缔约方 1990 年 CO_2 排放总量的 55%，在达到上述两个条件后的第 90 天，《京都议定书》将正式生效。

《京都议定书》在《公约》的基础上，将《公约》的框架性内容进行细化，为各缔约方规定了具有法律约束力的温室气体减排或限排目标，迈出了实质性的一步。《京都议定书》第二条第 3.4 款中提出了土地利用变化和林业活动产生的温室气体源的排放和汇的清除方面的内容，强调了要加强造林、重新造林对减缓温室气体排放的正面影响以及减少毁林、砍伐森林对增加温室气体排放的负面影响。更重要的是，《京都议定书》第十一条规定了三种履约机制，其中"清洁发展机制"为林业碳汇实现温室气体减排提供了具体的运作方式，将造林再造林项目作为清洁发展机制合格的项目类型之一。清洁发展机制的造林再造林项目本着"共同但有区别的责任原则"在发达国家和发展中国家之间开展的项目级合作，最终达到发达国家实现减排承诺，同时发展中国家获得经济、生态等效益的双赢局面。《京都议定书》于 2004 年 2 月 16 日正式生效，其中有关土地利用、土地利用变化和林业(LULUCF)的主要条款如下：

(1)附件I缔约方应在考虑其在相关国际环境协定中的承诺的基础上，实施并详细阐明其保护和增强温室气体吸收汇和储存库、促进可持续森林管理、造林和再造林的政策和措施。

(2)1990 年以来人为直接的造林、再造林和毁林活动引起的温室气体源排放和汇清除的净变化，可用于抵消承诺的温室气体减限排指标。

(3)附件I缔约方应提供相关数据以估计 1990 年的碳储量及其以后的碳储量变化；根据缔约方会议制定的附加人为活动引起的有关农业土壤及土地利用变化和林业的温室气体源排放和汇清除的方式、规则和指南，附件I缔约方应可选择将 1990 年以来附加人为活动引起的源排放或汇清除用于抵消其承诺的温室气体减限排指标。

(4)对 1990 年土地利用变化和林业为净排放源的附件I缔约方，应在其 1990 年或基年排放中包括 1990 年土地利用变化引起的源排放和汇清除的净变化。为履行承诺的温室气体减限排指标，附件I缔约方可从其他附件I缔约方获得，或向其他附件I缔约方转让，在任何经济部门(包括林业部门)以减少源排放或增强汇清除为目的的项目所产生的减排量。

(5)确立了清洁发展机制，允许附件I缔约方通过与发展中国家进行项目级合作，获得由项目产生的核证减排量(certified emission reductions，CERs)。其目的是协助非附件I的发展中国家缔约方实现可持续发展，并对实现 UNFCCC 的最终目标做出贡献；同时协助附件I缔约方实现其承诺的温室气体减排指标。CDM 是工业化国家与发展中国家之间有关温室气体减排的唯一合作机制。

4.1.3　波恩政治协议

2001 年 10 月 29 日至 11 月 10 日，在摩洛哥马拉喀什举行了第七次缔约方大会，为落实"波恩政治协议"展开技术性谈判，并最终通过了一揽子决定，统称《马拉喀什协定》(Marrakesh Accords)。《马拉喀什协定》关于"土地利用和土地利用变化及林业(LULUCF)"的决议，对《京都议定书》有关 LULUCF 活动的定义、有关 LULUCF 的方式和规则进行了规定；同时请政府间气候变化专门委员会(IPCC)定制 LULUCF 碳储量变化计量和测定的方法学。主要涉及以下几方面的内容：

(1)本决议对《京都议定书》下森林、造林、再造林、毁林、植被恢复、森林管理、农地管理和牧地管理等给予了明确的定义，在林木冠层覆盖度、最小面积和最低树高这三大指标的阈值上，采用较为灵活的方式。

（2）合格的造林再造林和毁林活动指从 1990 年 1 月 1 日到承诺期最后年的 12 月 31 日之前开展的相应活动。

（3）第一承诺期附件 I 缔约方在第 3.4 款下可选择的活动包括植被恢复、森林管理、草地管理和牧地管理。这些活动必须是自 1990 年以来发生的，且是人为引起的。

（4）第一承诺期合格的 LULUCF CDM 项目活动仅限于造林和再造林活动，且造林、再造林、毁林、森林管理等活动引起的碳储量变化的计量应包括 5 个碳库：地上生物量、地下生物量、枯落物、粗木质残体、土壤有机碳。

（5）规定了 CDM 的原则、性质和范围。强调 CDM 等机制是对国内行动的补充，国内行动应是每一附件 I 缔约方履行其减排限承诺的主要内容。

（6）规定了 CDM 的方式和程序，包括对核证减排量（certified emission reductions，CERs）、减排单位（emission reduction units，ERUs）、分配数量单位（assigned amount units，AARs）、汇清除单位（Removal Units，RMUs）等的定义。

4.1.4 《联合国气候变化框架公约》第九次缔约方大会

UNFCCC 第九次缔约方大会（COP9）于 2003 年 12 月 6～14 日在意大利米兰举行。本次大会有关 LULUCF 议题的谈判主要涉及《LULUCF 优良做法指南》的讨论、通过及其应用问题，以及制定 CDM 造林再造林（A/R CDM）项目活动的方式和程序等。

第 13/CP.9 号有关《LULUCF 优良做法指南》的决议，重申以透明、一致、可比、完整和准确的方式报告《蒙特利尔议定书》未予管制的人为温室气体源排放和汇清除；决定附件 I 缔约方应根据 IPCC 组织编写的《LULUCF 优良做法指南》编制和报告 2005 年及其以后的年度清单，除非缔约方会议第十届会议做出其他相关决定；决定在 2005 年提交清单时试用新的 LULUCF 的通用报告格式表（CRF）；鼓励非附件 I 缔约方在编制其温室气体清单时，在可能情况下应用《LULUCF 优良做法指南》。

第 19/CP.9 号决议针对第一承诺期，制定了 A/R CDM 项目活动的方式和程序。该决议鼓励在适合和可能的情况下，在设计和执行 A/R CDM 项目活动时，采用《LULUCF 优良做法指南》中的方式和程序。要求 SBSTA（Subsidiary Body for Scientific and Technological Advice）起草小规模 A/R CDM 项目活动简化方式和程序的决定草案，提交缔约方会议第 10 届会议通过。决定未来承诺期 LULUCF-CDM 项目活动将在第二承诺期谈判中做出决定；对本决定的任何修订，不应影响第一承诺期结束前业已注册的 A/R CDM 项目活动。决定对 A/R CDM 项目活动的方式和程序进行定期审评；第一次审评最迟应在第一承诺期结束前一年之内进行，审评应以执行理事会和附属执行机构（SBI）的建议为基础，并根据需要，采纳 SBSTA 的技术意见。在本决议附件规定的方式和程序中，规定采用《马拉喀什协定》第 II/CP.7 号决议中确定的森林、造林和再造林的定义，并对 A/R CDM 项目活动中涉及的碳库（carbon pool）、项目边界（project boundary）、基准净温室气体汇清除（baseline net greenhouse gas removals by sinks）、实际净温室气体汇清除（actual net greenhouse gas removals by sinks）、泄漏（leakage）、人为净温室气体汇清除、临时 CER（temporary CER 或 tCER）、长期 CER（long-term CER 或 lCER）、小规模 A/R CDM 项目活动（small-scale afforestation and reforestation project activities under the CDM）进行了明确的定义。在对执行理事会、经营实体的认证和指定、指定经营实体、参与要求等方面，基本采用《马拉喀什协定》第 17/CP 7 号关于 CDM 方式和程序的决议中的相关规定。同时，根据 A/R CDM 项目的特点，在第 17/CP.7 号决议基础上，对审定和注册、监测、核查和核证、tCERs 或 lCERs 的发放、解决非持久性、项目设计书、基线和监测方法学等事项的方式、方法和程序，进行了详细的规定（UNFCCC，2003b）。

此外，第 22/CP.9 号决议还专门就克罗地区第一承诺期使用的森林管理碳汇做出决定，即在第 3.4 条款和第 6 条下可使用的森林管理活动碳汇总量，不得高于 0.265MtC 的 5 倍（UNFCCC，2003a）。

4.1.5 《联合国气候变化框架公约》第十次缔约方大会

UNFCCC 第十次缔约方大会于 2004 年 12 月 1~12 日在阿根廷的布宜诺斯艾利斯举行。由于正值 UNFCCC 生效 10 年，所以，该届会议的中心议题是公约 10 年："成就于未来的挑战"即"布宜诺斯艾利斯宣言"。在会议上，主要讨论了气候变化与适应、对策的影响、缓解政策及影响和技术。各缔约方还就《京都议定书》中生效问题进行了讨论。

大会与 LULUCF 议题有关的谈判主要涉及：

（1）将 COP9 制定的 A/R CDM 项目活动的方式和程序纳入《京都议定书》第 7 条和第 8 条的指导意见。

（2）《京都议定书》第一承诺期小规模 A/R CDM 项目活动简化方式和程序及执行这些程序的措施。

（3）《LULUCF 优良做法指南》的讨论和其应用问题。

第 14/CP.10 号关于《京都议定书》第一承诺期小规模 A/R CDM 项目简化方式和程序及执行这些程序的措施的决议，重申第 17/CP.7 对 A/R CDM 项目活动的适用性，明确了小规模 A/R CDM 项目活动应有益于参与项目的低收入社区和个人，强调了附件 I 缔约方为小规模 A/R CDM 项目活动提供的公共资金不应导致官方发展援助的减少，而且应不同于和不计为这些缔约方的资金义务。该决议对小规模 A/R CDM 项目活动的简化方式和程序、适用条件、审定和注册、监测、对项目设计书的要求、项目类型、确定项目为非捆绑项目的标准等，进行了详细的规定（UNFCCC，2004）。

第 15/CP. 10 号有关《LULUCF 优良做法指南》的决议，建议缔约方会议通过《京都议定书》第 3 条和第 4 条下的 LULUCF 优良做法指南草案，鼓励缔约方在 2007 年以前自愿采用本决定附件II中《京都议定书》第 3 条和第 4 条下活动的通用报告格式表格，提交与 LULUCF 活动有关的温室气体源排放量和汇清除量的估算数字，并按本决定附件I的指导意见提交准备纳入国家清单报告的补充信息。

4.1.6 《联合国气候变化框架公约》第十一次缔约方大会

UNFCCC 第十一次缔约方大会（COP11）暨《京都议定书》第一次缔约方会议（MOP1）于 2005 年 11 月 28 日至 12 月 9 日在加拿大蒙特利尔召开。由于该届会议是《京都议定书》生效后的第一次缔约方会议，所以会议被国际社会认为是气候变化国际进程中的一次具有里程碑意义的历史性会议。会议圆满完成了"执行（implementation）、改进（improvement）和创新（innovation）"三个重要的目标和任务，在多个领域通过了若干重要决定，启动了《京都议定书》的实施，开始了未来的行动，缔约方推动了适应问题的工作，推进了 UNFCCC 和《京都议定书》的实施计划。"发达国家 2012 年后承诺问题谈判进程的正式启动"是发展中国家在本届会议上的最大成果和胜利。

作为《京都议定书》第一次缔约方会议的 UNFCCC 缔约方会议（MOP1），根据 COP11 通过的第 14/CP. 11 号关于"LULUCF 通用报告格式表"的决议，附件I缔约方均须采用这些通用格式表来提交 2007 年及以后的年度温室气体排放清单，这也是这次大会通过的唯一有关 LULUCF 的决议。

MOP1 有关 LULUCF 议题的谈判及决议主要涉及《京都议定书》第一承诺期 A/R CDM 项目活动的方式和程序、《京都议定书》第一承诺期小规模 A/R CDM 项目活动的简化方式和程序、LULUCF、《京都议定书》第 3.3 款和 3.4 款 LULUCF 优良做法的指导意见以及用以判断未能提供有关《京都议定书》第 3.3 款和 3.4 款下的活动所致温室气体源排放量和汇清除量信息情况的标准。

第 5/CMP. 1 号决议决定，通过《京都议定书》第一承诺期 A/R CDM 项目活动的方式和程序，该决议将作为第二承诺期关于"未来承诺期有关 LULUCF·CDM 项目活动"谈判的一部分，未来对本决议的任何修改不得影响第一承诺期结束之前已注册的 A/R CDM 项目活动；决定定期审评 A/R CDM 项目活动的方式和程序，第一次审查应不迟于第一承诺期结束前一年，审评应依据 CDM 执行理事会和附属执行机构（SBI）的建议，并在必要时参考附属科学技术咨询机构（SBSTA）的咨询意见（UNFCCC，2005）。

第6/CMP. 1号决议决定，通过《京都议定书》第一承诺期小规模A/R CDM项目活动的简化方式和程序；请CDM执行理事会审评小规模A/R CDM项目活动的简化方式和程序，并在必要时向作为《京都议定书》缔约方会议的UNFCCC缔约方会议提出适当建议（UNFCCC，2005）。

第16/CMP. 1号决议决定，根据《京都议定书》下的LULUCF活动，其执行应符合UNFCCC及其《京都议定书》的目标和原则以及根据UNFCCC和议定书做出的任何决定；通过第11/CP. 7号关于LULUCF的决议；缔约方须采用《LULUCF优良做法指南》中的方法来估计、测定、监测和报告LULUCF活动引起的碳储量变化以及人为温室气体源排放量和汇清除量的变化，LULUCF活动须遵循以下原则：

（1）在科学基础上对待这些活动。

（2）在估算和报告这些活动时始终使用一致的方法。

（3）LULUCF活动的计量不得改变《京都议定书》第3.1款规定的目标。

（4）先前存在的碳储量不在计量之列。

（5）LULUCF活动的实施应有助于生物多样性保护和自然资源的可持续利用。

（6）LULUCF活动的计量并不意味着将承诺转入未来某个承诺期。

（7）适当时对LULUCF活动造成的任何清除的逆转进行计量。

（8）LULUCF活动碳计量不包括由下列原因引起的汇清除：

a）工业化以来CO_2浓度的上升；

b）间接氮沉降；

c）基年以前有关活动引起的森林龄级结构的变化。

第17/CMP. 1号决议决定，对于第一承诺期，已批准了《京都议定书》的附件I缔约方应使用《LULUCF优良做法指南》，根据《京都议定书》第52款来报告《京都议定书》第3.3款下LULUCF和第3.4款下选定活动的人为温室气体源排放量和汇清除量（付玉，2007）。

4.1.7　《联合国气候变化框架公约》第十二次缔约方会议

2006年11月6～17日，《联合国气候变化框架公约》第十二次缔约方会议（COP12）暨《京都议定书》第二次缔约方会议（MOP2）在肯尼亚首都内罗毕举行。会议讨论了发达国家第二承诺期温室气体减排指标、《议定书》第9条审评、适应气候变化等30多项议题。除了达成包括"内罗毕工作计划"在内的几十项决定外，本次大会还在管理"适应基金"的问题上取得一致，基金将用于支持发展中国家具体的适应气候变化活动，其中包括造林、再造林和边缘土地的利用(陈红枫等，2007)。

4.1.8　巴厘行动计划

2007年12月，《联合国气候变化框架公约》第十三次缔约方会议(COP13)暨《京都议定书》第三次缔约方会议(MOP3)在印度尼西亚巴厘岛举行。大会的《巴厘行动计划》和第2/CP.13号决定《减少发展中国家毁林所致排放量：激励行动的方针》两项决定，将REDD＋议题作为减缓措施纳入了"巴厘行动计划"，成为当前公约长期合作行动特设工作组的重要组成部分，意味着该议题正式为缔约方谈判的内容。决定的主要内容包括：确认了减少发展中国家毁林及森林退化所致排放量可促进共同受益，迫切需要采取切实的行动以应对；要求采取行动必须基于保护生物多样性和当地土著的需要；鼓励所有有能力的缔约方积极通过资金支持和技术转让帮助发展中国家相应的能力建设；鼓励所有缔约方探索备选办法或示范活动，结合国情建立有效的REDD活动模式；要求《公约》附件I缔约方调动资源，支持REDD活动；要求附属科技咨询机构尽快根据各国提交的相关报告意见，开展有关方法学的工作，旨在减少发展中国家毁林及森林退化所致的排放量。建议秘书处在补充资金充足的前提下建立网上交流平台，公布各缔约方、有关组织和利害关系方所提交的信息，促进REDD的谈判进程。

12月15日，COP13通过了"巴厘岛路线图"，启动了加强《公约》和《议定书》全面实施的谈判进程，致力于在2009年年底的哥本哈根气候大会上，完成《议定书》第一承诺期2012年到期后全球应对气候变化新安排的谈判，并签署有关协议。"巴厘岛路线图"共有13项内容和1个附录。有关林业的议题具体内容如下：

(1)加强缓解气候变化的国家/国际行动，包括考虑与减少发展中国家缔约方毁林和森林退化所致排放量(REDD)有关问题的政策方针和积极激励办法以及发展中国家森林养护、可持续森林管理及加强森林储存的作用(REDD＋)。

(2)第2/CP.13号决定"关于减少发展中国家毁林所致排放量——激励行动的方针"中承认毁林导致的排放增加了全球人为温室气体的排放量，承认森林退化也会导致排放，对此，需在减少毁林所致排放量的同时予以处理；确认已在减少发展中国家毁林、保持和养护森林碳储存方面作出努力并采取行动；确认不同的国情以及毁林、森林退化的多重驱动因素的问题复杂性；确认采取进一步行动以减少发展中国家毁林及森林退化所致排放量对于帮助实现《公约》的最终目标的潜在作用，申明迫切需要采取进一步有意义的行动以帮助减少发展中国家毁林及森林退化所致排放量；意识到大幅度减少发展中国家毁林及森林退化所致排放量要求具备稳定和可预测的资源；确认减少发展中国家毁林及森林退化所致排放量可促进共同受益，并可补充其他有关国际公约和协定的目的和目标；确认在采取行动减少发展中国家毁林及森林退化所致排放量时，还需顾及当地和土著社区的需要。

巴厘岛路线图首次确定采纳 REDD + 的相关决定。REDD + 经历了 1997 年 12 月《京都议定书》谈判，在 LULUCF 框架下为 REDD 奠定了基础；2001 年 8 月，马拉喀什协定由于基线、泄漏和方法学等问题将 REDD 从 LULUCF 活动中除去；2005 年 11 月，在蒙特利尔 COP11 上，REDD 重新返回到谈判议题中；直至此次大会，"REDD"作为一种被普遍看好、并拥有巨大潜力的减缓气候变化的措施被列入了"巴厘路线图"。此后，随着气候变化谈判的不断深入，"REDD"的内容也变得更加充实，在原有的森林保护基础上，增加了造林、森林的可持续管理以及生物多样性等因素，成为名副其实的"REDD +"。非政府组织自然保护联盟环境与发展小组负责人斯图尔特·马吉尼斯（Stewart Maginnis）12 月 15 日在哥本哈根气候变化大会期间指出，"REDD +"是一个成功的气候变化协议的重要组成部分，为实现把全球气温上升控制在工业化前水平的 2℃ 的范围内，在 2020 年前需要达到的减排目标目前还有 170 亿 t 的缺口，而"REDD +"为达到这一目标提供了可能。REDD 理念的内涵是指以"有偿环境服务机制（PES）"为基础直接以量化的经济方式对提供和生产环境服务的人们给予奖励，对愿意且能够减少因毁林造成的碳排放的国家给予财政补偿。REDD 理念的核心内容是为减少因毁林和森林退化产生的温室气体排放提供补偿资金，重点是融资机制（资金从哪儿来）和分配机制（谁将获得该补偿）。把 REDD 纳入到后 2012 全球气候协议的提案随着时间的推移而不断变化，是一个由 RED-REDD-REDD + 推进的过程。最初的焦点是减少毁林造成的碳排放（Reducing Emissions from Deforestation，RED），接下来的谈判把焦点放在了减少毁林和林地退化造成的碳排放（REDD），新近的提议在毁林和林地退化的基础上增加森林的碳储量问题（REDD +）。"REDD +"中的" +"即增加碳储量，是指碳封存或者是去除大气中的碳，与减排不同，碳储量并不引起大气中温室气体浓度的变化，因此通常不归入减缓气候变化活动中（袁梅谢等，2009）。

"巴厘岛路线图"首次将美国纳入旨在减缓全球变暖的未来新协议的谈判进程之中，要求所有发达国家都必须履行可测量、可报告、可核实的温室气体减排责任，这是一个巨大的进步，也成为人类应对气候变化历史中的一座新里程碑（李怒云，2007）。

4.1.9 《联合国气候变化框架公约》第十四次缔约方会议

2008 年 12 月 1 日，《联合国气候变化框架公约》第十四次缔约方会议（COP14）暨《京都议定书》第四次缔约方会议（MOP4）在波兰波兹南开幕。本次会议主要讨论包括温室气体减排的中期和长期承诺、如何有效应对气候变化、在减缓和适应气候变化上增加资金投入以及发达国家如何向发展中国家进行技术转让等问题。清洁发展机制（CDM）的未来也是这次会议讨论的核心议题（龚亚珍等，2006）。

4.1.10　哥本哈根协议

2009 年 12 月 7 日，《联合国气候变化框架公约》第十五次缔约方会议（COP15）暨《京都议定书》第五次缔约方会议（MOP5）在丹麦首都哥本哈根开幕。12 月 19 日大会闭幕时，COP15 主席丹麦首相拉斯穆森宣布，《哥本哈根协议》（Copenhagen Accord，以下简称《协议》）草案不获通过，但表示与会国会"注意新《协议》"，避免会议以失败告终。大会最终通过的决议分别列出了赞成和反对《协议》的国家。《协议》维护了《公约》及其《议定书》确立的"共同但有区别的责任"原则，就发达国家实行强制减排和发展中国家采取自主减缓行动做出了安排。

《哥本哈根协议》和《关于发展中国家减少毁林和森林退化所致排放量相关活动、森林保护和可持续管理的作用，以及提高森林碳储量的方法学指导意见》两项决定，确认了减少毁林和森林退化所致排放量的关键作用，强调需要立即设立一个包含 REDD + 的机制，提供激励措施，以期能够调动来自发达国家的资金。决定中有关林业议题的主要内容包括：

（1）再次肯定了 REDD 对减缓气候变化的重要作用。

（2）为发展中国家缔约方制定了相关活动的指导方针，要求根据方针找出导致排放的毁林和森林退化的驱动因素及解决办法，确定国内有哪些活动可导致排放量减少、清除量增加以及森林碳储存的稳定。

（3）采用 IPCC 的相关指导和指南，根据国情和能力，建立稳健透明的国家林业监测系统。

4.1.11　坎昆协议

2010 年 11 月 29 日，《联合国气候变化框架公约》第十六次缔约方会议（COP16）暨《京都议定书》第六次缔约方会议（MOP6）在墨西哥坎昆开幕。备受关注的联合国坎昆气候大会（Cancun climate conference）大会最终达成折中、平衡与灵活的"一揽子方案"——《坎昆协议》，对备受关注的快速启动资金、气候基金，《坎昆协议》有了原则性共识，此次大会值得关注的林业议题有：

（1）减少毁林和森林退化排放以及通过森林保护、森林可持续管理等活动增加森林碳汇机制——环境服务与私有者参与，旨在推动热带地区减少毁林和森林退化排放以及通过森林保护、森林可持续管理等活动增加森林碳汇机制相关的项目，减少二氧化碳排放，提高森林的其他服务功能，改善当地社区的生计。

（2）减少毁林和森林退化排放以及通过森林保护、森林可持续管理等活动增加森林碳汇机制项目对当地社区的影响。

（3）亚马孙地区实施减少毁林和森林退化排放以及通过森林保护、森林可持续管理等活动增加森林碳汇机制的现状与展望。

（4）生物燃料在森林边缘的扩张：趋势、影响和管理启示。

（5）东南亚泥炭地和红树林土地利用状况变化：对气候变化的影响。

（6）提高农业和林业应对气候变化的能力。

4.1.12　德班一揽子协议

2011 年 11 月 28 日至 12 月 11 日，UNFCCC 第十七次缔约方会议（COP17）暨《京都议定书》第 7 次缔约方会议（MOP7）在南非德班举行。会议最终通过了 4 个决议，包括批准《京都议定书》工作组和《联合国气候变化框架公约》下"长期合作行动特设工作组"、实施《京都议定书》第二承诺期、启动绿色气候基金、建立德班增强行动平台特设工作组等。12 月 11 日，COP17 闭幕时，190 多个成员同意就一项新的协议展开谈判，这项协议将把所有国家置于同一个法律框架下，要求各国作出控制温室气体的承诺。该协议最晚将于 2020 年生效。协议还决定建立特定机构为世界上的穷国募集、管理和发放数百亿美元的资金。这套一揽子协议还包括制定一系列规章，内容涉及监督和核实温室气体减排、保护森林、向发展中国家转让清洁技术以及其他一些技术问题。中国代表团认为，就本次会议的结果而言：一是坚持了《公约》《京都议定书》和"巴厘路线图"授权，坚持了双轨谈判机制，坚持了"共同但有区别的责任"原则；二是就发展中国家最为关心的《京都议定书》第二承诺期问题作出了安排；三是在资金问题上取得了重要进展，启动了绿色气候基金；四是在坎昆协议基础上进一步明确和细化了适应、技术、能力建设和透明度的机制安排；五是深入讨论了 2020 年后进一步加强公约实施的安排，并明确了相关进程，向国际社会发出积极信号。确定了发达国家在《议定书》第二承诺期的量化减排指标；明确非公约发达国家在公约下承担与其他发达国家可比的减排承诺；落实有关资金、技术转让方面的安排；细化《坎昆协议》中有关"三可"（可报告、可检测、可核实）和透明度的具体安排。总体看，与会国依然主要围绕近几届气候谈判都未能突破的两个焦点问题展开激烈争夺，即《议定书》第二承诺期和绿色气候基金问题。德班会议未能全部完成"巴厘路线图"的谈判，落实坎昆协议和德班会议成果仍需时日。需要指出的是，发达国家在自身减排和向发展中国家提供资金和技术转让支持的政治意愿不足，是影响国际社会合作应对气候变化努力的最主要因素(高平等，2011)。此次大会关于林业的主要议题有：

(1)重申《坎昆协议》中关于的减少发展中国家毁林和森林退化所致排放量原则和规定、政策方针和鼓励办法，在向发展中国家缔约方提供充分和可预测的资助方面，缔约方应按照各自国情，集体致力于减缓、制止和扭转森林覆盖和碳的损失。

(2)确认目前正在发展中国家缔约方进行努力并采取行动减少毁林和森林退化所致排放量并保持和加强森林碳储存。

(3)注意到可以制订一些非市场型方针，诸如综合可持续管理森林的联合缓解和适应方针，作为一种非市场型的替代方针。

4.1.13　《联合国气候变化框架公约》第十八次缔约方会议

2012 年 11 月 26 日，《联合国气候变化框架公约》第十八次缔约方会议(COP18)暨《京都议定书》第 8 次缔约方会议(MOP8)在卡塔尔多哈开幕。这是联合国气候变化会议第一次在海湾地区举行。由于 2012 年是《京都议定书》第一承诺期结束、讨论 2020 年后应对气候变化措施的"德班平台"开启的关键时间节点，各方希望多哈气候大会能在国际社会应对气候变化进程中发挥承前启后的作用。会议完成了以下的主要任务：具体贯彻《德班平台》在 2015 年以前完成 2020 年后新的气候变化公约的制定工作；商讨制订减排新框架的具体日程；通过《京都议定书》修正案；停止长期合作特设工作组运作；启动"德班平台"具体讨论；提交绿色气候基金初步运作报告(王琳飞等，2010)。

决议中 1/CP.18 中确定落实巴黎行动中的谈判议题，并强调国家和国际行动对减缓气候变化的重要作用，提出减少发展中国家缔约方毁林和森林退化所致排放量有关问题的政策方针和积极激励办法，强调发展中国家森林养护、可持续森林管理及加强森林储存的作用。以上有关林业议题的具体内容如下：

(1)要求联合主席在秘书处的协助下，协调下属机构共同完成项目的科技工作，为减少森林退化和毁林带来的排放量提供技术指导，强调发展中国家森林保护与可持续发展和固碳的重要性。

(2)要求科技部门隶属机构在第 38 次报告会上构想对林业可持续发展提供联合减缓和适应的市场机制办法，并且在缔约方 19 次会议中提交报告。

(3)要求科技部门隶属机构在第 38 次会议上开始致力于无碳效益的方法学，并且在缔约方 19 次会议中做报告。

4.2 《联合国气候变化框架公约》中 REDD + 议题的相关规定的潜在影响

4.2.1 REDD + 议题的谈判进展及发展趋势

自 IPCC 第四次评估报告阐明了减少发展中国家毁林和森林退化引起的碳排放、加强森林的可持续管理、保护和提高森林碳储量等活动（REDD +）在气候、生物多样性和社区等方面的多重效益以来，REDD + 活动在减缓气候变化、保护生物多样性和缓解贫困方面的作用已引起了国际社会的普遍关注。《联合国气候变化框架公约》（UNFCCC）、《生物多样性公约》（CBD）等国际环境公约已将 REDD + 活动作为一种有效的环境保护国际合作机制纳入了公约的谈判议程。由于国际环境公约的产生和发展与世界工业的发展、全球经济形势以及人类的资源和环境意识密切相关，在环境问题已从科学共识转变成政治博弈的今天，UNFCCC 和 CBD 历次缔约方会议谈判的议题和达成的协议也随全球社会、经济形势而发生了相应的变化。作为 UNFCCC 和 CBD 的缔约国，在履约进程中所采取的国家履约策略和谈判参与战略，充分体现了国家在履约、维护国家主权和争夺发展空间等方面的能力。密切跟踪 UNFCCC 和 CBD 谈判进程，了解最新的谈判进展以及未来的谈判走向是正确解读相关条款，制定适合我国国情的履约策略，提高我国的履约能力的前提，也是参与谈判的过程中，我国从被动应对到主动提案的工作基础。

4.2.1.1 REDD + 议题的谈判进展

（1）UNFCCC 中 REDD + 议题的谈判进程。自 UNFCCC 第十三次缔约方会议（COP13）将"制定与减少发展中国家毁林和森林退化引起的碳排放有关的政策方针和激励办法以及提高发展中国家森林保护、可持续森林管理和加强森林碳储存的作用"作为减缓气候变化的国际或国家行动纳入《巴厘行动计划》以来，REDD + 的谈判议题已随谈判进程从 REDD + 机制的范围、实施的规模以及资金机制等全球性问题逐渐向参考排放水平、方法学、毁林驱动力以及环境和社会安全等国家和项目水平转移。

历经 5 年的谈判磋商，各缔约方在 REDD + 的活动范围、实施规模、提供技术和资金支持以及分阶段实施的内容等方面均已达成共识，在《哥本哈根协议》中提出了"减少发展中国家毁林和森林退化引起的碳排放，保护森林和可持续管理森林以及提高森林碳储量的方法学指导意见"；在《坎昆协议》中明确了鼓励发展中国家缔约方实施的五种 REDD + 活动类型（减少毁林、减少森林退化、保护森林、可持续管理森林以及提高森林碳储量）以及分阶段实施这些活动的步骤和相关的保障措施，同时提出了制定国家战略或行动计划、参考水平以及国家森林监测制度的建议；在《德班一揽子协议》中明确了实施 REDD + 活动的国家可以选择包括公共部门、私人部门以及市场在内的融资渠道，提出了处理和遵守第1/CP. 16号决定中提到的为保障措施提供信息系统的指导意见和与森林参考排放水平相关的模式。

围绕德班会议(COP17)的相关决定，2012 年期间，UNFCCC 各缔约方就发达国家如何为发展中国家开展 REDD + 行动提供长期、可持续的资金支持以及如何通过在发展中国家建立森林监测体系，来测量、报告和核查开展 REDD + 行动的效果等资金和方法学方面的问题进行了多次磋商。由于 COP17 中，REDD + 行动的融资及方法学等技术问题仍未解决，2012 年 11 月 26 日至 12 月 7 日在多哈召开的 COP18 上，各缔约方决定将在 2013 年执行一项基于 REDD + 的行动效果进行融资的工作方案。执行该方案的主要目的是利用从公约快速资金项目和其他进程中获得的经验，采用第 2/COP17 决定中所提到的基于市场和非市场机制的方法来扩大和提高支持 REDD + 活动资金的有效性。在 COP18 上各缔约方要求该方案提出对 REDD + 活动的效果进行补偿和鼓励 REDD + 活动非碳效益的方法建议，同时要求 UNFCCC 附属科学技术咨询机构(SB-STA)在其第 38 次会议就如何通过非市场的方法促进 REDD + 活动的实施以及与 REDD + 非碳效益相关的方法学问题进行讨论，并将讨论结果在 2013 年召开的 COP19 上报告。

(2)CBD 中 REDD + 议题的谈判进程。生物多样性在减缓气候变化中的重要作用以及气候变化对生物多样性产生的影响使 UNFCCC 和 CBD 成为密切相关的两个国际环境公约。针对 UNFCCC 中 REDD + 机制的运作模式以及 REDD + 活动的实施规模可能对森林生态系统生物多样性以及土著居民带来的潜在影响，CBD 各缔约方在 2008 年 5 月召开的第九次缔约方会议中，开始对 UNFCCC REDD + 议题的相关条款进行考虑，而且在第 IX/5 号决定中，要求执行秘书鼓励各缔约方与森林合作伙伴(Collaborative Partnership on Forests)成员，特别是世界银行和 UNFCCC 秘书处密切合作，对 REDD 问题进行描述，并提醒缔约方和其他国际组织确保 UNFCCC 中 REDD + 机制的实施不与 CBD 的目标和森林生物多样性工作计划的执行有冲突，同时要支持森林工作计划的执行，为森林生物多样性提供保护效益以及为本地居民带来缓解贫困的效益(CBD，2008)。在 2010 年 10 月召开的 CBD 第 10 次缔约方会议上，各缔约方同意将 CBD 生物多样性与气候变化专家组(AHTEG)在第 IX/16 号决定的基础上草拟的"鼓励实施 REDD + 的缔约方在实施活动的过程中充分考虑 CBD 相关规定的提议"纳入第 X/33 号决定，并在第 X/33 号决定中建议各缔约方加强 REDD + 活动在生物多样性方面的保护效益，避免其对生物多样性产生的负面影响，确保土著居民和当地社区能参与制定和执行相关政策的过程。此外，缔约方会议还要求执行秘书处确定评估指标来评估 REDD + 活动对实现 CBD 目标的贡献以及包括 UNFCCC 在内的潜在机制对生物多样性的影响。在第 X/2 号决定所制定的减少对生物多样性的直接压力（CBD，2010）、促进可持续利用的"生物多样性爱知目标"的战略目标中，与 REDD + 相关的主要内容纳入了第 5、7、11 以及 15 个目标。

在 2012 年 5 月 CBD 科学技术咨询机构第十六次会议（SBSTA 16）上，科学技术咨询机构已经请各缔约方、其他国家政府和有关组织向执行秘书提交针对具体国家的 REDD + 活动生物多样性保障措施的指导意见，供 CBD 第十一次缔约方大会审议。CBD 第十一次缔约方会议已将 UNFCCC 第十六次和十七次缔约方会议决议中与 REDD + 激励机制和方针政策相关的生物多样性保障措施在 CBD 中的应用问题纳入草案决议 XI/19 中（CBD，2012）。

4.2.1.2　目前 REDD + 议题的谈判焦点及主要分歧

从各缔约方、缔约方集团以及国际机构和非政府组织提交给 UNFCCC 秘书处的提案可以看出，关于 REDD + 议题的分歧主要发生在激励机制与政策框架、方法学问题以及 REDD + 的保障措施等方面。随着谈判的进程，各缔约方在激励机制与技术方法的优先顺序、REDD + 活动的范围、资金支持以及实施水平等分歧上已达成基本的共识。由于 REDD + 机制涉及的活动范围、实施规模、资金来源以及计量方法等方面的规定将对发达国家的履约成本、发展中国家的受益潜力、实施项目国家的领土主权以及生物多样性等产生较大的影响，因此，如何获得长期的、可预测 REDD + 行动资金，如何设置森林参考排放水平/森林参考水平，如何建立 REDD + 行动效果的可测量、可报告和可核查（即"三可"，MRV）的体系以及 REDD + 行动非碳效益的激励机制以及核查方法等问题仍是谈判的焦点，各缔约方在这些问题上仍有较大的分歧。

（1）REDD + 的资金机制。在 REDD + 机制资金问题的谈判中，各缔约方一致认为推动和实施 REDD + 机制应该具有新的、额外的资金支持，但在建立确保 REDD + 行动获得可持续的、有效的资金机制的方法上仍分歧较大。小岛国联盟（AOSIS）、巴西、哥伦比亚等国认为发达国家应该提供额外于官方发展援助的资金建立 REDD + 基金，由基金提供实施 REDD + 行动所需要的资金。而澳大利亚、印度以及墨西哥等国认为通过市场机制获得 REDD + 行动的资金将更有助于 REDD + 机制的长远发展。欧盟和图瓦卢等国则认为 REDD + 行动的资金应该采取基金和市场相结合的方式来扩大和落实 REDD + 的规模。中国、加拿大等国的提案中并未明确指明特定的融资机制，仅表示基金和市场可以为 REDD + 活动提供资金。新西兰、挪威和巴拿马都主张在制定国家政策和行动计划、能力建设以及开展示范活动阶段采用基金的融资渠道，在 REDD

＋行动的后期采取市场机制的分阶段的融资渠道方法。

（2）森林排放参考水平/森林参考水平。各缔约方关于 REDD＋行动森林排放参考水平/森林参考水平的分歧主要是参考时期和规模的设置，经过多次的谈判和讨论，COP16 上各缔约方在参考规模上已基本达成共识，认为 REDD＋行动的参考排放水平/参考水平应该采用国家规模来设置，但并未对具体模式做出规定。目前该议题的分歧主要是参考排放水平/参考水平应该采用何种参考时期。印度、巴西和印度尼西亚等国认为应该采用将过去砍伐率作为预测未来表现的依据的历史基准来确定参考时期，而加拿大、欧盟、日本、挪威小岛国联盟、墨西哥等国家和地区认为应该采用通过发展调节因子作为补充的历史调节基准来确定参考时期，澳大利亚和印度尼西亚建议采用对未来进行预测的预计基准来确定参考水平。

（3）REDD＋行动的 MRV。目前该议题谈判焦点主要集中在是否应该按照国际标准来监测、报告及核查发展中国家的 REDD＋活动效果及所导致的社会和环境安全影响。UNFCCC 附件I缔约方与非附件I缔约方在该议题上的最大分歧是：发展中国家认为应该采用国家标准由本国进行监测、报告和核查在发展中国家实施的 REDD＋行动。而发达国家认为应该在 UNFCCC 框架，采用国际标准来独立地核查发展中国家所监测和报告的 REDD＋活动。

（4）REDD＋行动的非碳效益的激励机制。REDD＋行动的保护生物多样性、缓解社区贫困以及恢复和改善生态系统等非碳效益的激励机制和核查方法是 2012 年 UNFCCC 长期行动工作组和 SBSTA 关于 REDD＋谈判的一个新焦点。该议题的主要分歧是实施 REDD＋行动的国家在森林保护、社区以及可持续管理方面所做的努力是否应该获得 REDD＋行动资金的资助以及如何核查 REDD＋行动非碳效益的测量和报告结果。该议题源于喀麦隆、刚果、赤道几内亚等中非森林委员会（COMIFAC）国家 2012 年 5 月提交给长期行动特设工作组的关于"基于结果的行动的融资方式和程序以及第 1/CP. 16 号决定第 68～70 段以及 72 段所提到的活动的考虑"的提案。

（5）REDD＋行动相关问题的保障措施。REDD＋行动中的各种活动类型对生物多样性以及土著居民潜在的负面影响使"如何确保 REDD＋行动与 CBD 和联合国土著居民权利宣言的目标相一致"成为 REDD＋谈判的新焦点。虽然《坎昆协议》（第 1/CP. 16 号决定）提出了建立信息系统以确保涉及生物多样性和土著居民的利益得以保障的规定，《德班一揽子协议》也就建立保障措施信息系统提出了指导意见，但这些规定并未对如何执行所提出的保障措施给出具体的指导意见。如何避免 REDD＋行动可能给生物多样性和当地的土著居民的经济带来的潜在负面影响将是未来谈判的重点。

4.2.1.3　REDD+议题谈判的发展态势

在 UNFCCC 的 COP18 上，缔约方会议制定了 2013 年工作计划，该计划的主要内容包括提高和扩大第 1/CP.16 决定第 70 段和第 2/CP.17 决定第 66 和 67 段中提到的各种活动的资金支持效率、提出激励 REDD+ 行动非碳效益的方法以及相关的方法学、改进以基于行动效果的资金协调机制和开发激励 REDD+ 行动的非市场方法。该计划表明：REDD+ 议题未来的谈判除了继续对森林参考排放水平/森林参考水平和 REDD+ 行动效果的 MRV 等技术问题进行磋商外，谈判重点将集中在如何对发展中国家所获得的资金进行 MRV、如何建立基于市场和非市场机制的激励机制以及促进 REDD+ 行动的非碳效益的方法和手段等方面。REDD+ 行动的非碳效益和非市场的激励机制问题是随着 UNFCCC 和 CBD 谈判的进展出现的新焦点，这些焦点问题的出现说明各缔约方对 REDD+ 议题的关注已从单纯的碳效益向保护生物多样性及缓解贫困的社会效益扩展，关注 REDD+ 行动的多重效益将成为 REDD+ 议题谈判的一个新趋势。

4.2.1.4　我国应对国际公约 REDD+行动要求的对策建议

目前我国还没有任何针对 UNFCCC 涉及的 REDD+ 行动的具体示范项目，应对 UNFCCC 和 CBD 要求的 REDD+ 行动的活动主要集中在参与谈判、研究实施活动的可行性以及战略计划等方面，基于上述谈判的焦点和发展态势，建议我国采取以下对策来应对 UNFCCC 和 CBD 对 REDD+ 行动的要求。

（1）未来 REDD+ 主要议题的谈判对策。在参与 REDD+ 议题的谈判过程中应充分意识到我国拟开展的 REDD+ 行动是减缓行动而不是承诺，而且该类减缓行动必须有发达国家在技术、资金和能力方面的支持。在对我国所开展的 REDD+ 行动进行 "MRV" 的同时，也需要对发达国家所提供的资金、技术和能力建设支持效果进行 "MRV"。目前我国研究和建立与国际接轨的 REDD+ 行动测量、报告和核查体系框架的目的并非是接受附件I国家关于采用国际标准独立核查 REDD+ 行动的要求，而是为了提高我国林业部门编制温室气体清单的能力，促进我国林业增汇减排技术的进步，验证发达国家所提供的资金、技术和能力建设的支持效果的一种措施。建立和实施 REDD+ 行动测量、报告和核查体系不能成为发达国家干涉我国内政和我国自己选择林业减缓行动的借口，更不能成为发达国家在我国林业部门投资并赚取利润的工具。

参考水平是开发 REDD+ 机制方法学的重要前提，谈判中应该进一步明确关于参考排放水平/参考水平的定义。建议采用与联合国粮农组织（FAO）用于评估森林资源的分类中所用的定义方案，来定义森林土地利用的变化，以促进 MRV 的实施以及满足保护天然林碳的目标。各缔约方在谈判过程中应该充分考虑参考水平的技术性特点和 "基线" 的政治性特点以及参考水平所包含的 "森林碳排放的参考水平" 和 "森林碳储量的参考水平"的两方面的含义。

（2）我国 REDD＋战略行动或计划建议。我国的 REDD＋行动应充分考虑到我国在制度以及技术方面的国情，在对我国实施 REDD＋行动的重点和难点进行研究的基础上，合理地区划我国实施 REDD＋行动的区域和选择合适的活动类型，采取分阶段的方法将我国的 REDD＋行动分为以下三个阶段进行：①开发 REDD＋国家战略和行动计划以及能力建设；②实施包括开展示范活动在内的 REDD＋国家战略或行动计划；③建立我国 MRV 体系，对 REDD＋行动的效果进行 MRV。

在制定我国 REDD＋国家战略或行动计划的过程中，应将 UNFCCC 减缓气候变化的目标和 CBD"2011～2020 年生物多样性战略"中与 REDD＋行动相关的目标（即第 5、7、11 和 15 个目标）相结合，确保我国实施的 REDD＋行动不仅能产生减缓气候变化的碳效益，还将提供保护生物多样性和缓解社区贫困的多重效益。

4.2.2　与 REDD＋相关的规定对生物多样性保护的潜在影响

随着 UNFCCC 谈判进程中 REDD＋议题谈判内容的不断发展，作为能充分发挥生物多样性、气候和社区多重效益的 REDD＋机制已经成为协调履行《生物多样性公约》（CBD）和 UNFCCC 的重要路径选择。

然而，UNFCCC 下的 REDD＋机制涉及避免毁林和森林退化、可持续森林管理、森林保护以及造林等多种活动，不同的活动类型、实施活动的地理位置、执行活动的方式以及激励机制将对活动所在区域的生物多样性产生不同的影响。REDD＋活动对生物多样性影响的这种多重性使 CBD 各缔约方在"生物多样性和气候变化"议题的谈判中"关于 REDD＋活动的生物多样性保障措施"的讨论产生了较大的分歧。在 2012 年 5 月 5 日结束的《生物多样性公约》科学技术咨询机构第十六次会议（SBSTA 16）上，科学技术咨询机构已请各缔约方、其他国家政府和有关组织向执行秘书提交针对具体国家的 REDD＋活动的生物多样性保障措施的指导意见，供 CBD 第 11 次缔约方大会审议。CBD 第 11 次缔约方会议已将 UNFCCC 第 16 次和 17 次缔约方会议决议中 REDD＋激励机制和方针政策所涉及的生物多样性保障措施在 CBD 中的应用问题纳入了草案决议（XI/19）中。

为更好地履行 UNFCCC 和 CBD 等国际公约，充分发挥 REDD＋机制在生物多样性保护、减缓气候变化以及缓解社区贫困等方面的多重效益的发挥，减少和避免 REDD＋活动可能给生物多样性保护带来负面影响，通过分析 REDD＋活动对生物多样性的潜在影响，提出了减少 REDD＋活动对生物多样性负面影响的措施以及国家生物多样性保障措施建议，以期对编写我国 REDD＋活动的生物多样性保障措施指导意见有所裨益。

4.2.2.1 《联合国气候变化框架公约》和《生物多样性公约》中涉及 REDD + 和生物多样性的主要规定

（1）UNFCCC 关于 REDD + 对生物多样性影响的主要规定。为了避免实施 REDD + 活动对活动所在地区的生物多样性及社区带来负面的影响，2010 年在波恩召开的 UN-FCCC 长期合作行动特设工作组（AWG-LCA）第 10 次会议的工作报告中，鼓励发展中国家开展的 REDD + 活动限定在减少毁林引起的碳排放、减少森林退化引起的碳排放、保护森林碳库、可持续管理森林碳库、增加森林碳库等活动，并制定了以下确保 REDD + 活动能充分发挥气候、社区和生物多样性效益的相关条款（UNFCCC，2011b）：

①与天然林和生物多样性保护目标相一致。例如，活动不能导致天然林转变为其他土地利用。在保护天然林及其生态系统的服务功能的同时，能改善其他社会和环境效益。

②有助于国家林业部门开展减缓气候变化的行动，履行相关的国际公约。

③对所涉及的森林进行透明、有效的管理，并考虑国家的主权和相关的立法。

④尊重土著和当地社区居民的文化和权力。

⑤有利益相关者（特别是土著居民）的充分参与。

⑥描述活动可能导致碳逆转的风险，减少活动引起的碳泄漏。

UNFCCC 第 16 次缔约方会议（COP16）正式将以上工作报告的成果纳入了会议的第 1 号决定（第 1/CP. 16）的第 III 部分"加强减缓行动"C 条款"关于 REDD + 问题的激励机制和方针政策"下。

（2）CBD 关于 REDD + 对生物多样性影响的主要规定。基于 UNFCCC 的第 1/CP. 16、2/CP. 17 以及 12/CP. 17 决定中关于在发展中国家实施 REDD + 活动的相关规定可能对生物多样性产生的潜在影响，2012 年 10 月在印度召开的 CBD 第 11 次缔约方会议的决议草案涉及了以下主要内容（CBD，2012）：

①对 UNFCCC 中能确保生物多样性安全的 REDD + 活动进行支持，确保这些活动长期性和可靠性。

②根据 UNFCCC 中关于 REDD + 生物多样性安全的规定，对下列可能给生物多样性带来潜在负面影响的 REDD + 活动给予考虑：

（a）把天然林转变为人工林以及可能降低生物多样性价值和生态恢复能力的其他土地利用方式；

（b）对碳储量较低但生物多样性价值较高的退化森林进行取代的活动；

（c）可能对除森林以外的其他生物多样性丰富的生态系统带来压力的活动；

(d)在生物多样性丰富的地区进行造林的活动；

(e)限制本地和土著居民对自然资源的利用以及使他们丧失对其所拥有的土地的自主权的活动；

(f)导致传统生态知识丧失的活动。

③提高发展中国家描述和尊重生物多样性安全的能力，使他们在准备 REDD + 活动的不同阶段，将生物多样性安全纳入相关的战略和实施计划中。

④发展中国家缔约方应该根据其获得可预见的资金和技术支持的可能性，在计划和实施 REDD + 活动时，尽可能早地开展促进和支持生物多样性安全的活动。

⑤在实施 REDD + 活动的过程中，发展中国家缔约方除了考虑生物多样性安全外，还应该考虑 REDD + 活动带来的包括生物多样性和本地居民在内的多重效益。

⑥每个缔约方在规划实施 REDD + 活动的区域时，应根据其国家主权、环境、能力以及法律规定促进 UNFCCC 生物多样性安全措施的应用，特别是在实施以增加森林面积为目的的活动时，应充分考虑森林的多种功能。

⑦实施 REDD + 活动的发展中国家缔约方在制定 UNFCCC REDD + 活动的战略规划和行动计划过程中，应该充分利用本国现有的关于生物多样性的政策、法律、规定以及所取得的经验，进一步将其中生物多样性安全问题与国家 REDD + 战略和规划进行整合。

⑧国家 REDD + 战略或行动计划的制定可以借鉴执行 CBD 缔约方会议的相关决定获得的经验。这些决定包括"2011～2020 年生物多样性战略计划""生物多样性爱知目标""生物多样性影响评估指南"等。

⑨采用 CBD 第 11 次缔约方会议草案决议中提到的生态系统的方法以及操作指南（即 V/6 和 VII/11）对取代毁林和退化森林的活动给生物多样性及本地居民带来的潜在的负面影响进行描述。

⑩在执行生物多样性保障措施的过程中，应充分利用来自"联合国 REDD + 合作行动"提出的"社会和环境原则和标准""REDD + 社会和环境标准"以及"森林碳伙伴准备基金战略环境和社会影响评估"等从与森林生物多样性保护和可持续利用相关的倡议、计划和方法中获得的经验。

4.2.2.2　REDD + 活动类型对生物多样性的影响

(1)减少毁林引起的碳排放活动。UNFCCC 将毁林定义为"减少森林覆盖面积，并改变其土地利用方式的活动"。由于森林面积减少和林地利用方式的改变是生物多样性丧失的主要原因(Wood et al.，2000)，实施 REDD + 机制中的减少毁林活动也可能产生保护生物多样性的效益。但减少毁林活动是否能发挥其生物多样性保护效益将取决于毁林的驱动力。发展中国家毁林的驱动力主要是耕地和基础设施建设的需要(Miles et al.，2010)，因此，其减少毁林的活动主要集中在林业和农业两个部门。

由于森林生态系统能提供碳汇、减少洪涝灾害、防治水土流失、净化水源、为动植物及微生物群落提供栖息地等多项服务功能(Stickler et al.，2009)，林业部门实施的封山育林等减少毁林的活动不仅能减少毁林引起的碳排放，还能维持和提高森林生态系统作为生物栖息地等服务功能的发挥，对生物多样性的保护有着极其重要的意义。封山育林等减少毁林的活动对生物多样性的影响主要取决于基线活动(即原来毁林活动)转移导致的泄漏，即由于减少毁林活动的实施导致实施活动边界外的区域碳排放量和生物多样性状况发生改变。如果基线活动是维持当地居民的生存需要，那么实施减少毁林的活动后，原来的毁林活动可能会转移到其他没有实施减少毁林活动的地区，导致其他地区毁林的发生和生物多样性及栖息地的减少和破坏，进而发生活动转移泄漏风险。没有实施 REDD + 机制的生态系统的国家特别可能发生这种泄漏风险(Wu et al.，2006)。

在农业部门实施的减少毁林活动主要是在现有土地上提高农作物产量，或者改善耕作技术，延长土地的生产力，通过减少对土地需求来达到减少毁林的目的。这类活动将对农业景观本身的生物多样性产生影响，影响的结果取决于提高农作物产量和土地生产力的技术，例如，施用化肥和除草剂达到增产目的的活动将会导致农业景观的生物多样性减少。

(2)减少森林退化引起的碳排放活动。由于林木的生物量和林木的含碳率决定了林分的碳储量，而林木含碳率是林木种类决定的，因此减少森林退化导致的碳储量降低或损失的目的可通过增加和维持林木生物量生长的活动来实现。减少森林退化的管理措施和相关的法律法规形式多种多样，不同的形式将对生物多样性带来不同的影响。

通常情况下，增加林木的生物量可以恢复和改善退化森林林分的结构，随着林分结构的恢复和改善，动物、植物及微生物群落的栖息地和可利用资源随之增加。因此，通过增加生物量减少森林碳储量降低或损失的活动能为生物多样性的保护带来积极的影响(UNFCCC，2011a)。但在大多数森林景观中，控制林火在有利于保存森林生物量与保护生物多样性和相关生态系统服务功能的同时，会对一些需要定期燃烧条件和适火生态系统的动植物产生一定程度的负面影响(UNFCCC，2012)。虽然采伐、火灾、森林病虫害以及干旱等极端的天气等因素会导致森林的碳储量降低或发生逆转，但这些影响因素相互作用时，森林退化导致碳储量降低或逆转的风险可能会降低，生物栖息被破坏的风险也将降低(Stickler et al.，2009)。

此外，不同的采伐管理措施和相关的法律法规也可能对生物多样性带来不同的影响。例如，延长林木的轮伐期，虽然减少了销售木材带来的收益，但能增加碳汇和生物多样性效益；实施减少采伐影响的管理措施可以减少连续采伐地区的碳排放，其对气候的影响比传统的采伐方式带来的影响要小得多（Putz et al.，2009）；采伐许可制度可以使碳和生物多样性的价值得到一定程度的保护的同时实现林木的木材的价值。

（3）保护森林碳库的活动。森林碳库的保护通常是通过增加森林保护区的数量、提高森林保护区的管理和支持基于社区的自然资源管理等途径来实现的（Game et al.，2008）。虽然生物多样性的保护与森林碳库的保护目的不同，但森林碳库的保护措施同样能达到生物多样性保护的目的。对天然林的保护进行资金支持可以使目前森林碳储量高，毁林率低的国家的森林保护区和社区管理获得资金的保证，使保护区的当地居民进入保护区获取动植物资源的状况得到控制，从而达到保护生物多样性的目的。但由于给予保护区和社区资金支持没有真正解决毁林的驱动力问题，所以保护森林碳库仅仅是 REDD + 机制的一部分。因为这些国家或地区实施森林保护以后，原来的毁林活动将会转移到其他没有实施 REDD + 机制的国家或地区，使它们的森林将面临被破坏的风险，即产生国际泄漏（Miles et al.，2008），从而导致全球的生物多样性遭到破坏。

（4）可持续的森林管理的活动。在 UNFCCC 长期行动特别工作组（AWG-LCA）关于 REDD + 的草案里，并没有对可持续森林管理作出明确的定义。但根据文本的内容，草案中的可持续森林管理主要是指对商品林的可持续管理，如通过制定合理的轮伐期，来有效地维持森林的碳储量水平。对商品林进行可持续森林管理的措施主要有减少采伐影响、营造生态林、加强采伐运输的管理以及采用森林认证等。这些措施能够减少碳储量的损失，并能提高森林的恢复力。如果这些措施的实施对象是正处于不可持续的采伐状态的森林，则其将有利于生物多样性的保护。然而，如果这些措施的实施对象是具有复杂林层结构和丰富生物多样性的成熟林，则其可能对森林生物多样性产生负面影响。减少采伐影响、营造生态林以及其他商品林可持续管理等技术，要求管理者和工人掌握比常规技术更复杂的技术，以确保这些技术的应用可以给生态系统和生物多样性带来比传统技术更大的效益。REDD + 的资金机制可以给林业部门提供实施可持续管理目标的机会。

（5）增加森林碳储量的活动。增加森林碳储量的活动是人们对 REDD + 机制可能给生物多样性带来负面影响最为关注的活动，主要涉及退化森林的碳储量的恢复或者在荒地上造林。这类活动对生物多样性的影响取决于活动所采用的技术和地点的选取。人们担心 REDD + 机制可能会鼓励用人工林替代天然林，从而给生物多样性带来负面影响。在 AWG-LCA 制定的关于 REDD + 议题的草案中提及增加森林碳储量的活动，但其并没有明确这类活动是包括了造林和再造林活动还是仅指在现有森林中提高碳储量的活动（Brockerhoff，2008）。然而，REDD + 准备基金则假设这类活动主要是指造林和再造林活动（UNFCCC，2010）。

与造林或再造林活动相比，退化天然林的恢复和重建活动更能促进增加森林碳储量的功能与健康生态系统功能的协同发挥。但如果 REDD + 机制仅仅是基于市场的机制，那么增加碳储量的活动强调的是碳的积累，而不是生态系统的其他功能。由于在碳累积的速度方面，选择速生树种的新造林或再造林活动比天然林的恢复更快，因此，基于市场的 REDD + 机制将会导致人们更趋于进行造林或再造林活动。通常情况下，由速生树种组成的人工林种植活动可能会导致原有生态系统生物多样性的损失。为了避免增加碳储量的活动对生物多样性的负面影响，AWG-LCA 制定的关于 REDD + 议题的草案中规定：REDD + 活动不应该导致天然林的直接转变（Brockerhoff，2008）。

如果造林树种是本地种，造林模式采用混交方式，那么造林活动可能对生物多样性带来的负面影响较小，有时甚至可能会带来一些好的效益，因为与天然林林层结构和林分组成越相似的森林生态系统，其生物多样性以及水质将越可能得到改善。此外，如果造林地点选择在天然林地附近，将有助于改善森林景观破碎化的趋势，为天然林中的野生动物提供生物廊道，同时作为缓冲地带缓解当地居民对天然林的影响。

4.2.2.3 《联合国气候变化框架公约》的 REDD + 规定对生物多样性潜在影响的讨论

鉴于 REDD + 活动对生物多样性潜在的影响，各种机构和实施 REDD + 活动的缔约方对如何避免和减少 REDD + 活动对生物多样性的负面影响，充分发挥其多重效益的问题进行了研究。为确保 REDD + 活动在生物多样性安全方面的要求，联合国环境规划署全球保护监测中心（UNEP-WCMC）开发了 REDD + 活动的"社会和环境原则与标准"。

2008 年 9 月，联合国粮农组织（FAO）、联合国环境规划署（UNEP）和联合国开发计划署（UNDP）为了帮助发展中国家更好地准备和实施 UNFCCC 下的 REDD + 活动，获得实施项目的经验和教训，联合启动了"联合国 REDD + 合作行动"（UN-REDD + Programme）。截至 2012 年 7 月，该行动已经向玻利维亚、柬埔寨、刚果、印度尼西亚等 16 个国家提供了 1.176 亿美元，资助其开发国家 REDD + 战略规划和行动计划以及开展 REDD + 示范活动。由于 REDD + 机制对生物多样性的影响取决于 REDD + 的战略规划和活动类型，而 REDD + 战略的制定和 REDD + 活动的设计随各国的自然地理和社会发展状况而不同，因此不同的 REDD + 活动类型及执行方式将会给实施国家的生物多样性保护带来不同的机遇和风险。

目前我国对 REDD＋活动及其对生物多样性影响的研究仅限于对《联合国气候变化框架公约》和《生物多样性公约》中涉及 REDD 活动相关规定的解读，尚未开展任何与履行国际公约直接相关的 REDD＋示范活动及其对生物多样性潜在影响的研究。不同的 REDD＋活动的设计和实施方式，对与之相关的森林生物多样性、当地居民以及生态系统服务功能将产生不同的影响。REDD＋活动对生物多样性影响的程度和利弊取决于活动的范围、位置、活动类型以及解决生物多样性问题的方法。在 REDD＋活动的设计阶段充分考虑其对生物多样性和其他多重效益的积极影响，将可以避免整个行动过程对生物多样性可能带来的负面影响；在执行 REDD＋活动过程中，应采取适当的政策和措施来保护和提高生物多样性，以确保森林生态系统功能的正常发挥。并且，国家政府和当地社区等利益相关者共同协商和进行密切的合作，是确保 REDD＋活动成功实施和帮助人们正确理解生物多样性价值的关键。

在国家尺度上，如果能够向生物多样性保护基金的资助者证明 REDD＋活动对生物多样性的积极影响，则可能在一定程度上有助于 REDD＋活动得到生物多样性保护基金的补充。因此，识别生物多样性的潜在价值以及 REDD＋各类活动对生物多样性的价值可能使其对国家和林区居民的价值最大化。但是，根据有利于生物多样性保护的 REDD＋活动的分析，生物多样性保护基金最有可能支持的 REDD＋活动可能是对一些碳储量较低的林分的保护，而不是碳积累较多的活动。尽管目前还不能对 REDD＋活动对生物多样性的影响及其对环境变化的响应进行充分的了解，但如果 REDD＋活动能有效地减缓气候变化，就应该在通过监测和管理 REDD＋活动，减少其对生物多样性的负面影响的同时，积极地推进 REDD＋活动的实施。

4.2.2.4　我国 REDD＋活动的生物多样性保障措施

在 REDD＋项目设计和实施过程中，国家的决策将对生物多样性产生较大的影响。为确保我国实施的 REDD＋活动有利于生物多样性的保护，建议我国可采取以下 REDD＋活动的生物多样性保障措施：

（1）在国家 REDD＋战略决策中，明确生物多样性的保护目标。

（2）在制定解决森林碳排放问题的国家方案时，将评估其对生物多样性影响作为交叉部门政策分析的一部分给予考虑。

（3）设立主管机构，并明确各机构对实施生物多样性保护目标的责任，以及满足实现生物多样性目标的能力建设的需求。

（4）在制定 REDD＋活动的决策时，充分考虑依赖生物多样性和森林生态系统服务功能生存的利益相关者切身利益。

（5）选择 REDD＋活动类型和实施方法时，应先进行试验和试点，分析其对生物多样性的影响。

（6）制定成本有效的监测体系，以确保对实现目标的过程进行评估。

（7）制定适当、科学的管理计划，以避免 REDD＋活动导致生物多样性下降。

第5章 应对气候变化的林业活动

5.1 国际 CDM 林业碳汇项目实践

5.1.1 CDM 林业碳汇项目的背景

气候作为人类赖以生存的自然环境的一个重要组成部分，它的任何变化都会对自然生态系统以及社会经济系统产生影响。全球气候变化的影响是全方位的、多尺度的和多层次的，因为不利影响会危及人类社会未来的生存与发展，所以它的负面影响更受关注。全球气候正经历以变暖为主要特征的显著变化，气候变暖对许多地区的自然生态系统已经产生了明显影响。气候变暖对国民经济的影响以负面为主，已知的影响主要包括扰动农业生产的稳定性、导致淡水质量下降、增加了脆弱物种灭绝的风险、冰川萎缩及海平面上升。如果温室气体的浓度进一步上升并超过某一阈值，将有可能引致大规模和不可逆转的地球生态系统变化，会带来难以可靠量化的风险。由此可见，控制温室气体排放，设法降低温室气体在大气中的浓度是人类生存和发展的迫切生态要求。

世界各国均意识到了全球气候变暖的严重后果并相应采取了措施促进减排温室气体和增加碳汇。为减缓全球气候变化，保护人类生存环境，1992 年 5 月 9 日，联合国通过了《联合国气候变化框架公约》，此后，1997 年 12 月在日本京都又通过了《〈联合国气候变化框架公约〉京都议定书》，为发达国家规定了有法律约束力的量化限排指标，并开始采取减排温室气体并增加碳汇的实际行动。到 2004 年 5 月 24 日，共有 189 个国家和欧盟成为联合国气候变化框架公约的缔约方。缔约方分为附件 I 国家(主要为工业化国家)和非附件 I 国家两类。公约的目标是将大气中温室气体的浓度稳定在安全的水平上。随着《京都议定书》正式生效，根据规定和要求，附件 I 缔约方在 2008~2012 年承诺期间内，其 CO_2、甲烷等 6 种温室气体排放量(以增温效应计的 CO_2 当量)，要求比 1990 年排放水平至少减少 5%。但是发达国家的减排增汇成本较高，为了缓解附件 I 国家减排的压力，促进减排目标的实现，《京都议定书》第 6、12、17 条分别确定了"联合履约(JI)""清洁发展机制(CDM)"和"排放贸易(ET)"三种境外减排的灵活机制，使发达国家可以以较低的成本通过三种机制在境外取得减排的抵消额。JI 和 ET 只能在附件 I 缔约方之间进行，而 CDM 可以在附件 I 国家和非附件 I 国家间进行。

CDM 分为减排项目和汇项目，减排项目是有益于减少温室气体排放的项目，主要在工业、能源部门，通过提高能源利用效率，采用替代性或可更新性能源来减少温室气体排放。汇项目指通过土地利用、土地利用变化和林业(LULUCF)项目活动增加陆地碳储量的项目，如造林再造林、森林管理、植被恢复等。CDM 中的"造林再造林"项目，其合作形式是由工业化国家提供资金，在《京都议定书》缔约的发展中国家的无林地上造林或再造林；森林生长把大气中的 CO_2 固定下来，碳的总量经过核证，由出资的发达国家支配这部分碳的所有权或用来抵消其本应在本国通过其他手段降低的碳排放。也就是说，发展中国家林业可以通过造林"生产"非木材形态的产品"碳"，发达国家购买温室气体排放"权"（王笑非等，2006）。

5.1.2 国外 CDM 林业碳汇项目

目前全球有 45 个林业碳汇项目在 CDM 执行理事会注册，这些项目每年预计可以吸收 161 万 t CO_2。以下介绍目前具有一定代表性的 CDM 林业碳汇项目。

(1) 摩尔多瓦水土保持项目。由摩尔多瓦国家林业局和荷兰世界银行合作开发的摩尔多瓦水土保持项目，其资金来源于生物碳基金(BioCF)和原型碳基金(PCF)。该项目由 2002 年 10 月 1 日开始实施，碳信用计入期为 20 年，可更新两次。本项目采用了通过造林和再造林实现退化土地恢复的方法学(AR-AM0002)，选择的造林树种为夏栎 Quercus robur、银白杨 Populus alba、钻天杨 Populus nigra var. italica、柳树 Salix sp.、槐树 Robinia sp. 等树种，项目旨在实现恢复退化土地的生产力、提高林产品对当地供应和减少温室气体排放量的多重目标，实现 CO_2 年减排量达 17.9 万 t，项目成本约为 3.44 美元。

(2) 巴西圣保罗州的造林再造林项目。巴西圣保罗发电与配送公司于 2000 年 10 月 15 日在南美洲的巴西南岸，圣保罗和米纳斯吉拉斯州开始进行造林再造林项目，项目计入期为 30 年，不可更新。项目面积约 2001.2hm²。其他项目参与方包括加拿大政府、加拿大外交部及国际贸易部门、法国艾柯卡公司、意大利环境土地和海洋部门、日本出光兴产株式会社、日本钢铁联合会(JISF)、日本石油勘探有限公司(JAPEX)、冲绳电力有限公司、住友化学、住友联合电力有限公司、三得利控股有限公司、东京电力公司、西班牙农业部、食品部、环境部、卢森堡可持续发展和基础设施部。该项目基金来源于生物碳基金(BioCF)，采用了非托管草原储备/保护区的造林和再造林项目活动的方法学(AR-AM0010 第 4 版本)，选择 Guapuruvu(裂瓣苏木)为主要造林树种。项目旨在恢复水电站周边河岸林的结构功能和生态服务系统，提高退化河岸地区的生物多样性，帮助创建河流与生态的衔接，加强了河岸的森林碳存量，改善了水库水补给和水土流失，防止和改善圣保罗的土地退化。项目将重点放在水库周边居民居住环境、就业和休闲场所的改善上，实现 CO_2 年减排量 15.77 万 t。项目成本约为 3.1 万美元。

(3) 阿根廷圣多明戈牧场的再造林项目。该项目由阿根廷华诺股份有限公司、瑞士华诺制药公司参与，项目自 2002 年 5 月 7 日起实施，至 2027 年 5 月截止。项目采用为工业或商业目的开展的造林再造林项目(AR-AM0005 第 3 版本)的方法学，采用本地种和外来种固碳，生产高价值林产品，主要的本地物种是巴西盾柱木 *Peltophorum dubium*、风铃木属 *Tabebuia*，银桦、湿地松、火炬松属于外来物种。树木种植从 2007 年 6 月持续到 2009 年，在 2009～2012 年林场进行了密集的种植，项目面积达 2290.26hm^2，在阿根廷北部林场培养本地物种有益于改善本地环境和提高社会效益。项目实现 CO_2 年减排量 6.6 万 t，项目成本为 1.17 万美元。

(4) 哥伦比亚大草原加勒比地区退化或正在退化的土地的再造林项目。该项目由哥伦比亚国际农业中心和加拿大国际复兴开发银行通过生物碳基金(BioCarbon)资助，在加拿大外交及国际贸易部的共同参与下，于 2008 年 6 月 18 日至 2028 年 6 月 17 日在加勒比海域哥伦比亚退化草原上实施退化或正在退化的土地的再造林项目，分布于 6 个市，包括瓦伦西亚、圣安德烈斯、蒙泰尔、阿巴诺·波多黎各、Chinu 和 Chima。采用适应林牧复合生长退化土地的造林再造林方法学(AR-AM0009 第 4 版本)，引种橡胶树、用材树种、灌木等树种，通过造林或再造林绿化分布在 6 个市的 2194.8hm^2 土地，实现 CO_2 年减排量 5.12 万 t，项目成本为 8739.0 美元。

(5) MPLT 公司在印度退化土地上的再造林活动。项目于 2011 年 8 月 1 日注册，由印度 M/s Mangalam 木材制品有限公司在安德拉邦和巴斯塔等七个区域实施退化土地上的再造林活动，于 2001 年 6 月 25 日开始，截至 2031 年 6 月 30 日。项目面积达到 2409.57hm^2，共计成本 2.79 万美元。

当地农户拥有大面积的退化土地可用于再造林，但由于缺乏足够的资金和技术支持，没有能力进行种植活动，MPLT 公司有意以木材市场价格收购木材，增加农村人口的额外收入。在公司帮助下，农民增加了收入，也帮助恢复荒地的生态环境。项目通过采用退化土地上的再造林的方法学(AR-ACM0001 第 4 版本)，固定了退化土地上的碳储存量，并实现 CO_2 年减排量 14.7 万 t。

（6）巴基帕里的再造林活动。该项目由印度 M/s 农业发展和培训协会（ADATS）实施，由 2008 年 1 月 25 日起实施，至 2028 年 1 月 24 日截止。本项目在印度南部引种桉树等树种，采用了农业用地上的造林再造林（AR-AM0004 第 4 版）的方法学，由于该地区缺乏水资源，土质较差，其退化程度严重，所以这些退化土地目前是不可耕种或者几乎不能种植的，但农民依旧需要通过耕种来维持生计。其中季节条件的变化对耕种有重要影响，周期性的干旱使退化土地不易耕作。植树造林活动通过林产品使农民获益，其中最重要经济来源是碳信用的收入。碳信用成了长期的收入来源，创建了一个森林覆盖广泛的持久区域。通过造林活动，也给当地的小气候带来了一定的改善，增加了生物多样性，并实现 CO_2 年减排量 9.2 万 t，项目成本共计 1.69 万美元。

5.1.3　中国林业碳汇项目实践

目前我国在联合国 UNFCCC 网站上注册的 CDM 造林再造林项目共有 5 个，其中广西珠江流域治理再造林项目为我国也是世界首个成功注册的 CDM 再造林项目，为开展 CDM 造林再造林项目提供了很多经验。

5.1.3.1　中国 CDM 造林再造林项目

5.1.3.1.1　广西珠江流域治理再造林项目

2006 年世界银行、广西壮族自治区林业局在广西环江毛南族自治县和苍梧县合作开发了全球第一个 CDM 林业碳汇项目。该项目旨在通过在珠江流域地区的再造林活动，探索和示范与 CDM 再造林碳汇项目有关的技术和方法，并促进当地农民增收、保护当地生物多样性和生态环境。本项目将通过再造林吸收二氧化碳，出售碳汇以及木材和其他非木质林产品受益，增加当地农民和社区的收入。同时，在该地区恢复森林植被，吸收固定二氧化碳的同时，还将在生物多样性保护、水土保持、扶贫方面发挥重要作用。具体的目标包括：

（1）通过在小流域的森林恢复活动吸收 CO_2，并对再造林活动产生的高质量的、可测定的、可监测的和可核查的温室气体汇清除进行试验和示范。

（2）通过提高周边森林和自然保护区之间的连通性，增强生物多样性保护。

（3）控制水土流失，改善当地生态环境。

（4）通过再造林吸收 CO_2，出售碳汇以及木材和其他非木质林产品（松脂）受益，增加当地农民和社区的收入。

在广西壮族自治区苍梧县的 4 个乡（镇）、13 个村和环江毛南族自治县的 6 个乡（镇）的 14 个村营造 4000hm^2 多功能人工林，其中在环江毛南族自治县营造 2000hm^2

（830hm² 邻近木论国家级自然保护区和九万山国家级自然保护区，1170hm² 位于两个保护区之间），树种和模式包括 1050hm² 马尾松＋枫香混交林、450hm² 杉木＋马尾松混交林、600hm² 荷木＋马尾松混交林和 500hm² 桉树纯林。结合当地农民的意愿，采用下列经营形式来确保管理措施统一、所造林分生长均一、监测分析工作切实有效，减少计入期内的自然灾害风险。

（1）农户个体造林：当地农民自己筹措资金，承包当地村民小组集体拥有经营权的土地，开展再造林活动；林产品和碳汇的销售收入全部归农民和提供土地的村民小组集体所有，双方通过协议约定受益分配比例。该形式全部在苍梧县实施，建设规模50.5hm²，受益农户 35 户，土地承包经营权全部为村民小组集体所有。

（2）农户小组造林：多个农民自愿组合，筹措资金，承包当地村民小组集体拥有经营权的土地，开展再造林活动；林产品和核证减排量（Certification Emission Reduction，CER）的销售收入全部归农户小组和提供土地的村民小组集体所有，双方通过协议约定收益分配比例。该种经营形式建设规模 386.6hm²，受益农户 150 户，土地承包经营权全部为村民小组集体所有。其中环江县 224.4hm²，受益农户 45 户；苍梧159.2hm²，受益农户 105 户。

（3）农民/村集体与林场/公司股份合作造林：农民/村集体提供土地，林场/公司投资造林并提供技术、管理林分并承担自然和投资风险。农民/村集体和林场/公司之间通过协议明确营造林和管理责任、投入和受益分成。林场/公司将优先雇佣当地农户参与整地、造林和管护等活动，并支付农民的劳务投入以确保其短期的经济收入。该种经营形式规模 3565.9hm²，受益农户 4815 户，其中土地承包经营权为村民小组集体所有的 2467.5hm²，土地承包经营权为农户所有的 1098.4hm²。

在农户个体造林和农户小组造林两种经营形式中，当地林业主管部门负责造林设计和其他技术服务（包括培训），并指导项目实施，确保造林质量并减少经营风险。农户或农户小组授权公司进行项目申报、CER 销售谈判、签订购买协议并销售 CER。

该项目在 30 年的计入期内的总成本费用为 2270 万美元，其中建设期投资 302 万美元，运营管理期生产成本 1968 万美元。资金筹措主要有以下四个渠道：

（1）113 万美元来自地方商业银行长期贷款（企业主要通过林木资产抵押申请地方商业银行贷款），占总成本费用的 5%。

（2）113 万美元由广西壮族自治区的政府财政配套，占总成本费用的 5%。

（3）470 万美元由参与项目的当地农民和林场/公司筹措，主要来自林场/公司的股本、现有和未来销售木材、松脂和其他林产品获取的收入以及农民的劳务折抵，占总成本费用的 20.7%。

(4)1574 万美元(主要是经营期的采收和木材运输流动资金),拟申请当地银行和短期贷款,占总成本费用的 69.3%。

该项目在 2006～2036 年的 30 年的固定计入其内项目累计将产生 77 万余 tCO_2e(CO_2 当量 carbon dioxide equivalent)的人为净温室气体汇清除量,年均 $25795tCO_2e$。如果按未来承诺期均为 5 年计算,累计将产生 331 万余吨减排量,其中 2012 年可达 34 万余吨减排量。此外,还有以下社会效益:

(1)增加收入:大约 5000 个农户的 20000 个当地农民将受益于该项目。总收入预计达到 2110 万美元,包括大约 1560 万美元的就业收入、350 万美元的木材和非木林产品的销售收入、200 万美元的 CER 销售收入。与 2004 年相比,年人均纯收入将增加 34 美元增长 23.8%。在环江毛南族自治县,CDM 项目活动的实施对当地少数民族增加收入的意义更为显著,与 2004 年之前相比,年人均纯收入将增加 200%。苍梧县人口稠密,当地农民增加的收益会相对较少。

(2)创造就业:该 CDM 项目活动将创造 500 万个临时就业机会,主要是栽植、除草、采伐和松脂收割提供的劳动机会。项目计入期内还将提供 40 个长期工作岗位。大多的就业机会将由参加该项目活动的当地农民获得,也有其他农民(土地不在项目边界内)。环江县的项目区主要是少数民族,所有就业机会都提供给了当地少数民族群体。

(3)促进粮食稳产:该项目可改善当地环境,减少水土流失,调节水文循环,从而降低旱、涝灾害和病虫害等自然灾害引起的农业损失。

(4)提高社会凝聚力:单个农户和村往往势单力薄,信息缺乏,无法自行管理从投资、生产到市场的一体化过程。特别是对于木材和非木质产品来讲,其生产周期要比粮食生产长的多。缺乏组织也使他们难以克服技术障碍。该项目要求个体农户、社区、公司和政府之间密切协助,这将对未来的社会经济活动中加强沟通和网络建设起到作用,特别是少数民族和妇女。

(5)技术培训示范:与当地社区的访谈表明,当地农民常常得不到高质量的种子,缺乏生产优质苗木的技能,缺乏森林保护和管理的技术和经验,这些是当地社区在自己的土地上植树造林遇到的重要技术障碍。在本项目中,当地林业部门、公司和林场将为当地社区组织培训,如种子和苗木选择、苗圃管理、整地、再造林模式、林火控制和病虫害综合防治等。

5.1.3.1.2　四川省西北部退化土地的造林再造林

该项目是由保护国际、北京山水自然保护中心、美国大自然保护协会中国部和四川省林业厅合作开发的,项目旨在通过在退化土地上的造林再造林,从大气中吸收

CO_2，减缓气候变化；通过提高保护区周边森林生态系统景观的连通性，加强生物多样性保护；提高长江上游水土保持能力；增加当地社区收入。

该项目位于四川省西北部的北川羌族自治县、理县、茂县、平武县和青川县境内，涉及21个乡(镇)的28个村，共36个地块。包括理县的2个乡(镇)中的5个村、茂县的1个村、青川县10个乡(镇)中的13个村、平武县4个乡(镇)中的4个村、北川县4个乡(镇)中的5个村。项目计划在退化土地上营造人工林2251.8hm^2，包括光皮桦330.5hm^2、红桦62.4hm^2、厚朴156.4hm^2、麻栎294.2hm^2、岷江柏467hm^2、侧柏109hm^2、杉木274hm^2、油松223.3hm^2、马尾松66hm^2、川杨63hm^2、落叶松120.4hm^2、云杉86hm^2。大多数以块状混交方式营造。该项目按"气候、社区、生物多样性(CCB)标准"的要求进行设计，并获得CCB认证，从而使本项目发挥森林的多重效益。

项目经营模式是当地农户和社区提供土地，四川省大渡河造林局投资造林，提供技术支持、项目申报和森林管理，并承担投资风险，作为回报，当地农民或社区将得到70%的木材收入和30%的碳汇收入，并享有全部的非木质林产品收入。

在第一个计入期内，本造林再造林项目的成本约为199万美元，其中89万美元将向当地银行贷款，70万美元为地方政府配套，39万美元为项目参与方自筹。项目预计将在2007~2026年的首个计入期内产生460603tCO_2e的人为净温室气体汇清除量，年均23030tCO_2e。此外，还产生以下的社会效益：

(1)预期环境效益：通过增强森林的连通性，建立或增强保护区之间的廊道，促进基因流，增强野生动物生活力；森林面积的增加有助于加强受威胁物种的保护；为当地社区创造新的收入来源，将有助于减少当地社区在保护区内进行的偷猎、薪柴采集、非法砍伐和非木质林产品采集等活动，从而降低当前保护区管理面临的最大威胁。此外，控制水土流失，调节水文循环，调节当地气候降低干旱和洪涝风险。通过示范和经验交流，促进项目边界外的流域管理和生态系统保护。

(2)预期社会经济效益：3231个农户的12745名农民将从项目中受益，其中包括5384名少数民族。30年间将累计创造收入920万美元，其中610万美元为劳务收入、250万美元为出售木材和非木材林产品收入。年人均净收入将提高24美元，约为2006年水平的10.3%。这些收入对于生活在北川羌族自治县、理县、茂县和青川县部分村庄中的少数民族来说非常重要。北川羌族自治县是中国唯一的羌族自治县，羌族人口占到全县人口的2/3以上。该项目可创造100万人次的短期工作机会，这些工作机会来源于种植、除草、抚育、间伐和砍伐等项目活动。该项目还将在计入期内创造38个长期工作机会。这些劳动力主要来自当地或周边社区和农户。通过当地林业部门和林场的培训，帮助农民解决项目活动中遇到的问题，如苗木选择、苗圃管理、整地、造林再造林模式、防火和病虫害综合治理等。

5.1.3.1.3 广西壮族自治区西北部地区退化土地多重效益再造林项目

该项目是世界银行和广西壮族自治区林业局合作开发的。项目旨在通过在广西隆林各族自治县 13 个乡(镇)的 43 个村和金钟山林场的 2 个分场,田林县 11 个乡(镇)的 22 个村,以及凌云县 2 个乡(镇)3 个村和九江林场的 4 个分场,营造人工林,达到增强生物多样性保护;遏制土地退化,控制水土流失;增加当地社区的收入,促进当地社区可持续发展的目的。

项目于 2008 ~ 2010 年在广西壮族自治区西北部地区的隆林各族自治县、田林县和凌云县的 8671.3hm^2 退化土地上开展再造林活动。其中隆林各族自治县 5748hm^2、田林县 2411.5hm^2、凌云县 511.8hm^2。选用的树种和再造林模式包括马尾松 1185.1hm^2、杉木 863.2hm^2、光皮桦 3112.1hm^2、酸枣 121.4hm^2、马尾松 + 红荷混交林 929hm^2、马尾松 + 枫香混交林 408.7hm^2、桉树 1403.5hm^2 以及秃杉 648.3hm^2。该项目按"气候、社区、生物多样性(CCB)标准"的要求进行设计,并获得 CCB 认证,从而使本项目发挥森林的多重效益。

项目采取公司(林场) + 村集体的合作经营模式,即村集体提供土地,公司/林场投资造林,并提供技术、管理林分及承担自然和投资风险,村集体和公司/林场之间通过协议明确造林管理责任、投入和受益分成。所获得的碳汇收入一部分用于还贷,余下部分用于公司/林场和村集体分成,且村集体从所得部分提取 10% 用于项目村的社区发展;林产品收入按双方约定的比例分成。另外,公司/林场将优先雇佣当地农户参与整地、造林和管护等活动,并支付农民的劳务投入以确保其短期的经济收入。公司负责进行项目申报、CER 销售谈判、签订购买协议并销售 CER。项目预期碳汇效益:在首个计入期(2008 ~ 2027 年)预计月产生 174.6 万 tCO$_2$e 的人为净温室气体汇清除量,年均约 87308tCO$_2$e。

5.1.3.2 中国 CDM 造林再造林项目实践的经验

对广西实施的 CDM 林业碳汇项目的分析表明,该项目的成功有以下几方面的原因:

(1)合理的选址。广西林业碳汇项目建设分布在珠江中、上游的广西苍梧县和环江毛南族自治县,由于该试点区域连续砍伐森林、能源采集和经常性的火烧,大多土地严重退化并遭受严重冲蚀,直接威胁附近农地及下游河川,如果继续下去,土地将进一步退化,土壤冲蚀将会更加严重。而选择在这样的区域进行造林再造林碳汇项目符合碳汇造林项目区域选择的原则,有利于林业碳汇项目的开展,从而取得较大的经济、环境和社会效益。

(2)多元化参与主体。广西项目的实施主体有苍梧县康源林场和富源林场、环江毛南族自治县绿环林业开发有限公司和兴环林业开发有限公司及 18 个农户小组、12 个农户。该项目的实施主体结构从静态上来看，是由多个层次的参与主体构成，他们各自从自己的地位、职能和要求出发，在实施碳汇试点项目的过程中发挥自己的功能和作用；从动态结构来看，各种参与主体之间进行着经常的沟通与互动，政府和林业局是碳汇项目重大政策决议的核心和源头，管理实施的过程则由几个林场、公司和农户小组共同参与。这样多个主体的共同参与，不仅可以使得项目政策实施、政策修正和完善方面与政府组织积极配合，充分发挥各个层次参与主体的优势，提高参与主体特别是农户小组及农户参与的主动性和积极性；此外，还可以形成一个良好的监督体系，不同的实施主体都可以对项目实施过程进行监督，对出现的问题及时发现并进行纠正，避免权力过于集中、政策偏离目标、资金使用不当以及管理不当等问题的出现。

(3)筹资结构多渠道。由于林业碳汇项目的实施周期比较长，所需的资金要有保障，否则会出现资金链断裂影响碳汇项目继续实施，造成较大的损失。广西项目的筹资特点是以政府的配套资金为导向，以地方商业银行的长期贷款及其他地方银行的短期贷款为补充，以招商引资和社会投入作为重要渠道。这种多样化的筹资方式既缓解了资金筹措难、单一机构投资风险大的问题，同时也拓宽了引资的领域，创造了良好的投资环境，有利于保障项目顺利实施。

(4)经营形式多样化。广西项目的形式呈现多样化的局面，主要表现在三个方面：一是造林树种的多样化。在广西项目中，根据试点区域的地理环境及气候条件等因素，树种的选择主要包括马尾松、大叶栎、荷木、枫香、桉树等多个树种。二是造林模式的多样化。在项目中，造林模式包括大叶栎和马尾松混交林、荷木和马尾松混交林、马尾松和枫香混交林、杉木和枫香混交林、桉树纯林五种造林模式。三是经营形式的多样化。主要包括单个农户造林、农户小组造林、农民或村集体与林场合作造林三种形式。这种多样化的经营形式，有利于项目更好地实施。

(5)项目的科学管理。在广西碳汇项目申报初期，生物碳基金造林子项目成立了专家组深入项目所在地开展调查，调查内容包括：收集有关项目区的土地、气候、植被、生物资源、林业和社会经济信息等资料和数据；选择项目造林树种、造林模式及初步的经营形式；了解项目区的社会经济发展状况和规划，以及项目地生物群落和种类的历史和现状以及项目活动对生物物种和群落以及环境的影响等。在项目实施的过程中，中国林业科学研究院提供技术咨询和指导，包括培训、质量控制以及经 CDM 执行理事会批准的小规模造林、再造林活动简化基线方法学和监测方法学的科学应用，按照规范标准程序运作，对项目进行科学的管理，为项目的成功实施提供了保障。

（6）各单位的密切配合。广西碳汇试点项目自身采用的经营方式较符合碳汇实施的现状，有利于该碳汇项目的实施。该项目的经营方式主要包括三种：单个农户造林、农户小组造林、农民或村集体与林场或公司多元合作的造林方式。采用这样的经营方式，个人、社区、林场、当地政府之间形成紧密互动关系，有利于政府、公司、村集体和农民个体在碳汇造林建设过程中相互协作，及时沟通反馈，取得更好的配合，从而保障造林的成功实施。

在研究碳汇问题的过程中，碳汇项目是重要的载体。项目的实施，能真正认识和了解碳汇造林的运行模式，看到项目的效果，了解可能存在的问题，获得进一步推广碳汇活动的宝贵经验（张玲，2010）。但广西造林再造林碳汇项目在实施过程中主要存在以下问题：

（1）政策呆板，不利于项目执行。碳汇管理政策是碳汇管理的核心，对具体的碳汇实施工作起着重要的指导作用，可见政策在项目实施过程中的重要地位。但是如果政策过于呆板，机械执行，缺乏灵活性，那就会影响政策执行的效果。广西造林再造林碳汇项目在申请阶段，通过国际 DOE 审核和 CDM 执行理事会批准后，其地块边界、造林树种及配置、密度及株行距等均不能变动，而在项目具体实施的过程中，会遇到很多相关的问题，由于不能变动而不能正常实施。如之前规划的造林地中有的是石头地、海拔较高的荒山地等存在问题的土地，无法造林，若要变动造林地块，则要请国际 DOE 对新增加的地块进行土地合格性调研和审核；如造林树种及配置或主要造林技术指标变化，则要修改监测计划并报世行生物碳基金管理委员会和 CDM 执行理事会批准后方能按修改后的监测计划进行项目监测。变动、再申请、认证和审核等过程需要花费较长的时间，还不一定能获得批准，从而耽搁了造林时机，影响整个造林再造林项目的进展。关于目前呆板的碳汇申请、核准等政策需得到各方领导者和决策者的重视。

（2）林地产权制度存在问题。新中国成立以来，林地制度随农村土地政策的变化曾几经反复，一直存在着不少的问题，影响我国林业建设的发展。广西是我国南方重要的集体林区，集体林权制度虽经多次变革，但产权不明晰、经营主体不落实、经营机制不灵活、利益分配不合理等问题仍普遍存在，制约了林业的发展。在广西碳汇项目中也存在这些问题：首先，林地上存在产权界定模糊、产权残缺现象、产权变动管理制度不健全的问题。如该项目部分林地有的以前是荒山、退化土地，产权并不明确，在不产生经济效益时，纠纷并不明显，但当该碳汇项目将这些土地划为造林地后，人们看到了利益，对这些林地产权就开始产生纷争。其次，项目中一部分土地是集体共有产权，其林地使用权、收益权模糊，导致不同的利益主体纠纷不断，干群关系恶化，制度的刺激作用消失殆尽，严重影响了项目建设的顺利展开。

（3）缺乏资金与科技的支撑。广西碳汇项目是全球首例清洁发展机制下林业碳汇项目，实施周期长，涉及面广，碳汇项目区所选的造林地大多处于偏远山区，山高坡陡、土层瘠薄、交通不便，给物质运输和造林施工带来了很大的困难，也大大地增加了造林成本。此外，由于没有现成的经验可借鉴，很多东西需要在项目的实施过程中不断摸索，项目初期预算资金不足，2000hm^2 造林预算仅为 1067 万元，而实际支出是1200 万元，到位只有 980 万元（含生物碳、多功能防护林、封山育林）。该试点项目的主要资金来源是当地商业银行的贷款、当地银行的短期贷款、当地政府的配套资金以及一部分由项目参与方自筹，资金筹集面比较窄，使得造林项目后期资金短缺，增加了项目实施难度，影响项目建设进度。

碳汇项目需要专业人员和科学技术的支撑，才能保障项目成功实施。而本项目缺乏相关专业人员和科技的支撑，虽然为开展该项目也进行了一些相关培训、研讨会，但真正懂技术的专业人员较少，对高海拔地区的荒山及退化土地的造林树种选择、栽植技术等比较缺乏，影响造林效果。

（4）申请 CDM 再造林碳汇项目门槛较高。这个项目的第二期现在也正在做 CDM项目的申请。我国一些省份的碳汇林也在申请 CDM 项目。根据国家发改委的规定，政府部门不能作为森林碳汇项目的实施主体，必须由独立的企业来实施。对于实施森林碳汇的企业有着严格规定，主要有两个：一是必须有从事造林和森林经营管理的经验；二是对申请企业的资产及负债水平都有较为严格的要求，能够负担项目所必需的开支（从已实施的项目来看，企业的资产至少在 1000 万以上）。但是，要将碳汇项目在更广范围实施，就需要更多领域的企业来投资或实施项目。就目前的情况来看，有意愿参加森林碳汇项目的企业，要么具备资金，但没有营造林及森林管理的能力；要么有一定的森林经营能力，但企业的资产不足，使得 CDM 造林再造林碳汇项目的实施受到一定的阻碍。因此，较高的进入门槛，阻碍了更多的企业申请并参与到碳汇项目中来，其成功经验并不一定适用于一般碳汇项目的开展。

（5）碳汇项目周期长，风险大，缺乏抵御风险机制。林业碳汇造林项目周期较长，其有两种计入期：一种为 20 年，最多可延长 2 次，每次 20 年，共 60 年；另一种为 30年，在项目执行期间，不可更新。在广西碳汇项目中，马尾松和杉木在计入期内不采伐，对 16～20 年的马尾松林采收松脂。对其他树种，如枫香和荷木 17 年左右，桉树10 年左右，栎树 7 年左右等，总的来看，项目成材、产生效益的周期较长。在项目实施过程中，不可避免地会遭遇到如火灾、病虫害、雨雪冰冻等自然风险和人为破坏、征占用等人为风险。如 2008 年南方雨雪冰冻使项目受害总面积达到 769.6hm²，其中重度受灾 704.7hm²、一般受灾 38.4hm²、轻度受灾 26.5hm²。桉树 366hm²，其中受害严重 312.9hm²、一般 38.4hm²、轻度 14.7hm²；马尾松 + 枫香受害 402.9hm²，其中受害严重 391.1hm²、轻度 11.8hm²，枫香纯林重度受害 0.7hm²。这些不可测风险的发生将会给项目带来重大损失。对这些人为及自然灾害没有建立起一个有效的风险抵御机制。

（6）地方公众参与意识不强，缺乏参与动力。林业碳汇项目在广西乃至全国都是一个较新的项目，需要相关企业和广大农民的积极参与支持。但是在广西碳汇项目中的一些企业和农民并不能积极地参与到碳汇项目中来，或者起初参与后又变卦，比如起初已同意提供林地造林，后又改变主意拒绝参与碳汇项目建设等，使项目实施受阻，影响正常运行，不能按计划完成全部建设任务。在项目实施过程中出现这样的情况主要由于：一是企业、集体和农民参与意识不强。林业碳汇项目属于较新项目，公众缺乏环保意识及碳汇相关知识，对林业碳汇的重要性和对本地及全国带来的效益不了解，从而使得公众缺乏参与热情，不愿意主动积极地参与碳汇项目。二是积极的公众参与是由私人利益驱动的，因此只重视个人目标，忽视公共利益，这就会直接导致了参与项目过程中缺乏合作与妥协。在广西项目实施过程中，公众参与性不强很大部分原因就是因为企业、集体或农民看不到参与碳汇项目给自己带来的直接利益，从而出现参与性不高、中途变卦等现象。三是公众参与碳汇项目的能力不足。一方面由于本地的一些企业、集体、农民整体的知识水平、素质不高，参与项目的方式方法不尽合理，对碳汇相关的法律政策不够了解，欠缺理解沟通心态，盲目从众或一意孤行，对项目的实施造成不便；另一方面，由于林业碳汇项目新、专业技术性强等原因，公众掌握的相关知识和技能非常有限，使得公众参与项目的积极性和可能性受阻。

5.2　自愿林业碳汇项目实践

5.2.1　联合国 REDD + 规划项目实践

2008 年 7 月，联合国环境规划署（UNEP）、联合国发展规划署（UNDP）以及联合国粮食及农业组织（FAO）联合建立了联合国 REDD + 项目，旨在支持把 REDD + 纳入后京都机制的国际对话。截至 2010 年 6 月，已经筹集到 1.12 亿美元，作为 2013 年前的快速启动资金。目前联合国 REDD 项目以两种方式支持了来自亚太地区、非洲和拉丁美洲的 46 个国家：支持联合国 REDD 国际项目的设计和实施；通过一般的分析、方法学、工具、数据和最佳实践开发等方法支持补充国际 REDD + 行动。到 2012 年 7 月，这两个渠道的投资总共达到 117.6 亿美元。联合国 REDD + 项目官方董事会已经批准投资 67.3 亿美元用以支持 16 个伙伴国家的 REDD + 战略实施。以下分别列举了南美洲、亚洲和非洲接受联合国 REDD + 资助的国家：

(1)玻利维亚。玻利维亚有 50% 的领土面积被森林所覆盖，但据估计每年森林损失 330000hm^2。玻利维亚政府已在林业和环境部门如何提高发展战略、计划和规定方面作出努力。联合国 REDD + 国际项目正在协调 FCPF(Forest Carbon Partnership Facility)和德国发展机构在玻利维亚地区支持国家进行 REDD + 准备工作。项目时间为 2010 年 5 月至 2013 年 4 月，预计经费 4.7 亿美元。

(2)柬埔寨。柬埔寨的森林覆盖面积很高，达 10.094 亿 hm^2，占陆地面积的 57%。1990 年，森林覆盖面积达 12.944 亿 hm^2，20 年的时间国家损失了 2.850 亿 hm^2 的森林面积。毁林的主要原因是政府政策和快速的国家发展。大规模发展农业—工业会迅速扩大毁林的速度。

2011 年，柬埔寨接受了联合国 REDD 的全额资助，并准备了 REDD + 战略地图。国家项目旨在高效展开 REDD + 战略，实施战略框架，提高 REDD + 在各个机构的管理能力，设计监管系统。项目时间为 2011 ~2013 年，预算经费 3 亿美元。

(3)赞比亚。赞比亚拥有接近 50 亿 hm^2 的森林面积，但据估计每年毁林率达到 25 万 ~30 万 hm^2。大规模的砍伐引起了政府对 REDD + 行动的支持。REDD + 可以减少排放、促进社会经济发展，赞比亚政府目前正在评估 REDD + 带来的潜在机遇。项目时间为 2010 年 9 月至 2013 年 8 月，预算经费 4.5 亿美元，主要参与方是旅游环境资源部门。

5.2.2 中国自愿林业碳汇项目实践

在《联合国气候变化框架公约》签订之前，森林碳汇交易主要是一些公司为了树立绿色形象，主动出资开展林业碳汇项目，并通过项目产生的碳信用来补偿企业温室气体排放。早期的林业碳汇交易不需要第三方进行核实，也不受法律强制和约束，完全是自愿性质的交易。目前这类项目活动类型涵盖了造林、再造林、森林保护、森林经营管理等方面，拟通过这些项目达到促进社区发展，改善项目所在地的生态环境和保护生物多样性的目的。自愿市场是不用于履行减排义务的碳信用的交易。一些公司、政府、非政府组织和个人自愿购买碳信用补偿其生产、工作、生活中产生的温室气体排放的气候影响。自愿市场由于更具灵活性而对发展中国家有着更大的吸引力。自愿市场的买家既可以购买 CDM 下的核证减排量(CERs)和减排单位(ERUs),也可以购买非 CDM 项目的减排信用。

中国作为发展中国家虽然不承担 CO_2 的减排义务,但随着经济高速发展带来的严重污染,从总量上看,目前中国 CO_2 排放量世界第一,中国将无法置身其外。我国已积极开展相关政策、碳汇理论、碳汇补偿标准等方面的研究,大力发展碳汇试点项目,以期为缓解全球气候变暖做出更大贡献。我国于 2007 年 7 月 20 日在中国绿化基金下设立了绿色碳基金,在基金的资助下,实施了一系列自愿林业碳汇实验项目。

5.2.2.1 中国自愿林业项目

(1)浙江碳汇试点项目。2008 年 11 月 28 日,由中国绿色碳汇基金会、国家林业局气候办和温州市人民政府主办,温州市林业局和苍南县人民政府承办,以发展林业碳汇应对气候变化为主题的"中国绿色碳汇基金会温州专项暨碳汇造林项目"正式启动。该基金的设立,为企业组织团体和个人志愿参加植树造林以及森林经营等活动提供了机遇,从而为增加碳汇应对气候变化搭建了一个平台。苍南县碳汇造林项目是中国绿色碳基金温州专项首个碳汇造林基地,项目将持续开展规模为 $400hm^2$ 的碳汇林造林工作。项目完成之后,预计每年可吸收 $9000tCO_2$(徐凯翔等,2012)。

(2)中日防沙治沙试验林。1999 年辽宁省沈阳市林业局和日本庆应大学开始合作,在康平县营造防风固沙试验林。1999~2005 年,共营造林带长 39km,面积 $538.7hm^2$,造林株数 46.11 万株。项目将《京都议定书》中 CDM 运用于小面积造林所产生的 CO_2 吸收效益进行碳汇交易,所获资金继续在沙漠化地区植树造林,帮助改善当地生态环境、发展农村经济、提高农民生活质量。还能为中日两国之间长期的环境协作提供多种可行的方案。

位于沈阳市康平县沙金乡科尔沁沙地南缘的 $380hm^2$ 的森林,以每吨 5 美元的价格出售了森林 20 年的碳汇功能,售价 10 万美元。自 2002 年起,沈阳市林业局与日本庆应义塾大学按照《京都议定书》下的清洁发展机制小规模造林项目设计要求,在康平县张家窑林场开展清洁发展机制(CDM)碳汇造林项目试点性工作。2008 年 6 月,国际核查组织(DOE)人员对康平县张家窑林场清洁发展机制(CDM)造林项目进行了核查。2008 年 9 月,该项目通过国家发改委国家清洁发展机制项目审核理事会第五十一次会议审核。2009 年 3 月,该项目获得国家发改委国家清洁发展机制小规模造林项目批准函,成为我国第一个清洁发展机制小规模造林项目。随后,日本庆应义塾大学向日本政府提出将康平县张家窑小规模造林项目纳入日本政府认同的清洁发展机制项目的申请。2009 年 12 月,得到日本农林水产部的认可,并在日本农林水产部政府网站上公布。下一步，该项目还要等待联合国清洁发展机制项目理事会审核。在得到该理事会核证后，康平县张家窑小规模造林项目的核证减排量将正式纳入日本政府向国际社会承诺的减排量，康平县张家窑小规模造林项目也将成为国际社会认同的清洁发展机制小规模造林项目。目前，康平县张家窑林场共有 380hm² 杨树防护林。该项目共有 23 块造林地，其中 15 块造林地已于 2003~2009 年实施造林，8 块造林地将于 2010~2012 年期间造林。2003 年以来，已营造 174.35hm² 杨树人工林，其中，2003 年 59.13hm²、2004 年 24.94hm²、2005 年 12.92hm²、2006 年 9.93hm²、2007 年 4.89hm²、2008 年 62.54hm²。另外，196.63hm² 将在 2009~2012 年期间分年度完成造林。预计在 20 年的计入期(2003~2022 年)内，产生 2.3 万 t CO_2 当量的临时核证减排量，年均 0.11 万 t CO_2 当量。从 2003~2023 年，日本庆应义塾大学购买该项目产生的 20769t 碳汇减排量，约值 103845 美元。买方已于 2007 年前分几次预付金额 1350 万日元，约合人民币 100 万元左右。如果在 2023 年合同期结束之前，本项目产生了多于合同量的碳汇减排量，日本庆应义塾大学有优先购买权，价格另议。我方也有权把多于合同量的碳汇减排量卖给其他买主。项目造林地位于科尔沁沙地的南缘，项目区是受荒漠化和土地沙化威胁最严重的地区之一。康平县荒漠化土地面积达 1600km²，占全县总面积的 73.6%。而且科尔沁沙地每年正以 100m 的速度向南推进，康平县荒漠化土地面积每年增加 3.3km²。如果按目前的趋势发展，风蚀和荒漠化将越来越严重。因此，该造林项目有助于缓解当地的荒漠化，进而改善当地的生存环境。由于恶劣的气候和风蚀、荒漠化的影响，张家窑林场职工和周边农民 2006 年家庭年收入仅为 3000 元人民币(相当于 400 美元)左右，该收入水平远低于国家规定的贫困线。为使社会经济效益最大化，项目的造林设计采用了参与式的方法。通过参与式乡村评估(PRA)方法，访问和咨询项目区的林农，了解当地林农的喜好、意愿和所关心的问题，以通过此项目对他们的要求做出回应并改善他们的生计。预计，将有林场的 245 个林农和更多的附近村民从项目中受益。

（3）北京地区林业碳汇项目。2008 年 4 月 4 日，中国绿色碳汇基金会北京市房山区及八达岭碳汇造林项目正式启动。

①中国绿色碳基金北京市房山区碳汇项目

项目位置：北京市房山区青龙湖镇

项目产出：绿化 + 防沙治沙 + 固碳

项目时间：2008 - 01 - 01 至 2027 - 12 - 31

项目预算：1200 万元

方法学：中国绿色碳基金碳汇项目造林技术暂行规定

碳汇总量：6495t

项目资金来源：中国绿色碳基金

项目承担人：北京市林业碳汇工作办公室（北京市园林绿化国际合作项目管理办公室）

项目概述：本项目是中国绿色碳汇基金会支持的首批以积累碳汇为目的的造林项目，也是北京市首个碳汇造林项目。项目区位于房山区青龙湖镇，总体规划营造碳汇林2000亩，待林分生长稳定后，每年将固定二氧化碳约325t。

②北京市八达岭碳汇造林示范项目

项目位置：北京市八达岭林场五七分场

项目产出：绿化＋防沙治沙＋固碳

项目时间：2008－01－01至2027－12－31

项目预算：620万元

方法学：碳汇项目造林技术暂行规定

碳汇总量：3.58万t

项目资金来源：志愿参与碳汇项目、抵消日常碳排放的社会企业、团体和个人

项目承担人：北京市林业碳汇工作办公室（北京市园林绿化国际合作项目管理办公室）

项目概述：该项目是中国绿色碳基金支持下的全国首批个人出资碳汇造林项目，由北京市园林绿化国际合作项目管理办公室承担，八达岭林场负责项目实施，是集科教、科研和生产于一体的多功能碳汇造林示范项目，旨在为在北京山区进行"可计量、可监测、可核查"的森林碳汇生产提供技术示范。项目总体规划营造碳汇林3100亩，林分生长稳定后，年固定二氧化碳约2800t。

（4）湖北武汉江夏区项目。

项目位置：湖北省武汉市江夏区

项目产出：植树造林、固碳减排

项目时间：2008－03－11至2027－03－11

项目预算：一期工程总投资600万元

方法学：碳汇项目造林技术暂行规定

碳汇总量：20年内预计吸收二氧化碳160万t

项目资金来源：中国石油出资300万元，武汉市江夏区政府300万元

项目概述：首批中国绿色碳汇基金会中国石油碳汇项目，在湖北省武汉市率先正式启动。项目计划营造6000亩碳汇林，以吸收固定大气中的二氧化碳，促进当地生态

环境的改善。该项目的启动实施,将为湖北省大力开展以植树造林、应对气候变化以及固碳减排为目标的林业碳汇项目积累经验,带动更多的企业、个人、社会组织参与到植树固碳、绿色减排和保护生态环境的行动中来,在全省起到示范推广作用。

(5)中国绿色碳汇基金会甘肃省庆阳市国营合水林业总场碳汇造林项目。

项目位置:甘肃省庆阳市国营合水林业总场

项目产出:植树造林、固碳减排

项目时间:2008-01-01 至 2027-12-31

项目预算:一期工程总投资600万元

方法学:中国林业碳汇项目造林方法学

碳汇总量:11757t 二氧化碳当量

项目承担人:中国绿色碳汇基金会甘肃省庆阳市国营合水林业总场碳汇造林项目由庆阳市国营合水林业总场组织实施,项目地点位于国营合水林业总场大山门作业区固城营林区。按照适地适树原则,项目选择造林树种为油松、沙棘等乡土树种,造林面积2000亩。经国家林业局调查规划设计院依据国家林业局《碳汇造林检查验收办法(试行)》检查验收合格。

5.2.2.2 中国自愿碳汇项目的实践经验

对北京林业碳汇项目实践的分析表明,这些项目成功的原因主要有以下几个方面:

(1)政府对林业碳汇的高度重视。北京市委、市政府高度重视林业碳汇工作,并以自身行动积极推进其发展。时任市委书记刘淇和市长郭金龙等都非常重视北京的林业生态建设,在调研城市生态环境建设时强调,要认真总结林业建设经验,加快林业碳汇工作步伐;市委书记刘淇、国家林业局局长贾治邦、市长郭金龙等领导非常支持中国绿色碳基金的成立,亲自参与了八达岭碳汇造林项目启动暨中国绿色碳基金北京专项成立仪式,为北京市公众参与林业碳汇和生态环境建设做出了良好的示范;市委常委牛有成和副市长赵凤桐也分别出席了"生态科普暨森林碳汇"大型公交宣传活动启动仪式和"中国绿色碳基金中国石油北京市房山区碳汇项目启动仪式"以及"林业碳汇与生物质能源国际研讨会",有效地推进北京林业碳汇工作的开展。同时,市领导还多次出席林业碳汇发展及生态补偿政策研究工作会议,指导制定以森林碳汇效益为切入点的生态补偿政策,进一步完善山区生态效益促进发展机制,推进生态涵养区的可持续发展;从2010年起,北京市财政每年将拨款4亿元设立"生态效益补贴",积极促进首都城乡一体化发展。市政府及相关领导的广泛关注和大力支持,为北京市林业碳汇的全面发展开创了良好局面。

（2）参与主体专业化。为确保项目建设的顺利进行，相关的北京各级政府及主管部门精心筹备项目的实施工作，国家林业局、北京市园林绿化局以及房山区林业局通过联合协商，专门成立项目领导小组，由市、区林业主管部门组织协调，青龙湖镇建立相应的组织管理机构，成立镇级的专业队伍进行建设和管护，严格按工程进行管理，按设计进行施工，严把整地、苗木、栽植、浇水等各个环节，确保工程建设质量。工程完成后，安排专人负责造林后的浇水、防火、病虫害防治等后期的养护工作，确保项目成果。此外，为建立适宜本地区的碳汇计量与监测方法体系，确保林业碳汇工作规范推进，真正达到可报告、可测量、可核查的国际标准，北京市林业碳汇工作办公室正在组织研究编制北京地区林业碳汇相关技术指南，主要包括《北京地区碳汇造林技术指南》《北京地区碳汇林经营技术指南》与《北京地区森林碳汇计量监测方法指南》等，并充分利用现有固定样地和碳通量监测技术尝试建立本地区的森林碳汇监测网络体系，为今后顺利开展工作提供技术指导和管理咨询。

（3）融资渠道民间化。北京市房山区碳汇造林项目及八达岭林场碳汇造林项目的资金筹集渠道采用的是企业出资及个人捐赠等这样的民间筹资渠道。中国绿色碳基金中国石油北京市房山区碳汇项目是由国家林业局和中国石油天然气集团公司共同发起的中国绿色碳基金支持的首批以积累碳汇为目的的造林项目。中国石油出资 300 万元，与当地共营造 6000 亩碳汇林，项目期限为 20 年。北京市八达岭林场碳汇造林项目是全国第一个民间公众捐资开展的碳汇造林项目，截至 2008 年 3 月，中国绿色碳基金已陆续收到来自我国北京、广州、浙江、江苏、云南、海南以及新加坡等地的社会公众购买林业碳汇的资金 10 多万元人民币，用于北京市八达岭林场开展造林碳汇项目。

北京市房山区及八达岭的碳汇造林项目的筹资方式，进一步拓宽了碳汇造林的资金获取方式，不仅仅局限于政府出资、贷款或某机构投资的方式，这种筹资方式不仅可以缓解资金筹措难的困境，还可以缓解由于政府或者是某一机构单一投资的风险，分散风险，拓宽了引资的领域，优化了投资环境，有利于项目更好更健康地实施。

（4）参与方式多样化。林业碳汇对于大部分人来说，都是较新较陌生的词汇，为了让更多的人了解林业碳汇，更好地开展林业碳汇工作，北京市政府及碳汇管理办公室，通过编制分发林业应对全球气候变化相关的宣传折页和手册，制作科普展板和漫画书，播放公益广告宣传短片，组织媒体采访报道，搭建网络参与平台，召开零碳会议，开展大型宣传活动，为公众提供了诸如购碳汇换车贴以及开通零碳生活网等多种碳汇参与方式。

①购碳汇换车贴。市园林绿化局为了让"参加碳补贴、消除碳足迹"的活动在北京

进一步深入开展，同民航、旅游、商务、文化、公园管理等部门，在机场、商场、公园等人群密集的地点设置碳补贴服务点，并安装林业碳汇宣传屏幕和碳计算器，参与者通过电脑即可完成碳排放计算和碳补贴捐款，为首都市民完成碳排放补贴捐款提供方便。出资 1000 元的机动车车主，还将获得象征消除了该车一年碳排放的绿色碳基金"车贴"。据专家计算，1000 元是北京地区造半亩林地的价格，半亩林地在 20 年之内可吸收的二氧化碳大约就是 5.6t。通过这种方式可以为市民消除碳足迹提供一个良好的途径。这些捐款目前的流向是北京八达岭的碳汇示范林基地等绿色项目。

②开通北京碳汇网及零碳生活网。先后开通的北京碳汇网和零碳生活网，介绍了碳汇的基本知识、日常生活碳排放、碳汇方式、碳中和途径、消除碳足迹等碳汇相关知识，为公众提供了解气候变化与林业碳汇知识、相关的政策、参与碳补偿、消除碳足迹的网络平台；此外，还为公众提供了碳计算器、碳足迹计算器、开通网上捐款等服务项目，为全民参与碳汇项目消除碳足迹提供良好通道（张玲，2010）。

但北京林业碳汇项目仍存在以下问题：

（1）林业碳汇的基础理论薄弱，实施的技术方法研究不足。对于相对较新的林业碳汇概念，国内外的相关研究文献还十分有限，没有一个系统的理论研究，而林业碳汇项目的实施过程是一个非常复杂的过程，由于林业碳汇项目还处于试点阶段，并没有一个统一的有效的研究方法和经营调控标准技术体系来进行指导，这在一定程度上阻碍了林业碳汇项目的有效实施。

（2）森林资源质量不高，碳汇功能较低。据统计，截至 2007 年年底，北京市森林资源总碳储量为 1.1 亿 t，年吸收固定二氧化碳量约 972 万 t、释放氧气约 710 万 t。我国的森林平均碳储量为每公顷 71.5t，而北京森林植被的碳储量仅为每公顷 21t，远远低于全国的平均森林碳储量水平。这就需要各部门进一步加强森林的经营与管理，增强森林生态功能和固碳能力。

（3）森林碳汇与生态效益补偿缺乏有机结合。需进一步对森林碳汇与生态效益补偿的有机结合方面的问题进行研究探讨，以便为碳汇相应政策的出台提供决策依据。由于林业碳汇的实施地一般选择在山区，山区的人们本来生活并不富裕，却因保护生态环境受到发展的限制而更加贫穷，因此如何平衡区域之间平衡发展，促进城乡一体化，是北京市政府生态补偿研究需要解决的主要问题。因此要促进林业碳汇更好地发展，研究制定北京地区生态补偿机制的政策和制度是非常有必要的。

5.3　中国应对气候变化的林业政策

现有林业政策及研究存在局限性。国内外与碳汇管理理论和政策实践相关的研究成果，对推动我国应对气候变化政策机制的研究起到了非常重要的作用。但是文献及政策调研的结果表明：我国林业政策与应对全球气候变化战略的适应性还没有完全体现出来，目前仍缺乏在森林保护、森林经营以及林产品持续利用等重要领域上我国林业应对气候变化的政策途径；目前我国仍缺乏有利于碳汇林业的公共财政政策、产业政策、区域政策和实施政策，这些内容恰恰又是建立和完善我国林业应对气候变化政策机制过程中不可回避的现实问题；缺乏构建我国林业碳汇市场的市场机制和管理政策。

5.3.1　宏观政策

在 1997 年《京都议定书》签署之前，我国政府强调发达国家必须采取实质性减排措施，要求发达国家对发展中国家提供工业改造的技术和资金支持，不赞成通过林业CDM 项目（即通过造林、森林保护和森林经营等以增加陆地碳贮存的项目）进行减排。进入 21 世纪之后，我国开始实施 CDM 机制下的碳汇造林项目，并于 2006 年开始实施全球第一个 CDM 林业碳汇项目。在 2006 年召开的气候公约第十二次缔约方会议上同意就发达国家利用林业活动实现其减排目标进行讨论之后，我国气候变化总体政策发生了重大调整。2007 年 6 月国务院发布了《中国应对气候变化国家方案》（附件），正式确定了林业应对全球气候变化的国家战略。2009 年 11 月 6 日国家林业局发布《应对气候变化林业行动计划》，将林业主要发展目标、措施与应对气候变化进行了全面的结合。

（1）《应对气候变化林业行动计划》发布实施背景。以气候变暖为主要特征的全球气候变化问题，已经成为国际社会日益关注的热点，也是事关我国经济社会可持续发展的重大问题。中国政府高度重视应对气候变化问题，2007 年 6 月发布实施了《中国应对气候变化国家方案》，并把林业纳入我国减缓和适应气候变化的重点领域。2009年 6 月召开的中央林业工作会议指出，在应对气候变化中林业具有特殊地位，并强调"应对气候变化，必须把发展林业作为战略选择"。按照《中国应对气候变化国家方案》的要求，国家林业局从 2007 年 7 月开始，组织专门力量，用 2 年多时间，研究编制了《林业行动计划》。发布和实施《林业行动计划》具有十分重要的意义，主要体现在 3 个方面：

第一，这是落实时任国家主席胡锦涛向全世界作出的重要承诺的需要。国家主席胡锦涛 2007 年 9 月在亚太经济合作组织第 15 次领导人会议上宣布到 2010 年我国森林覆盖率将提高到 20%，并倡议建立"亚太森林恢复与可持续管理网络"。2009 年 9 月在联合国气候变化峰会上又提出大力增加森林资源，增加森林碳汇，争取到 2020 年我国森林面积比 2005 年增加 4000 万 hm^2，森林蓄积量增加 13 亿 m^3。这是中国应对气候变化的重大措施之一。制定并实施《林业行动计划》，就是落实这些措施的具体行动。

第二，这是落实《中国应对气候变化国家方案》赋予林业任务的需要。国务院发布的《中国应对气候变化国家方案》中，明确把林业纳入我国减缓气候变化的 6 个重点领域和适应气候变化的 4 个重点领域，提出林业增加温室气体吸收汇、维护和扩大森林生态系统整体功能、构建良好生态环境的政策措施，突出强调了林业在应对气候变化中的特殊地位和发挥的作用。制定实施《应对气候变化林业行动计划》，就是贯彻落实《国家方案》赋予林业的任务，是《国家方案》相关措施的具体化。同时，积极指导各级林业主管部门上下一心，共同推进林业应对气候变化工作，确保取得实效。

第三，这是建设生态文明，进一步发挥林业在应对气候变化中的重要作用的需要。我国林业肩负着建设森林生态系统、保护湿地生态系统、改善荒漠生态系统、维护生物多样性的重要使命，承担着提供生态产品、物质产品、生态文化产品的艰巨任务，是生态建设的主体和生态文明建设的主要承担者。同时，林业具有多种效益，兼具减缓和适应气候变化的双重功能。制定并实施《林业行动计划》，必将促进我国森林资源的增加、生态状况的改善和林业碳汇功能的增强，对于建设生态文明，提高我国林业应对气候变化能力具有积极的推动作用。

（2）《应对气候变化林业行动计划》的主要内容。《林业行动计划》确定了五项基本原则，三个阶段性目标，实施 22 项主要行动。

五项基本原则：坚持林业发展目标和国家应对气候变化战略相结合；坚持扩大森林面积和提高森林质量相结合；坚持增加碳汇和控制排放相结合；坚持政府主导和社会参与相结合；坚持减缓与适应相结合。

三个阶段性目标：一是到 2010 年，年均造林育林面积 400 万 hm^2 以上，全国森林覆盖率达到 20%，森林蓄积量达到 132 亿 m^3，全国森林碳汇能力得到较大增长。二是到 2020 年，年均造林育林面积 500 万 hm^2 以上，全国森林覆盖率增加到 23%，森林蓄积量达到 140 亿 m^3，森林碳汇能力得到进一步提高。三是到 2050 年，比 2020 年净增森林面积 4700 万 hm^2，森林覆盖率达到并稳定在 26% 以上，森林碳汇能力保持相对稳定。

22 项主要行动：其中林业减缓气候变化的 15 项行动，还有林业适应气候变化的 7 项行动。林业减缓气候变化的 15 项行动包括：大力推进全民义务植树、实施重点工程造林、加快珍贵树种用材林培育、实施能源林培育和加工利用一体化项目、实施全国森林可持续经营、扩大封山育林面积、加强森林资源采伐管理、加强林地征占用管理、提高林业执法能力、提高森林火灾防控能力、提高森林病虫鼠兔危害的防控能力、合理开发和利用生物质材料、加强木材高效循环利用、开展重要湿地的抢救性保护与恢复、开展农牧渔业可持续利用示范。

林业适应气候变化的 7 项行动包括：提高人工林生态系统的适应性、建立典型森林物种自然保护区、加大重点物种保护力度、提高野生动物疫源疫病监测预警能力、加强荒漠化地区的植被保护、加强湿地保护的基础工作、建立和完善湿地自然保护区网络(国家林业局，2010)。

5.3.2   项目管理政策

为了促进 CDM 项目活动的有效开展，2005 年 10 月 12 日，国家发展和改革委员会(简称国家发改委)颁布了 CDM 的相关制度和基本原则。在中国实施的 CDM 林业碳汇项目必须是中国境内中资企业或中方控股的企业，而且对于林业 CDM 项目，国家收取转让温室气体减排量额度的 2%。为了促进 CDM 项目活动的有效开展，2005 年 10 月 12 日，国家发改委颁布了 CDM 的相关制度和基本原则。

5.3.3   低碳发展战略下中国现有林业政策的局限性

国内外与碳汇管理理论和政策实践相关的研究成果，对推动我国应对气候政策机制的研究起到了非常重要的作用，但我国现有的林业政策还不能完全与应对全球气候变化战略相适应；虽然我国从 1998 年起就开始实施天然林保护等重大林业工程，执行了相关的生态补偿机制，但目前我国仍缺乏在森林保护、森林经营以及林产品持续利用等重要领域上林业应对气候变化的政策途径；目前中国公益林建设和保护资金基本上来源于财政拨款，政府尚未对森林生态服务交易体系和自主协议的运作制定政策。虽然我国财政部和国家税务总局发布《财政部、国家税务总局关于以农林剩余物为原料的综合利用产品增值税政策的通知》对包括木(竹)纤维板、木(竹)刨花板、细木工板、活性炭、栲胶、水解酒精、炭棒和以沙柳为原料生产的箱纸板等 8 类林业综合利用品由税务机关继续实行增值税即征即退办法，充分体现了建设节约型、环境友好型社会的要求，对促进林业生态体系和产业体系的发展发挥了重要的作用，但在低碳发展的战略背景下强调的 REDD + 减缓行动却不能起到积极的作用。目前我国仍缺乏有利于碳汇林业的公共财政政策、产业政策、区域政策和实施政策，这些内容恰恰又是建立和完善我国林业应对气候变化政策机制过程中不可回避的现实问题；缺乏构建我国林业碳汇市场的市场机制和管理政策。

5.3.4　中国实施低碳发展战略的林业政策建议

林业在应对气候变化、发展低碳经济中的独特作用已得到国际的认可。我国政府十分重视林业在应对气候变化中的作用。2009 年 9 月，时任总书记胡锦涛在联合国气候变化峰会上提出两大发展目标，即"到 2020 年，要在 2005 年基础上增加森林面积 4000 万 hm² 和森林蓄积量 13 亿 m³"；2009 年 12 月，这两项发展目标成为我国控制温室气体减排目标的三项承诺之一。面对我国经济高速发展、能耗高、温室气体排放量大的现实，我国政府可采用以下政策建议：

(1)加强林业法律法规的制定和实施。为了充分发挥我国林业碳汇在气候变化中的重要作用，做到林业碳汇的发展有法可依，相关的政府部门应该加快林业法律法规的制定、修订和清理工作。加快《中华人民共和国森林法》《中华人民共和国野生动物保护法》的修订，起草《自然保护法》，制定湿地保护条例等，并在有关法律法规中增加和强化与低碳发展战略相关的条款，为提高森林和其他自然生态系统碳汇能力提供法制保障。制定《天然林资源保护条例》《林木和林地使用权流转条例》等专项法规；加大执法力度，完善执法体制、加强执法检查、扩大社会监督、建立执法动态监督机制。

(2)抓好林业重点生态建设工程。为了发挥我国林业重点工程在我国履行国际公约以及减缓全球气候变化中的作用，政府应该继续推进天然林资源保护、退耕还林（还草）、京津风沙源治理、防护林体系、野生动植物保护及自然保护区建设等林业重点生态建设工程，抓好生物质能源林基地建设，通过有效实施上述重点工程，进一步保护现有森林碳储存，增加陆地碳储存和吸收汇的同时，迅速启动实施森林经营工程。目前，我国大多数森林属于生物量密度较低的人工林和次生林，森林蓄积很低，这是增加森林碳汇的最大潜力之所在。在当前及今后一个时期，将森林经营作为我国林业建设的重中之重，这既符合国际林业发展的趋势和要求，也是中国未来气候谈判增汇减排的重要筹码。因此，我国政府应该尽快出台政策，迅速启动《全国森林经营工程》，同时应积极发展农林复合经营，提高森林蓄积，增加森林碳汇。

(3)引导生态公益林碳减排和增汇效益服务市场。由于公益林碳减排和增汇效益的特殊性，如果政府没有制定相应政策，市场化补偿交易难以形成。国家应协调林业、水利、电力、环境保护和旅游部门以及自来水厂、二氧化碳排放企业的利益关系，明确交易双方及其权利义务，借鉴《京都议定书》的清洁发展机制（CDM），制定基于配额和项目的交易规则，为交易双方搭建森林碳减排和增汇效益交易平台。同时政府应出台相关政策，降低森林碳减排和增汇效益交易的成本。

公益林碳减排和增汇的交易成本包括信息获取、谈判、研究设计、实施、计量、监测和核查注册以及市场交易体系运作等成本。生态公益林的碳减排和增汇效益难以市场化的主要原因之一就是交易成本高。要将森林的碳减排和增汇效益交易作为发挥林业在我国实施低碳发展战略的一个重要的路径选择，政府应该进行政策创新，免费提供公益林气候效益的相关信息（如交易价格、受益者的受益量等），降低对该类林业活动的监测、核查以及注册的费用，支持这方面的基础研究，建立信息网，降低交易双方的信息成本。

（4）制定和明晰保护公益林碳减排和增汇效益产权。按照科斯定理，市场解决外部性问题要求具备明晰的产权。随着城市化和工业化进程的加快，生态环境保护已纳入国家发展的重要战略目标，国家生态安全对生态公益林的需求的增加以及生态公益林在气候、社区和生物多样性方面的多重效益所具有的外部性，对我国生态公益林产权制度提出了新的要求。目前我国生态公益林被禁止砍伐，木材采伐的收益非常有限。虽然针对《中华人民共和国森林法实施条例》第15条规定："防护林和特种用途林经营者，有获得森林生态效益补偿的权利"，我国政府制定了生态补偿机制，但现有的补偿机制中并未涉及碳汇效益的补偿，应该要充分发挥森林在我国低碳发展战略中的重要作用，维持我国生态公益林可持续的森林管理，政府应该明晰生态公益林的碳减排和增汇效益产权，规定我国生态公益林所有者具有碳减排和增汇效益的占有和收益权，促进市场机制，发挥我国生态公益林外部效应内部化方面的重要作用。

（5）加强生物质能源林种植基地的建设，积极推行碳替代措施。随着我国经济、社会的快速发展，能源短缺和环境问题已成为制约我国国民经济发展的主要因素。开发利用可再生能源，已成为我国调整能源结构，解决生态环境问题和实现可持续发展的国家战略，因此，加快林业生物质能源林基地建设，推进林能一体化进程，对于促进新能源开发利用具有重要的现实意义。

目前与《可再生能源法》相关配套的财政补贴、税收优惠、收益保障、产品市场准入标准等相关政策还没有出台。另外，因短期内开发利用林业生物质能源所获得的经济效益较低，国家也没有专门针对发展林业生物质能源产业出台相应的信贷、补贴等政策，不能有效地引导和激励全社会开展林业生物质能源基地建设的积极性。因此，政府应该尽快出台相关政策，筛选更多的树种资源，加大技术创新，强化科技支撑，拓展投资渠道，加大投资力度，推行"林能一体化"经营模式，要在总结生物柴油原料林示范基地建设经验的基础上，完善编制《全国林业生物质能源资源培育中长期发展规划》，明确能源林基地建设的指导思想、战略目标、总体布局和建设任务，以指导全国能源林基地建设健康有序的发展。

（6）健全完善发展生物质能源的配套政策。我国能源林基地建设项目刚刚起步，还需要进一步配套相关政策。一要出台能源林基地建设用地保障政策。首先，要结合退耕还林、海防林建设、太行山绿化等林业重点工程，保障现有边际土地和宜林地用于能源林基地建设；其次，要明确将现有森林采伐后需要更新的采伐迹地纳入能源林基地建设用地。二要完善配套政策。2007 年，财政部、国家发改委、农业部、国家税务总局、国家林业局出台了《关于发展生物能源和生物化工财税扶持政策的实施意见》，但在财政投资、信贷及税收优惠和政策性补贴等方面的配套政策还没能出台，需要对以上各项政策进行细化，增强其扶持力度和可操作性，以便于尽快落实。三要落实增加建设投资政策。2007 年，财政部出台了《生物能源和生物化工原料基地补助资金管理暂行办法》，各级政府要据此确定林业生物质能源林基地建设投资标准，落实财政拨款，尤其是要保证基地建设资金的及时到位。地方政府也可以多渠道、多层次、多形式筹集基地建设资金，保证林业生物质能源林基地建设顺利实施。四要出台地方减免税费政策。林业生物质能源林基地所在地的地方政府应积极组织研究出台地方性政策，减免参与能源林基地建设的企业、社会力量的相关税费，以鼓励企业和社会力量以更高的积极性参与能源建设。

（7）制定国家自主适当减缓行动（Nationally Appropriate Mitigation Actions，NAMAs）框架下我国的林业减缓行动建议。现阶段我国林业部门履行国际气候公约、实施低碳发展战略、应对国际气候谈判的重点应该是开发国家林业减缓行动计划、制定国家林业碳排放（或吸收）参考水平、开发能够监测、报告以及核查 REDD + 活动的森林监测体系以及开展能够实现可测量、可报告和可核查（MRV）的 REDD + 示范活动。

在符合我国国情和可持续发展目标的前提下，我国林业减缓行动的政策措施可按气候变化政策方案、项目具体实施、法律法规、体制机构建设、行业标准、财政手段、部门/行业措施、公众意识/能力建设、研究示范和市场手段几种类型划分，可自行提出以下具体的林业减缓行动：

①制定国家和省级气候变化林业政策方案。

②在中国应对气候变化国家方案下实施禁止毁林、防止森林退化、可持续森林经营管理、重点工程造林、公民义务植树以及合理开发和利用生物质材料的增汇减排项目。

③制定增加森林汇清除和减少森林源排放的林业法规。

④设立国家和地方林业应对气候变化部门或协调机制。

⑤制定我国碳汇造林技术标准。

⑥制定森林碳汇效益补偿机制。

⑦建立森林保险体系，通过保费补贴等政策手段扩大森林投保面积。

⑧实施减少采伐影响、可持续森林经营管理和保护生物多样性的造林等减排增汇的林业技术。

⑨对林业行业的基层领导和专业技术人员进行应对气候变化的宣传和培训。

⑩开展减排增汇的林业技术研究和林业技术的培训。

⑪开拓我国林业碳汇自愿市场。

第6章 林业碳汇市场

随着全球气温的不断上升和世界范围极端气候事件的频繁发生，由人类活动产生的温室气体排放引起的全球变暖问题，已引起了国际社会的极大关注。"采取行动减少二氧化碳排放"已成为国际气候谈判议程中的一个重要的议题。从1992年联合国环境与发展大会的"边会"（side event）上首次提出"全球碳排放贸易方案"，到《京都议定书》生效后的今天，"碳贸易"的概念已从当时仅为部分科学家和环保主义者所关注，发展到"作为解决气候变化和其他环境问题的一种成本有效的方法"被国际社会和社会各界广泛接受，基于京都规则的强制碳交易市场和自愿碳交易市场开始在全球范围内得到迅速的发展和扩张。从2004~2007年，全球碳市场的交易量从109.9MtCO$_2$，上升到了2983MtCO$_2$，交易额从5.49亿美元迅速攀升到了640亿美元（Capoor et al.，2006）；作为京都强制市场主要市场的清洁发展机制（Clean Development Mechanism，CDM）碳市场，碳交易量从97MtCO$_2$上升到了790MtCO$_2$，交易额从4.85亿美元上升到了128.9亿美元；自愿碳市场的交易量从2.92MtCO$_2$上升到了65MtCO$_2$，交易额从557万美元上升到了3.3亿美元（Hamilton et al.，2008）。虽然自愿碳市场在全球碳市场中所占的比例很小（大约2.2%），但其增长率达到了165%，几乎是CDM强制碳市场增长率（75%）的两倍。随着社会各界环保意识和"碳中性"理念的增强以及各种碳补偿标准的开发，国际碳市场中自愿碳市场所占的比例将会越来越大。

由于林业碳汇项目具有气候、社区以及生物多样性方面的多重环境效益，所以基于林业碳汇项目的碳交易一直受到国际社会、企业、非政府组织以及公众的关注。在2006年和2007年，通过林业碳汇市场完成的碳信用交易量在自愿碳市场最大的交易市场——场外交易（over-the-count，OTC）中所占的比例分别达到了38%和18%（Hamilton et al.，2008）。自愿碳市场的另一个主要市场——芝加哥气候交易所（Chicago Climate Exchange，CCX），也于2006年首次注册并交易了22000MtCO$_2$，源于全球第一个由林业碳汇项目产生的碳信用。与自愿碳市场相比，CDM强制市场中，林业碳汇市场所占的比例较小（不到0.1%），自愿林业碳市场规模的发展壮大是否会对CDM林业碳市场产生影响，是目前CDM碳汇项目投资者和管理者共同关心的问题。为了加强我国CDM林业碳汇项目参与者和管理者对自愿林业碳市场的了解，充分发挥森林碳汇在缓解气候变化中所起的作用，本章在对自愿林业碳市场和 CDM 林业碳市场的项目类型、交易价格、交易主体等方面进行比较的基础上，就自愿林业碳市场对 CDM 林业碳市场的影响进行了分析，以期能为我国林业碳市场的管理提供对策建议。

6.1　林业碳市场项目类型及规模

森林植物在其生长过程中，可通过同化作用吸收大气中的 CO_2，并将其固定在森林生物量和土壤中，所以从"汇"的角度来考虑，凡是能增加或保护森林面积的方法都可作为缓解大气温室气体浓度增加的一个途径。通过实施造林、防止毁林、可持续森林管理等项目都可以增加碳汇，但由于森林所吸收的碳会通过森林火灾、病虫害以及采伐等过程重新释放到大气中，在将这些项目所吸收的碳作为其他工业排放的"碳抵消"时，将会涉及很多诸如泄漏、额外性以及非持久性等问题，因此，如果市场规则不同，市场所包含的项目类型将会有所不同。

6.1.1　自愿林业碳市场的项目类型及规模

自愿碳市场的交易主体是由没有法律要求或强制性减排义务的企业、公司、非政府组织或个人组成的。这些主体进行碳交易，并购买碳信用的行为完全是自愿的，其目的有的是为了提高自身的环保形象，有的是未雨绸缪，抢占商机。因此交易的项目类型也没有固定的模式。由于《京都议定书》第 3 条规定，附件I国家缔约方可以采用 1990 年以来直接由人为引起的造林、再造林或避免毁林等活动产生的温室气体汇清除来实现其承诺的减少温室气体排放的指标，所以，自从 1997 年《京都议定书》制定以来，造林、再造林、避免毁林项目就一直是产生自愿林业碳市场碳信用的主要项目类型。

从目前自愿林业碳市场中再造林项目类型的发展趋势来看，虽然在 OTC 中利用本地树种再造林的项目类型所产生的碳信用的比例从 2006 年的 31% 降到了 2007 年的 8%，但它仍然是目前自愿林业碳市场中所占比例最高的项目类型，其碳信用的比例在 OTC 林业碳市场中所占比例仍高达到 42%。自愿林业碳市场中的另一个主要项目类型是避免毁林项目，该项目类型在 OTC 中所占比例分别从 2006 年的 3% 增加到了 2007 年的 5%，在 OTC 林业碳市场中的比例达到了 28%。自从 2007 年 12 月《京都议定书》第三次缔约方会议（COP13/MOP3）通过了"巴厘路线图"以后，这个被称为"人类应对气候变化历史中的一座新里程碑"的行动计划为全球实施自愿碳减排行动提供了一个良好的契机，"巴厘行动计划"提出的"减少发展中国家毁林和森林退化导致排放的政策和激励机制，以及保护发展中国家碳储存以及加强可持续森林管理的作用"的议题，将会继续促进自愿林业碳市场中避免毁林项目类型的发展。2009 年 12 月在哥本哈根举行《联合国气候变化框架公约》第 15 次缔约方会议以后，避免毁林项目在自愿林业碳市场所占的比例将会继续增长。就造林项目而言，从 2006～2007 年，其产生的碳信用在 OTC 中所占的比例基本保持 2% 的平稳趋势，在 OTC 林业碳汇市场中比例达到了 13%，随着《京都议定书》未来承诺期关于土地利用、土地林用变化及林业议题谈判进程的推进，造林项目类型在自愿碳市场中所占的比例可能会有所增加。

6.1.2　CDM 林业碳汇市场项目类型及规模

1997 年签署的《京都议定书》，不仅规定了《联合国气候变化框架公约》(UNFCCC)附件 I 国家应该承诺的减排指标，还制定了协助这些国家完成减排指标的市场机制。通过《京都议定书》的创新机制之一——清洁发展机制(CDM)，附件 I 缔约方可以在非附件 I 缔约方所在国实施与缓解全球气候变化有关的项目活动，用活动产生的温室气体减排量或汇清除量完成其所承诺的部分减排指标。在 CDM 的市场机制下，增加森林面积作为吸收大气二氧化碳的一种主要途径，被赋予了货币价值，但这种价值必须在增加森林面积的项目活动所产生的汇清除量进入 CDM 碳市场后才得以实现。因此，CDM 林业碳汇项目开发商必须对 CDM 林业碳汇市场风险、林业碳信用的定价机制、林业碳汇市场规模以及林业碳信用类型等与碳汇市场相关的信息有充分的了解，才能从 CDM 林业碳汇市场中获得最大的收益。

到目前为止，我国在提交 CDM 项目数量、预期的温室气体减排量以及已产生的碳信用数量等方面所占的市场份额几乎是全球的一半，已成为最重要的 CDM 项目东道国。国家发改委能源研究所等科研机构的研究人员对与 CDM 项目相关的问题进行了大量的研究，如崔成(2005)对 CDM 项目的经济风险进行了研究，提出了选择政府感兴趣的项目、预先确定买方及有关研究机构合作等对策建议；胡迟(2009)对 CDM 中的融资模式进行了探讨，提出中国的 CDM 不应该只引进资金，而应从长远利益考虑，更多引进发达国家的技术，提高清洁生产能力；李志龙等(2009)结合部分 CDM 项目碳购买协议，对 CDM 项目碳购买协议中存在的相关问题和风险进行了研究，并就碳购买协议条款拟定及合同中应该注意的问题提出了建议。结合这些研究成果，我国项目开发商在如何开展 CDM 融资、寻找买家等方面积累了丰富的经验，但这些经验都是基于开发能源和工业领域的项目获得的，在将其应用到林业领域的碳汇项目时，无法处理 CDM 林业碳汇项目所特有的碳信用非持久性、泄漏以及方法学的开发等问题。作为 CDM 碳市场中利基市场的林业碳汇市场，其市场动态、规则以及市场结构仍存在很多不确定性，国内外开发 CDM 林业碳汇市场的成功案例和经验仍非常有限。

《京都议定书》全球强制减排市场由基于配额的排放权交易（cap-and-trade）和基于项目（project-based）的碳信用交易（carbon credit）2 种交易类型组成。CDM 碳市场属于基于项目的碳信用交易市场，只有经过 CDM 执行理事会注册的项目所产生的碳信用才能在 CDM 碳市场中交易。截至 2010 年 3 月 4 日，CDM 执行理事会一共批准并注册了涉及能源、工业、林业以及农业等领域的 2066 个项目，签发了 3.879 亿 tCO_2e 的永久核证减排额（CERs）。在所注册项目中有 13 个属于林业项目，预期产生的年均碳信用为 41.612tCO_2e。相对于年交易量和交易额分别达 14.6 亿 tCO_2e 和 32.8 亿美元的 CDM 碳市场（2008 年）而言，林业碳汇市场所占份额还不到 1%。

根据 2001 年 UNFCCC 第 7 次缔约方会议达成的《波恩政治协定》规定，在《京都议定书》第一承诺期，附件I缔约方通过 CDM 林业碳汇项目实现其减排指标的碳信用量不能超过该国家 1990 年温室气体排放量的 5%，因此，到 2012 年《京都议定书》第一承诺期结束时，CDM 林业碳汇市场交易量的理论值最大可达 23 亿 tCO_2e。考虑到部分附件I国家（例如欧盟等国）对 CDM 林业碳汇项目的限制，CDM 林业碳汇市场的交易量最大可能达到 10.1 亿 tCO_2e（Neeff et al.，2007），如果这些交易量的 3/4 能够实现，那么在第一承诺期结束时（2012 年），CDM 林业碳汇市场的交易量至少应该达到 7500 万 tCO_2e 以上。

目前 CDM 执行理事会还没有签发任何林业碳汇项目的碳信用，对于 CDM 林业碳汇市场而言，其未来交易量和交易额都只能根据项目参与方签订的减排购买合同（RE-PA）来预测。2006～2010 年年初，在 CDM 执行理事会注册的林业碳汇项目从 1 个增加到了 13 个，预期产生的年均碳信用从 2.6 万 tCO_2e 增加到了 41.62 万 tCO_2e，几乎增长了 18 倍。第一承诺期结束时，这些已注册的 CDM 林业项目预计将产生 210 万 tCO_2e。此外，目前 CDM 林业碳信用最大的买家——世界银行，已经通过生物碳基金（biocarbon fund）开发了一些准备申请 CDM 项目的林业项目，预计这些项目将产生 2200 万 tCO_2e 碳信用。如果世界银行的购买策略和计划不发生变化的话，世界银行将会签订 900 万 tCO_2e 的林业碳信用购买协议，考虑到 CDM 林业碳汇项目所具有的风险，可以预测这些购买协议中能够实现交易的碳信用可达 600 万 tCO_2e。

从上述对注册 CDM 林业碳汇项目以及世界银行开发的林业项目预期产生的碳信用预测可以看出，虽然 CDM 林业碳汇市场能实现的交易量至少可达 7500 万 tCO_2e 以上，但仍有近 90% 的市场没有被充分利用。因此，在第一承诺期，CDM 林业碳汇市场仍有较大的潜力。但这些潜力能否得到最大限度的发挥，还将取决于交易的时间、项目开发商可从中获得的最大利益以及 2012 年以后 CDM 国际制度改革的趋势等因素。

6.2　林业碳市场碳交易价格

6.2.1　自愿林业碳市场价格

自愿林业碳市场碳交易价格受国际制度的变化、市场需求、碳信用的认证标准、产生碳信用的项目所在位置以及项目类型等因素的影响。就认证标准而言，额外性要求越严的标准，其所认证的项目产生的碳信用的价格越高。据 WWF 的统计，采用 CDM 标准的碳信用的平均价格为 30.2 美元/t CO_2，自愿碳标准(the Voluntary Carbon Standard，VCS)为 13.7 美元/t CO_2，自愿排放减少标准(Voluntary Emission Reduction Standard，VER +)为 13.7 美元/t CO_2，芝加哥气候交易所(Chicago Climate Exchange，CCX)标准为 2.1 美元/t CO_2，气候、社区和生物多样性标准(Climate，Community and Biodiversity Standard，CCBS)为 10.3 美元/t CO_2，生存计划方案(Plan Vivo System)为 8.2 美元/t CO_2(Kollmuss et al.，2008)；就项目位置而言，位于不同地区的项目产生的碳信用的价格可能随交易成本而增高。非洲项目的碳信用价格最高(13.7 美元/t CO_2)，其次为澳大利亚、新西兰、拉丁美洲为 8.6 美元/t CO_2，中东为 8.5 美元/t CO_2、加拿大为 7.1 美元/t CO_2，亚洲和美国为 5.8 美元/t CO_2。就项目类型而言，实施项目的成本越高，项目产生的碳信用的价格就越高。造林项目是自愿林业碳市场中实施成本最高的项目，其产生的碳信用的平均价格为 6.8 ~ 8.2 美元/t CO_2，采用本地种的植被恢复项目产生的碳信用的平均价格为 6.8 美元/t CO_2，避免毁林项目产生的碳信用的平均价格为 4.8 美元/t CO_2。

尽管林业项目产生的碳信用在 OTC 的总交易量中所占的比例从 2006 年的 38% 下降到 2007 年的 18%，但与 2006 年和 2007 年 OTC 中的平均交易价格 4 美元/t CO_2 和 6 美元/t CO_2 相比，OTC 林业碳市场中碳信用(特别是造林或再造林项目产生的碳信用)的价格一直都保持着的最高水平。自愿市场中林业碳项目的价格之所以位居所有项目类型之首，除林业碳汇项目的开发成本相对比其他项目类型高之外，此类项目所具有的气候、社会以及生物多重效益也是该类项目价格高的主要原因。

6.2.2　CDM 林业碳市场价格

由于森林生长吸收的 CO_2 会因采伐、火灾、病虫害以及毁林等人为或自然的原因重新释放进入大气，为了防止《京都议定书》的环境完整性受到破坏，《京都议定书》第19/CP. 9 号决定规定，CDM 碳汇项目参与方应选择用长期核证减排量（long-term CERs，lCERs）或临时核证减排量（temporary CERs，tCERs）的方法解决 CDM-AR 项目的这种非持久性问题（UNFCCC，2003）。与其他部门的 CDM 项目产生的 CERs 不同的是，无论是 lCERs 还是 tCERs，其使用期限是有限的。当 lCERs 或 tCERs 到期后，购买者必须用其他项目类型产生的永久 CERs 将其替换，因此 lCERs 或 tCERs 的价格通常都比其他项目类型产生的永久 CERs 的低。世界银行生物碳基金（the Bio Carbon Fund）购买碳汇项目的碳信用的价格范围是 3. 75 ~ 4. 35 美元/t CO_2，例如，摩尔多瓦土壤保护项目的碳信用的价格为 3. 5 美元/t CO_2，中国广西珠江流域治理再造林项目为 4. 3 美元/t CO_2，Kikonda 植被恢复项目的价格为 5 美元/t CO_2，墨西哥海岸防护林项目为 3 美元/t CO_2。这个价格范围虽然不能完全代表 CDM 林业碳市场的 tCERs 或 lCERs 的价格，但由于世界银行是目前 CDM 林业碳汇项目仅有的少数几个买家之一，因此，可以将其作为一个参考值。

　　据 PointCarbon 资料，2006 年 CERs 的平均价格 10. 9 美元/t CO_2，与 2005 年相比上升了 52%，但 2007 ~ 2008 年，CDM 市场 CERs 的价格趋于稳定。2007 年 CDM 初级和二级市场的 CERs 价格分别为 14. 9 ~ 18 美元/t CO_2 和 20 美元/t CO_2 左右，2008 年 CDM 一级和二级市场的 CERs 价格为 9. 1 ~ 18. 2 美元/t CO_2 和 20. 5 美元/t CO_2 左右。

6.2.3　林业碳汇项目价格分析

　　从上述 CDM 林业碳市场和自愿林业碳市场的碳信用平均价格可看出，前者的平均价格比后者的平均价格要低。究其原因，一方面是由于上述 CDM 林业碳市场交易价格范围主要是通过对 CDM 初级市场的调研得到的结果。到 2012 年第一承诺期结束时，CDM 林业碳市场二级市场规模可能会扩大，碳信用的价格可能会提高。另一方面是由于实施 CDM 碳汇项目的主要目的是采用成本有效的方式履行《京都议定书》减排义务，同时促进发展中国家的可持续发展，其优先考虑的是减少增汇成本的问题，tCERs 或 lCERs 价格主要取决于项目业主与附件I国家合作伙伴所签订的协议，该协议是基于产生真实的、可测量的、额外的汇清除成本签订的。而自愿林业碳市场中，实施碳汇项目的首要目的不是履行强制性的减排义务，而是企业、非政府组织、国际会议以及个人为了体现其社会责任感、提高自身的环保形象，自愿对缓解全球环境进一步恶化做贡献的一种手段，购买自愿碳汇项目碳信用的买家优先考虑的是项目在气候、社区和生物多样性等方面的多重效益，而不是极力追求成本最小化。自愿项目所产生的碳信用的价格主要取决于项目的质量和多重效益。如果是具有多重效益的高质量的碳汇项目，买家往往愿意以更高的价格购买，因此项目产生的碳信用的交易价格比 CDM 碳汇项目高。

目前，CDM 林业碳汇市场的买家很少，世界银行是仅有的几个买家之一，其开发的林业项目的减排购买协议（或委托书）中所确定的碳信用价格（3.75~4.35 美元/t CO_2）可能是目前可获得的 CDM 林业碳汇项目碳信用（临时核证减排额 tCERs 和长期核证减排额 lCERs）价格最好的参考值。但是，由于世界银行是根据其自行制定的标准和规定来购买林业碳信用的，这些标准和规定与京都市场不尽相同。在京都市场出售的 tCERs，需每隔 5 年重新签发一次，而出售给世界银行的 tCERs 不需重新签发，因此，这个价格范围并不能完全代表 CDM 林业碳汇市场中碳信用的真实价格，实际 tCERs 的价格范围可能比该价格范围更低。分析 CDM 林业碳汇项目碳信用价格范围时，可根据世界银行对 CDM 林业碳汇项目进行财务分析时所采用的京都市场的林业碳信用的价格缺省值 3 美元/t CO_2e 来进行。由于 CDM 林业碳汇项目碳信用的价格可能还与其他部门的碳信用价格有关，在进行价格预测时还需考虑到林业碳信用的时效性、林业碳汇项目风险以及碳市场主体对永久 CERs 的预期价格等因素。

6.2.3.1　林业碳信用的价格与有效期

由于 CDM 林业碳汇项目所产生的净温室气体汇清除具有非持久性的特点，CDM 执行理事会在签发林业碳汇项目产生的碳信用时，为林业碳汇项目的 2 种碳信用（lCERs 和 tCERs）类型均规定了有效期，在其有效期结束时，均需用其他部门（工业、能源等）产生的永久碳信用，例如 CERs、欧盟指标（EUAs）、减排单位（ERUs）来替代，因此，lCERs 和 tCERs 的价格均比 CERs 和 EUAs 等永久碳信用的价格低。林业碳信用的价值可通过货币的时间价值理论，采用净现值的计算方法计算。根据 Olschewski 等（2005）的研究结果，在假设 CERs 价格不变的情况下，如果折现率为 3%（在附件I 国家很常见），那么有效期为 5 年的 tCERs 的价值将相当于 CERs 的 14%，最长有效期的 lCERs（25 年）的价值将相当于永久 CERs 的 52%；如果折现率为 9%，那么上述林业碳信用的价值将分别相当于永久 CERs 的 35% 和 88%。因此，林业碳信用的有效期越长，其价值越大，价格越高。

6.2.3.2　林业碳信用的价格与永久 CERs 的预期价格

对于投资者而言，购买林业碳信用（lCERs 和 tCERs）的效果相当于把减排指标推迟到未来承诺期来完成。由于 tCERs 或 lCERs 在签发其承诺期的下一个承诺期或项目结束时，均需要用其他永久碳信用来替代（UNFCCC，2003），因此，目前对林业碳信用（lCERs 或 tCERs）的需求量及其价格不仅取决于林业碳信用的有效期及其期间的折现率，还取决于购买方对未来永久碳信用价格的预测。林业碳信用（lCERs 和 tCERs）

的价值是与永久碳信用的价值成负相关的(Locatelli et al.，2004)。如果永久碳信用的价格增长率比利率还高，林业碳信用将没有任何价值，林业碳信用将没有市场。

6.2.3.3 林业碳信用的价格与林业碳汇项目风险

与基于配额的碳交易机制相比，基于项目的碳交易机制会面临着碳信用未被签发的风险。因此，基于配额的碳信用的价格比基于项目的碳信用高。目前 CERs 价格比 EUAs 低的现象反映了来源不同的碳信用所面临的风险与价格的关系。EUAs 是欧盟成员国分配给其工业和能源领域企业的允许排放的指标，其产生是没有任何风险的。通常情况下，CDM 项目碳信用的买卖双方在签订购买 CERs 的协议时，项目拟产生的 CERs 还未被执行理事会签发，买家是否能真正获得预期的 CERs 还有很多不确定性，因此，购买协议中 CERs 的价格比 EUAs 要低得多。

就 CDM 项目而言，无论是 CERs 还是 lCERs 和 tCERs，决定其价格的重要因素之一是碳信用是否被签发。与其他领域的 CDM 项目相比，林业 CDM 项目除了具有与其他项目相同的风险外，还会面临着自然灾害(森林火灾、病虫害、洪涝、泥石流等)所导致的碳逆转风险、监测和核查中断的风险、替换风险、项目东道国政府政治态度改变以及在气候公约中地位改变等风险，因此，与 CDM 其他领域的 CERs 相比，CDM 林业碳信用不被签发的风险更高，其价格相应地更低。通常情况下，碳信用被签发的可能性与项目的开发阶段有关，项目运行阶段越往后，碳信用被签发的可能性越大，所签订的碳信用价格可能就越高。

6.3 林业碳汇市场的交易主体及模式

6.3.1 自愿林业碳市场的交易主体及模式

自愿林业碳市场是 OTC 中主要市场，其市场运行没有正式的交易体系，交易过程是通过买卖双方自愿达成购买经核实的减排量(Voluntary emission reduction，VERs)的协议来完成的，是自发、灵活的场外交易市场。基于项目的 VERs 认证和注册标准是根据买卖双方各自的需求自行确定的。虽然 OTC 不属于配额与排放贸易体系(cap-and-trade system)，但该市场的购买者可以购买源于强制市场或 CCX 的碳信用。

自愿碳汇项目的供给方主要包括在线销售碳信用的零售商、希望促进碳基金发展的环保组织、潜在的 CDM 或 JI 项目(由于某些原因，所开发的项目产生的碳信用目前还暂时不能进入强制市场)的开发商以及对生产或留存 VERs 感兴趣的项目开发商。

根据供给方在供给链中所处的位置，可将 OTC 的供给方分为项目开发商、碳信用批发商、零售商以及经纪人四大类：

（1）项目开发商：寻找、识别、投资和开发林业碳汇项目并采用某种核证标准，将 VERs 卖给碳信用的批发商、零售商或最终用户。

（2）碳信用批发商：拥有大量碳信用的机构，如投资银行、财团或基金等，可以在市场上把大量的碳信用出售给履行各种减排义务的政府和企业。

（3）零售商：向个人或组织进行在线销售少量碳信用的卖方。

（4）经纪人：一些较少的 VERs 可通过代理商达成交易，经纪人自己没有碳信用，但可作为市场的中间商，促成买卖，增强市场的活跃度。

上述各供给方常常可扮演不同的角色，越来越多的企业或组织，既可作为项目开发商，也可承担批发商和代理商的角色。另外，除了出售汇清除量（碳信用），供给方还可在强制市场或其他碳减排市场充当经纪人。

OTC 碳汇市场碳信用的购买方可以分为三大类——企业、政府和非政府组织以及个人。企业购买 CERs 的目的是提高其作为一个对环境负责、有社会责任感的企业形象；政府和非政府组织购买 VERs 的目的是承担本机构运作对气候影响的责任，例如某些非政府组织可能会因大量的航空旅行产生碳排放而遭到公众的批评，为了管理其名誉风险，就会购买 VERs；越来越多的国际会议通过购买 VERs 来补偿由于会议消耗能源而产生的碳排放，并由此宣布会议的碳中性。

CCX 是全球第一个也是北美地区唯一的一个自愿参与温室气体减排量交易并对减排量承担法律约束力的组织和市场交易平台，其交易过程是通过基于网络的电子交易平台实现的。CCX 是由会员设计和治理，自愿形成一套交易的规则。其交易主体仅限于其成员，共分为 4 类：主要成员（包括公司、市政当局和来自美国、加拿大和墨西哥的其他直接排放温室气体的企业）、副成员（包括那些对于温室气体排放没有显著影响，想通过参与减少温室气体排放的商业活动来遵守交易规则的企业）、参与成员（包括通过满足交易所碳汇项目标准来出售碳信用的碳信用持有者和不以履行 CCX 减排义务为目的而是以在 CCX 交易为目的流动者，前者主要由项目所有者、项目实施者和注册登记者组成，后者主要由企业和个人组成）以及交易参与者（在 CCX 建立注册账户的企业，以获取和转让该交易所碳金融商品为目的）。

6.3.2 CDM 林业碳市场交易主体及模式

CDM 林业碳市场的交易是通过买卖双方签署排放减少购买协议（emission reduction purchase agreement，ERPA）、经 CDM 执行理事会（executive board，EB）所指定的经

营实体(designated operator entity, DOE)审核，并经 EB 注册后，经过 DOE 的监测以及核查、核证等过程后，由 EB 签发 tCERs 或 lCERs 来完成的。

CDM 林业碳市场的潜在的买方主要有两类：一类是用碳信用履行《京都议定书》所规定的减排义务的附件I国家的政府和企业。当国内减排成本太高或由于减排使本国经济受到较大影响时，这些企业和政府就有可能通过 CDM 林业碳市场购买碳汇项目产生的碳信用来完成其部分减排指标。由于欧盟排放贸易体制(ETS)目前仍不接受林业项目，所以这些企业和政府大都不是欧盟 ETS 下的成员。另一类是用于非减排承诺的其他用途的专门的商业机构或国际基金(中间组织)。目前还没有任何的政府基金和私人基金涉入 CDM 林业碳汇项目。CDM 林业碳市场的潜在的卖方主要有两类：一类是发展中国家的项目开发商，另一类是作为碳信用批发商的国际基金和专门从事碳贸易的商业机构。

由于 CDM 项目开发商通常都是来自不同文化、语言背景的地区，有着不同的商业环境，具有强制性减排指标的公司或政府要直接与 CDM 项目开发商进行碳交易存在着很多障碍，而很多国际基金和专门的商业机构具有专门从事与林业碳汇项目相关研究和实践的专家，因此，CDM 碳汇项目的交易通常都是通过同时扮演买卖双方角色的基金或商业机构作为项目开发商和有减排指标的公司或政府的桥梁(中介)来完成的。

6.3.3 碳汇市场交易主体及模式分析

由于 CDM 的认证标准非常严格，交易成本又较高，所以如果自愿林业碳市场需求量加大，CDM 林业碳市场的潜在的供给方或随之减少。随着环境意识的提高，自愿林业碳市场的购买方会越来越多；而由于京都规则的限制，CDM 林业碳市场的购买方不会有太多的变化，除了少数企业和公司外，主要是附件I国家的企业和政府。

与自愿林业碳市场相比，CDM 林业碳市场的交易规则和程序非常复杂，其复杂的交易模式限制了其交易的规模和交易形式。自愿林业碳市场实质上为分散化分布的、复杂的"碳信用供应链"之统称，至今缺乏统一的标准或者唯一的权威规范。虽然现有的自愿碳补偿标准较繁多且互有重复，但如不使用标准，可能导致购买方受到批评、调查等，因此，自愿林业碳市场的交易形式也比 CDM 林业碳市场多。

6.3.4 林业碳信用购买者履行减排义务的策略

为了降低减排成本，《京都议定书》附件I国家根据自身的需要，制定了各种措施来履行减排义务。例如日本政府于 2005 年 4 月公布了《实现京都议定书目标计划》，针对完成《京都议定书》减排指标提出了分类目标：3.9%的减排指标通过联合履约(JI)或在国内实施的林业碳汇项目来完成，1.6%的减排指标通过 CDM 项目(包括CDM 林业碳汇项目)来完成，1.2%的指标通过减少非能源温室气体排放来完成；源于能源领域的 CO_2 排放只增加 0.6%，六氟化硫、全氟化碳及氢氟碳化物 3 种温室气体的排放量只增加 0.1%。从该计划可看出，林业碳汇是日本政府履行减排义务的一个重要途径。因此，日本购买 CDM 林业碳信用的潜力较大。

为了达到《京都议定书》的减排目标，加拿大政府 2007 年正式出台了"减少温室气体和空气污染的行动计划"，2008 年实施了强制减排体系"绿色计划"(Plan Green)，通过参与 CDM 的碳信用交易，完成部分减排指标是这两项计划设定的目标和方案之一。但是，自 2006 年加拿大政府换届后，与减排策略有关的很多发展计划都暂时被搁置在一边，国家将如何制定减排策略还有很多不确定性。加拿大的部分环保组织对通过国际碳市场完成减排指标的行动提出了很多反对的意见。国内部分人士也认为，加拿大政府应该通过限制本国的排放活动来完成减排指标。因此，加拿大政府是否能成为 CDM 林业碳信用的潜在购买方仍有较大的不确定性。

欧盟为了通过将其气候政策并轨《京都议定书》来实现减排义务，于 2005 年启动了欧盟排放贸易体系(EU ETS)。在该体系下，各成员国通过交易"国家分配计划"为企业所分配的 EUAs，或通过《京都议定书》的排放贸易机制(ET)购买碳信用，可完成欧盟 40%的减排指标。剩余 60%的减排指标不得不通过其他方式来完成。除德国、英国等成员国能依靠能效改进政策和措施在本国完成减排指标外，意大利和西班牙等国仅仅依靠本国的减排行动是不能完成减排指标的，这些国家还需要通过《京都议定书》的灵活机制，购买碳信用来协助完成减排指标。从最近西班牙和爱尔兰将对 CDM 林业碳汇项目资助看做是发展农村的一项工程，对生物碳基金进行第二阶段投资的举动可看出，欧盟国家对 CDM 林业碳信用的态度正在发生转变。因此，虽然 EU ETS 的第一阶段(2005～2007 年)和第二阶段(2008～2012 年)不接受 CDM 林业碳信用，但仍可以将欧盟政府看做是未来碳市场中潜在 CDM 林业碳信用的购买者。

世界银行的生物碳基金主要用于开发京都机制下合格的造林或再造林项目以及暂不满足京都机制第一承诺期要求的森林保护、植被恢复、农业以及草地管理等项目。在生物碳基金的第一阶段的投资中，用于前者的资金占生物碳基金总资金的 90%以上。随着各国企业以及环保组织对森林保护、植被恢复以及草地管理等项目兴趣的增加，在第二阶段，生物碳基金可能会增加对后者的投入。

6.3.5   我国 CDM 林业碳汇项目开发商的交易策略

CDM 林业碳汇项目的非持久性以及执行理事会对其执行过程中需要遵循的方式和程序的特殊要求，使 CDM 林业碳汇项目开发商在开发项目过程中面临着很多其他 CDM 领域开发商不会遇到的特殊的风险，签订合理、公平的减排购买协议（ERPA）是交易过程中规避这些风险最重要的一步。为了减少我国 CDM 林业碳汇项目开发商在开发项目过程中所面临的风险，基于上述对 CDM 林业碳汇市场特点及前景的分析，建议开发商在签订 ERPA 过程中，采取以下交易策略。

（1）选择灵活的交易量和交易期。在进行交易谈判的初期，项目能产生林业碳信用的实际数量是不确定的，它将受人为以及气候等很多不确定因素的影响，因此，开发商签订合同时，林业碳信用的交易量和交易期的确定应该具有一定的灵活性，最好不要将产生碳信用的数量和交易时间确定在某一具体数量和具体时间点上。开发商可选择在某一时间点之前，累计产生一定数量的碳信用的灵活做法。

（2）选择灵活的付款方式。目前 CDM 林业碳信用 ERPA 中所采取的付款方式主要有提前付款和收到碳信用后付款 2 种。由于收到碳信用后付款的方式将会导致 CDM 林业碳汇项目开发商的收益可能要到 2012 年才会产生现金流，因此，完全采取此种方式对项目开发商极为不利。从目前对近 100 家潜在购买方的网络调查来看，在基金类的购买方中，如果提前支付的金额不超过购买协议中所签订金额的 30%，将有 37% 的购买方愿意采用提前支付的方式；如果提前支付的金额不超过购买协议中所签订金额的 50%，将有 35% 的购买方愿意采用提前支付的方式；不愿意提前支付任何金额的购买方只占 5%。在政府和企业类的购买方中，如果提前支付金额不超过所签订合同金额的 30%，那么政府和企业分别有 20% 的购买方愿意采用提前付款的方式；不愿意采用任何提前支付方式的购买方占 40%。基于上述调查，建议我国项目开发商在签订 ERPA 时，采取提前支付 30% 的预付款用于项目开发初期的建设，其余部分等交付碳信用后再支付的付款方式。

（3）采取固定价格的方式。目前 ERPA 中林业碳信用的价格设置方式主要有固定价格和与 EUA 的市场价挂钩两种方式。前者是指所提交的碳信用在整个碳信用计入期都维持一个不变的价格，后者是指买方提交林业碳信用时，根据 EUA 市场价的一定比例支付给卖方。虽然采用固定价格的设置方式可能会丧失由于价格上涨所带来的一些机会，但由于未来承诺期《京都议定书》CDM 国际制度的改革以及各国的减排政策仍有很多不确定性，采用固定价格的方式可以确保将来能获得预期的现金流。为保守起见，建议我国项目开发商签订固定碳信用价格的合同。

（4）尽量选择出售 lCERs。虽然第 9 次缔约方会议的第 19 号决定中"CDM 造林再造林项目方式和程序"规定，出售 lCERs 要承担发生碳逆的风险，但由于 lCERs 的价格比 tCERs 高，而且在整个碳信用计入期内，只需支付 1 次签发费用（tCERs 每隔 5 年就要支付 1 次），因此，从卖方的角度考虑，项目开发商应该尽量选择出售 lCERs。

6.4　林业碳汇市场标准

目前，国际自愿碳汇市场采用的碳补偿标准主要有 CDM 造林再造林项目标准（Afforestation and Reforestation Standard under CDM，CDM-AR）、农业、林业和其他土地利用项目自愿碳标准（Voluntary Carbon Standard for Agriculture，Forestry and Other Land Use Projects，AFOLU-VCS）、气候、社区和生物多样性标准（the Climate，Community & Biodiversity Standard，CCBS）以及生存计划方案（Plan Vivo System）等。

6.4.1　CDM-AR 标准

CDM 的碳补偿模式是现有标准中较为严格和完善的一种，除作为强制市场的碳补偿项目的标准外，也可作为自愿市场中的碳补偿项目标准。CDM-AR 项目补偿标准主要有以下几方面的要求（UNFCCC，2003）：

（1）合格性。CDM-AR 标准是由 UNFCCC 缔约方会议和 CDM 执行理事会制定的。该标准要求：实施碳补偿项目的土地必须是最近 50 年内不曾为森林的土地（造林项目）或 1989 年 12 月 31 日以来不为森林的土地（再造林项目）；除造林再造林项目可以作为合格的碳补偿项目外，其他任何形式的林业碳汇项目（包括避免毁林项目）都不是合格的碳补偿项目。

（2）方法学。该标准要求 CDM 碳汇补偿项目必须使用经 CDM 执行理事会批准的方法学，如果使用新的方法学，项目开发商必须向 CDM 方法学委员会提交拟议的新的方法学；CDM 方法学委员会对拟议的新方法学进行评审后，将其评审意见提交给 CDM 执行理事会，由 CDM 执行理事会决定是否批准拟议的新方法学。

CDM-AR 项目的方法学必须就项目的基线和额外性的确定方法、识别可能的温室气体排放/泄漏源及考虑或忽略该泄漏源的理由、计量和监测的方法、参数以及与关键参数有关的不确定性等内容进行详细描述。采用临时核证减排量（tCERs）或长期核证减排量（lCERs）两种形式签发项目产生的碳信用，在 tCERs 或 lCERs 的有效期结束时，获得 tCERs 或 lCERs 签发的附件 I 国家必须用可在京都市场中交易的排放单位，例如，标准的 CERs（certified emissions reductions）、EUA（European Union allowance）或其他碳汇项目产生的有效 lCERs 或 tCERs，将这些已经签发的 tCERs 或 lCERs 进行替换。

（3）项目碳信用计入期。在 CDM-AR 标准下，可选择不可更新的 30 年为碳信用计入期，也可选择可更新两次的 20 年为碳信用计入期。

（4）审定、注册。CDM-AR 标准要求项目开发商提交包含项目基本情况、基线和监测方法方面的信息、碳信用计入期、监测计划、温室气体排放源、项目的环境和社会经济影响、利益相关方的意见以及项目所在国的批准函，由第三方审核机构（指定经营实体 designated operation entity，DOE）对这些文件进行审定后，将审定报告提交给 CDM 执行理事会，由 CDM 执行理事会批准后，项目才可完成注册。

（5）核查和核证。项目注册成功后，项目实施主体需要根据项目设计文件（project design document，PDD）中的监测计划对项目进行监测，将监测报告提交给 DOE，由其对项目产生的人为净温室气体汇清除进行核查，出具核查报告，对核查报告进行核证，并将核证报告提交给执行理事会，由其批准后，由执行理事会签发 CERs。

（6）其他规定。在《京都议定书》第一承诺期，附件 I 国家使用林业碳汇项目产生的碳信用额度不能超过其基准年排放水平的 1% 的 5 倍。

由于林木碳储量的测量方法不仅复杂，而且有较大的不确定性，所以 CDM-AR 标准对方法学的要求很严格而且繁琐。鉴于 CDM-AR 标准的严格和复杂性，被 CDM 执行理事会（Executive Board，EB）拒绝的方法学建议比例非常大（到 2008 年 4 月为止，在已提交的方法学中，被 EB 批准的方法学是 10 个，未批准的是 20 多个，被撤销的有 3 个）。自从 2006 年成立"注册和签发工作组"（Registration and Issuance Team，RIT）以来，CDM 项目注册的瓶颈现象也显得日益突出。由于 RIT 各成员对项目的评估结果差异很大，一些项目开发商已经明确表示了对这种状况的不满。造成这种情况的主要原因除了该机构缺乏相应的制度以外，对该机构人员培训的不足也是一个主要原因。由于审定和核查项目的指定经营实体（DOE）是由项目开发商选择和付费的，自身利益最大化的目的可能会导致项目开发商和 DOE 的选择破坏 CDM 项目的环境完整性。DOE 面临着节约审定和核查的时间和成本问题。

CDM-AR 额外性工具已经开发了好几年了，而且已经被作为其他额外性试验的一个参照。但最近有报告认为 CDM-AR 额外性工具在很大程度上是由项目参与者主观决定的，项目参与者所提供的证据通常都不能真实地反映实际情况。

虽然 CDM-AR 标准要求项目必须能促进其所在国经济和环境的可持续发展，但由于衡量项目是否能促进国家可持续发展的标准是由项目所在国自己制定的，如果项目所在国将衡量可持续发展的标准制定得太严格，就有可能会限制项目开发商的投资，因此，部分国家可能会降低可持续发展标准，从而影响 CDM-AR 项目在可持续发展方面的贡献。

6.4.2　农业、林业和其他土地利用项目自愿碳标准

2007 年的 AFOLU 自愿碳标准（Voluntary Carbon Standard for Agriculture，Forestry and Other Land Use Projects，AFOLU-VCS 2007）是一种较为完善的碳补偿标准。它主要强调项目在减少大气温室气体方面所做的贡献，没有要求项目要具有环境和社会效益。该标准得到了碳补偿行业（项目开发商、碳补偿购买商、核查者以及项目咨询者等）的积极响应。符合 AFOLU-VCS 2007 的项目产生的碳补偿可以以"自愿碳单位"（voluntary carbon units，VCUs，代表减少 $1MgCO_2$ 排放）的形式进行注册和交易。AFOLU-VCS 涉及生物质碳吸收和基于土地利用的排放减少 2 类项目。该标准开发了一套描述农业、林业和其他土地利用项目等项目类型所特有的问题和风险的规则，其主要要求如下（VCS Association，2007）：

（1）合格性。AFOLU-VCS 下合格的项目类型包括造林再造林和植被恢复（afforestation，reforestation and revegetation ，ARR）、农地管理（agricultural land management ，ALM，包括改善农田管理、改善草地管理以及农田转变为草地）、改善森林管理（improved forest management ，IFM，包括减少采伐影响、森林保护、延长轮伐期、提高森林生产力）以及减少毁林排放（reduced emissions from deforestation，RED）四种。

（2）方法学。该标准下的所有项目采用的方法学必须是自愿碳标准（Voluntary Carbon standard，VCS）委员会批准的方法学，或者是 VCS 计划和其他温室气体计划批准的现有的方法学。AFOLU-VCS 计划批准方法学在很大程度上是基于 ISO（international organization for standardization）14064—2：2006 的指南来开发的。AFOLU-VCS 下的项目可采用 CDM 执行理事会以及加利福尼亚气候行动注册系统（california climate action registry）中批准的方法学。该标准下的项目如果要采用新的方法学，必须经过 2 个具有资质的独立审定机构的批准（一个是由项目开发商指定，另一个由 VCS 秘书处指定）才能获得 VCS 委员会的批准。如果其中一个审定机构不批准，那么拟议的新方法学将被 VCS 委员会拒绝。项目开发商有权对 VCS 委员会做出的决定提出重新评审的请求。VCS 秘书处将指定一个独立的顾问组对项目建议者提出的请求进行评议。VCS 委员会将根据评议结果对是否批准该方法学做出最终的决定。

该标准要求项目开发商必须对项目可能产生的潜在泄漏进行预测，并将潜在的泄漏从项目产生的净碳效益中扣除。为了确保泄漏影响的扣除，AFOLU-VCS 针对改善森

林管理项目制定了地区市场转移泄漏的缺省泄漏因子，这些缺省值的范围在项目碳效益的 10% ~70% 之间（Kollmuss et al.，2008）。

与 CDM-AR 标准不同的是 AFOLU-VCS 签发的是永久自愿碳单位（VCUs），它可在 VCS 下合格的项目类型之间进行互换。为了减轻项目非持久性的风险，AFOLU-VCS 的所有项目都必须从项目产生的全部碳信用中扣除一定的比例作为缓冲碳信用（buffer）。所有项目产生的缓冲信用都将存入 VCS 的缓冲账户中，一旦项目意外失败，即可从缓冲账户中将缓冲碳信用扣除。缓冲碳信用的高低由第三方独立审核机构通过对项目的风险评估确定，并在每次监测和核查时可进行重新评估。

（3）项目开始日期和碳信用计入期。项目开始日期为 2002 年 1 月 1 日。在 AFOLU-VCS 开始执行的第 1 年（即 2007 年 11 月 9 日至 2008 年 11 月 9 日），如果项目在 2007 年 11 月 9 日至 2008 年 11 月 9 日期间完成了审定过程，那么在 2002 年 1 月 1 日以后开始的项目都可是合格的。从执行标准的第二年（即 2008 年 11 月 9 日以后）开始，只有在完成审定的日期之前的两年内开始的项目才是合格的。AFOLU-VCS 的碳信用计入期与项目的运行期相同，最少是 20 年，最长可达 100 年。碳信用计入期的开始日期是 2008 年 3 月 28 日。

（4）审定、注册。AFOLU-VCS 要求项目的审定要由 VCS 计划或 GHG（greenhouse gas）计划授权的第三方审定机构来完成。审定机构根据 AFOLU-VCS 的审定要求对项目进行评估，并按照 AFOLU-VCS 审定报告的模板完成包括项目设计、基线、监测计划、碳储量的计算、环境影响以及利益相关者的评论等内容的审定报告。如果审定机构确认项目通过了审定，那么项目将自动获得批准。

在该标准下，只有在签发 VCUs 时，VCS 委员会才会根据审定和核查机构出具的审定和核查报告的结论对项目进行正式的注册。但是，只要项目通过了审定，项目的相关信息即可作为一个 VCS 项目进入 VCS 项目数据库，该数据库是对公众开放的数据库。为了避免重复计算，确保项目获得的 VCUs 仅在一个单独的注册系统里注册，VCS 将把与项目有关的数据在其 VCS 的网站上公布，并对每个项目分配一个系列号。在 VCS 的网站上可查到 AFOLU-VCS 项目产生的碳补偿数量、项目参与者、项目参与者所持有的注册系统以及其他与项目有关的信息。

（5）核查。AFOLU-VCS 项目产生的碳补偿量可以由负责审定项目的同一机构进行核查。核查机构根据 ISO14064—3：2006 的各项要求对项目宣称的碳补偿量和计算方法的精确性进行核查。然后写出核查报告，做出是否对项目所宣称的碳补偿量进行批准的决定。VCS 委员会不对任何项目做出批准或拒绝的决定。

此外，VCS 要求所有的 AFOLU 项目要确定项目可能产生的负面的环境和社会经济影响，并制定减缓措施。然而，VCS 并没有要求对项目产生的社会和环境影响进行监测，项目开发商仅需要证明项目不会有负面的社会和环境影响。

AFOLU-VCS 是一种针对主要的土地利用活动(包括农业和林业)的标准。该标准具有较低的审定和核查成本。该标准的一个优点是将部分评审工作交给其他相关领域的专业机构去完成，使各相关机构之间可以保持紧密的联系，提高了评审工作的质量。但这也可能会导致所授权的机构掌握的批准权太大，仅凭项目审定者的判断就能决定 VCS 项目是否被批准。授权委员会既能对项目进行评审，又能决定项目是否被批准的审定程序是 AFOLU-VCS 潜在的一个缺点。与 VCS 项目类似的双重批准程序可能是解决这个问题的最好办法。

由于 AFOLU-VCS 没有强制性地要求对曾经获得碳效益认证的项目进行重新认证，因此，要求项目保留一定数量的碳信用作为缓冲信用来处理项目可能发生的非持久性风险。这些不参与贸易的缓冲碳信用都将储存在 VCS 的缓冲值账户中。如果项目开发商能证明项目的有效期、可持续性以及缓解风险的能力，并得到核查者的认可，那么随着时间的推移，可以将所储存的缓冲碳信用转换成 VUCs。缓冲值账户中储存的缓冲信用值每隔一年或两年就要进行定期的修正。这种定期对缓冲值账户中储存的缓冲碳信用进行修正的方法，确保了 AFOLU 项目产生的碳补偿的可靠性和环境完整性。VCS 为了避免项目开发商和审定机构之间互惠问题的出现，在批准新方法学时采用了必须选择两个审定机构的双重审定程序。

6.4.3　气候、社区和生物多样性标准

CCBS(Climate, Community and Biodiversity)是由气候、社区和生物多样性联盟(Climate, Community and Biodiversity Alliance, CCBA)开发的一种项目设计标准，为项目设计和开发提供规则和指南。该标准的主要目的是确保项目在设计阶段就考虑当地社区和生物多样性效益。该标准由 15 个强制指标和 8 个可选择的指标组成。该标准既不对项目产生的碳补偿进行核查，也不对其进行注册。其主要要求如下(CCBA, 2005)：

(1)合格性。CCBS 主要是针对与土地利用有关的缓解气候变化的项目制定的，该标准下合格的项目类型有天然林或次生林保护、再造林或植被恢复、农田防护林营建、新耕作技术的引进、新木材采伐及加工处理技术的引进(例如，减少采伐影响)、减少农地耕作以及改善家畜管理等。

(2)方法学。CCBS 采用的方法学主要以其他组织或机构开发的方法、工具以及这些组织计算基线的标准为基础(例如，碳储量的净变化可采用《IPCC 优良做法指南》

中推荐的方法学或 CDM 批准的方法学)。在 CCBS 标准下，项目的额外性证明是基于每个项目具体的方法学来进行的。CCBS 要求项目参与方要对项目引起的项目边界以外的碳贮减少或非 CO_2 温室气体排放的增加进行量化，并将其降到最小。CCBS 要求项目参与方预先确定项目潜在的风险，并设计出减轻潜在的碳逆转、社区效益以及生物多样性减少的方法。由于 CCBS 只是项目设计标准，所以没有对项目的持久性做出专门的要求(如签发临时碳补偿)。

(3)项目开始日期和碳信用计入期。CCBS 对项目的开始日期没有要求，但项目必须提供包括碳计量及社区和生物多样性效益的开始日期等内容的文件。由于 CCBS 是一个单独的项目设计标准，所以没有对碳信用计入期做出任何规定。

(4)审定、核查。项目一经设计，就需要第三方审定机构对其进行审定。审定通过后，每隔 5 年必须对项目进行一次监测和核查。审定和核查可以由同一个审定机构来进行。CCBS 核查并不对项目的碳效益进行数量的核证，它只是对审定机构所确认的碳效益、环境效益以及社会效益进行评估。经过对相关的项目文件的评审、当地访谈、对项目的实施情况进行检查、对项目设计内容以及对公示期间收到的意见进行考虑等程序后，在 CCBA 的密切配合下，由审定机构对项目是否被批准做出最终的决定。

(5)注册。由于 CCBS 只是一个项目设计标准，因此，没有任何授权的注册机构对符合该标准的项目产生的碳补偿进行注册。

此外，CCBS 的项目必须对项目地所在社区和生物多样性产生积极的影响。该标准采用筛选的方法排除具有负面影响的项目，采用分值的方法对具有额外环境效益的项目给予一定的分值。该标准规定项目不能对国际自然与自然资源保护联盟(International Union for the Conservation of Nature and Natural Resources, IUCN)红皮书中所列的濒危物种或国家级保护物种产生负面的影响。在项目中不能使用入侵种或遗传改良品种。CCBS 对使用本地种和具有水土保持作用的项目给予额外的分值。

CCBS 是确保项目获得多重效益的一种项目设计工具。由于碳的核查标准要在项目设计时完成，在预期投资到位的几年后该标准才能发挥作用，所以 CCBS 对于林业项目是非常重要和有价值的。

CCBS 强调了项目的社会和环境效益，现已开发出一套能确保和估计这些效益的工具和指南。其中有的指标描述得非常明确(如生物多样性方面的指标和标准)，而有的只是做了概括性的定义(如利益相关者和能力建设的规则)，这使得项目开发商能灵活地采用最适合项目的方式对问题进行描述，但这样就使审定机构要承担更多的责任。

与 AFOLU-VCS 类似，CCB 项目是否被批准是由项目审定者决定，缺乏授权委员会也是 CCBS 的潜在缺点。由于 CCBS 的审定程序最近才被确定，所以目前 CCBA 急需开展指南编写工作。CCBS、审定机构以及项目开发商之间彼此独立的关系，有助于 CCBS 专家尽可能少地与项目和审定机构进行接触，增加了审定的透明性。

6.4.4 生存计划方案

生存计划方案(Plan Vivo system)是爱丁堡碳管理中心(Edinburgh Centre for Carbon Management, ECCM)于 1994 年在南墨西哥开发的一个研究项目。它强调采用促进可持续发展、改善农村生计和生态系统的小规模土地利用、土地利用变化和林业项目的一种补偿方式。生存计划(Plan Vivo)的工作与农村社区较为密切，强调参与式设计、与利益相关者进行商讨以及本地种的采用。目前，生存计划项目是由倡导人类发展与环境变化相和谐的非盈利组织——生存计划基金会(Plan Vivo Foundation)进行管理的。生存计划对项目的主要要求如下(Plan Vivo, 2007)：

(1)合格性。合格的生存计划方案项目类型包括在发展中国家实施的恢复森林、森林保护和管理、经济林种植、水土保持以及提高园艺技术等项目。

(2)方法学。描述生存计划项目方法学的技术说明书以及每一种种植模式预期产生的碳信用的审定都是由生存计划基金会授权代理的。生存计划项目的额外性主要是通过障碍分析(如缺乏资金、技术，政治上的局限性以及文化环境等)来进行的。基线既可以基于项目水平，也可以采用地区尺度的模型来计算。项目碳信用的预测是根据管理方案、立地条件、树种选择、生长速率以及种植密度等信息来计算的。生存计划要求在项目的技术说明书中必须对每一种土地利用活动产生的泄漏进行评估，并确定潜在的泄漏风险以及控制这些风险的方法，从实施机构的能力、项目参与者的经验、项目实施地的稳定性、土地的长期所有权等方面对项目的持续能力进行评估来解决项目的持久性问题。

(3)项目开始日期和碳信用计入期。项目只要注册为生存计划项目之后，即可出售生存计划证书。该标准对项目的开始日期没有任何限制。碳信用计入期根据具体的项目情况来制定。一般而言，生存计划项目的碳信用期可长达 150 年，但付给实施碳汇活动的农民的费用通常都要在 5~15 年内付完。

(4)审定、注册。生存计划项目的审定是由生存计划基金会指定的相关领域的专家完成的。当项目通过了审定以后，项目参与方将项目技术说明书(主要描述项目的土地利用方式、碳计量、潜在的风险、监测指标、泄漏、额外性以及持久性等内容)和项目实施方案提交给由生存计划技术咨询委员会授权的独立机构或组织，该组织按照生存计划方案的要求对项目所提交的技术说明书和实施方案进行评审，并做出是否批准的决定。项目的技术说明书和实施方案一经批准，即可注册为生存计划项目。生存计划基金会拥有一个注册系统，该系统详细记录了生存计划项目所出售的碳信用以及相应的生存计划证书购买者。

（5）核查。目前生存计划基金会并没有要求第三方核查机构对注册的生存计划项目进行核查，但为项目参与者提供了可选择的核查方以及对项目进行核查的程序和步骤。随着生存计划项目的增多，生存计划基金会很可能会制定出更为详细的核查规定。

生存计划方案主要适用于乡村民间，具有较高的环境保护效益和社区效益。然而，由于这种标准主要适用于那些碳信用价格较低的项目，所以该种类型的标准应用范围较小。

生存计划方案中，如果参与生存计划项目的农民能确保其所种植的林木保留数十年，那么参与生存计划项目的农民就可以按照分期付款的方式获得补偿，所有的款额将在 10～15 年内被付清。生存计划方案中的碳补偿是根据付款结束时农民所保留的林木来计算的。农民一旦获得了所有分期付款的补偿，将不再具有砍伐林木的权利。生存计划的实践证明，通过项目的设计，农民不服从项目规定的风险得以大大降低。农民为了自己的经济利益，也会很好地保存林木。

6.4.5　我国自愿林业碳汇市场补偿标准建议

由于对自愿碳汇市场所持有的观点、涉及行业以及财务制度的不同，目前所开发的各种碳汇补偿标准对项目类型、项目的多重效益、可持续发展、额外性、计量方法学、核查、监测以及注册系统等方面的要求都有所不同。从上述分析可知，CDM-AR标准在确保项目能产生足够数量的"碳补偿"方面是非常成功的，但目前该标准是否真正能促进项目所在国的多重效益及其可持续发展，仍有待于进一步的研究和论证。AFOLU 自愿碳标准（AFOLU-VCS）是以确保项目满足基本质量要求的同时，尽可能地减少项目实施者的负担和成本为目的的，没有要求项目必须有当地利益相关者的参与，而且也未体现出多重效益的理念。因此，对于看重项目多重效益的买方而言，AFOLU-VCS 不是一个很理想的标准，但该标准从项目产生的碳信用中扣除一定的比例作为缓冲碳信用（buffer）的做法很好地解决了林业项目所特有的非持久性问题。CCBS 是以支持社区可持续发展和保护生物多样性为目的的，所强调的是项目的多重效益，但其仅仅是一种项目设计标准，并不对项目产生的碳储量变化进行核查。生存计划方案具有多重效益，有助于缓解贫困、能解决很多大的补偿项目或至今未能作为

CDM 项目来实施的项目所面临的问题。然而，与后期出售碳信用的方式相比，碳信用的预先出售可能不能确保项目能按计划真正实现预期的排放减少或碳信用。基于我国自愿碳汇市场还处于开发初期的背景，从促进我国可持续发展和确保我国实施的林业碳补偿项目具有环境完整性和可操作性的角度出发，建议采用 AFOLU 自愿碳标准与 CCBS 相结合的方法设计我国的自愿碳补偿项目。

6.5　自愿林业碳市场对 CDM 碳汇市场的影响

基于上述对自愿林业碳市场与 CDM 林业碳市场的比较和分析，认为如果自愿林业碳市场以目前的规模和速度继续发展将会对 CDM 林业碳市场有以下方面的影响：

（1）自愿林业碳市场的迅速发展可能会导致 CDM 林业碳市场碳信用的价格降低。由于 CDM 林业碳市场的碳信用必须经 CDM 执行理事会注册以后才可以用来抵消附件 I 国家购买方的减排指标，而碳信用的注册意味着 CDM 林业碳市场的交易必须有维持注册系统运行的一个最小的运作成本，该成本主要包括 PDD 以及方法学建议的编写等项目准备费用（60000 ~ 180000 美元）、DOE 的核查费用（15000 ~ 25000 美元）、注册（15000CERs 以内是 0.1 美元/CER，15000CERs 以上是 0.2 美元/CER）、监测成本（取决于项目大小）、DOE 的核证费（15000 ~ 25000 美元）、适应性基金（项目 CERs 的 2%）以及项目所在国的税费等。而对于自愿林业碳市场的碳信用而言，除了需要注册某种标准的注册费用以外，其他的费用都是可以避免的，因此，CDM 碳汇项目的交易成本比自愿碳汇项目高，而二者对气候变化或生态环境所起的作用几乎是相同的。因此如果自愿市场继续发展，其碳信用就会对 CDM 林业碳市场的碳信用产生冲击。为了确保 CDM 林业碳市场的正常运行，管理机构会重新考虑其相关的交易规定，降低交易成本，最终是 CDM 碳汇项目的碳信用的价格下降。

（2）自愿碳汇项目可能会降低 CDM 碳汇项目的可信度。由于自愿碳汇项目没有统一的核查和认证标准，各项目的质量参差不齐，如果失败的项目很多，就会破坏各种减排抵消方案的环境完整性，使公众或企业丧失了碳汇项目（包括 CDM 碳汇项目）对缓解气候变化所起作用的认可程度，最终使 CDM 碳汇项目的可信度也随之降低。

（3）自愿碳汇项目的发展可能会导致可用于 CDM 碳汇项目的土地资源减少。随着人们环保意识的提高，越来越多的政府、企业、国际会议以及个人热衷于"碳抵消"或"碳中性"活动，加上自愿碳汇项目产生碳信用的成本比 CDM 碳汇项目低，自愿碳汇项目将会越来越多，所占用的土地资源也会越来越多，而可用于造林或再造林的土地资源是有限的，因此随着自愿碳汇项目规模的扩大，可用于 CDM 碳汇项目的潜在的土地资源可能会有所减少。

（4）自愿林业碳市场的发展可能有助于 CDM 林业碳市场交易模式和相关的方法学的完善和改进。与 CDM 碳汇项目有关的额外性、非持久性、泄漏等方法学问题以及复杂的交易程序是目前 CDM 碳汇项目开发及交易过程中面临的主要问题。大量的自愿碳汇项目的实践，为 CDM 林业碳市场管理者、项目开发商以及项目方法学研究机构提供了管理和技术支撑方面的实验基础。通过分析自愿林业碳市场开发和交易过程中存在的问题和处理问题的方法，CDM 的管理者可以吸取经验教训，借鉴自愿林业碳市场中有效的方法学和市场运作体系，修改和完善自己的管理制度和方法学规定。例如，自愿林业碳市场的认证标准之一"自愿碳标准"（The Voluntary Carbon Standard，VCS）中，处理非持久性问题的"缓冲值"的方法对 CDM 碳汇项目非持久性问题的解决具有重要的参考价值。"气候、社区以及生物多样性标准"中解决项目对生物多样性影响的方法，也为 CDM 碳汇项目审批者评价 CDM 碳汇项目的生物多样性效益提供了参考标准。

6.6　林业碳汇市场前景

由于京都碳市场动态主要受《京都议定书》各缔约国的气候政策所驱动，对 CDM 林业碳信用的供给和需求进行定量分析是了解 CDM 林业碳汇市场动态最重要的途径之一。目前 CDM 林业碳信用需求方面的数据和资料仍有较大的不确定性，对 JI、东欧绿色投资方案（Green Investment Schemes in Eastern Europe，GISEE）以及前社会主义国家可能的"热空气"贸易是否会提供额外的碳信用也不确定，因此，CDM 林业碳汇市场的前景将取决于未来 CDM 国际制度改革和各缔约国的气候政策以及经济结构的变化。

目前 CDM 林业碳汇市场仍处于起步阶段，林业碳信用的市场需求主要是通过世界银行的碳基金（原型碳基金、生物碳基金以及社会发展碳基金）推动的。虽然部分欧洲缔约国政府对 CDM 林业碳信用表现出一些兴趣，但仍然还没有直接进入 CDM 林业碳汇市场。欧洲的私人部门在很大程度上仍受 EU ETS 的影响，在未来一段时间内，对 CDM 林业碳汇项目的关注不会太多。日本政府虽然把完成减排义务的重心放在了林业碳汇和 CDM 上，但使用林业碳信用的具体方案还没有出台，无论是私人企业还是政府对于购买 CDM 林业碳信用仍非常谨慎。政府部门在国家正出台相关的政策之前，通常不会轻易采取购买行动，与欧洲和日本的政府部门相比，日本的非政府组织以及个人在推进 CDM 林业碳信用的购买方面，表现得更为积极。

自 2005 年 11 月，《京都议定书》未来承诺期的气候谈判启动后，UNFCCC 及《京都议定书》缔约方会议一直都在讨论是否对《京都议定书》第二承诺期的规则进行修改或重新拟定一个新的协定来替换《京都议定书》。在 2009 年为第 15 次哥本哈根缔约方会议所准备的《京都议定书》特设工作组第九次会议上，很多国家都建议在未来的承诺期，将森林保护和避免毁林项目纳入合格的 CDM 林业项目或形成一种新的机制使其产生的碳信用能抵消附件I国家所承诺的减排指标。从已经召开的 UNFCCC 第 15 次缔约方大会所达成的《哥本哈根协议》以及谈判过程中各缔约方的观点看，由于计量方法的不确定性，在第二承诺期将森林保护和避免毁林项目纳入 CDM 的可能性不是很大，但有可能会产生一种新的机制来解决减少毁林和森林退化引起的排放（REDD）问题。虽然《京都议定书》第一承诺期结束后，CDM 碳汇市场是否存在仍有较大的不确定性，除世界银行外，对 2012 年以后的 CDM 林业碳汇市场表现出极大兴趣的买方还很少，但新的规则出台以后，第二承诺期 CDM 林业碳汇市场可能还会有更大的发展潜力。

6.7 发展我国林业碳汇市场的对策建议

基于自愿林业碳市场对我国落实"十一五"规划纲要提出的"温室气体排放控制取得成效"这一战略目标的重要作用，以及自愿林业碳市场对 CDM 林业碳市场的影响分析，结合目前我国碳汇市场的规模、类型以及发展现状，就我国自愿林业碳市场的发展提出了以下几点对策建议：

（1）构建科学合理并行之有效的管理政策，为我国碳汇市场的发展提供必要的政策保障和支持。

（2）加强对建立碳汇交易平台的技术可行性以及所需要的外部环境条件的研究，构建我国自愿林业碳市场交易平台。

（3）加强适应国际碳市场的国内碳汇市场机制的研究（包括国内碳汇贸易的理论基础、实践要求、基本原则、碳贸易的定位、碳汇额的分配、参与资格、贸易程序、法律责任、交易主体、交易数量、交易价格以及交易类型等），确保我国实施的林业碳汇项目的公正性、成本有效性和可操作性。

（4）开展碳汇交易对我国履行国际公约的影响研究，包括对参与意愿、碳汇交易总量以及增汇成本的影响。

第7章 林业碳汇对实现温室气体减排目标的贡献

7.1 林业碳汇对实现我国温室气体减排目标的贡献

2009 年 11 月 25 日，国务院常务会议决定到 2020 年我国控制温室气体排放的行动目标：到 2020 年我国单位国内生产总值二氧化碳排放比 2005 年下降40% ~ 45%，作为约束性指标纳入国民经济和社会发展中长期规划，并制定相应的国内统计、监测、考核办法。

时任国家发改委副主任解振华在 2009 年 11 月 26 日晚间国务院新闻办举行的发布会上说："既要保持我们的发展，保证有合理的增长和排放量，又要降低温室气体增长的速度，这是这个决定最本质的内容和要求。"解振华表示，中国是一个发展中国家，现在既面临着发展经济、摆脱贫困、改善民生方面的任务，还要面临着适应气候变化和减缓温室气体增长速度的挑战。随着经济的增长，中国的能源消耗总量可能还会相对增加，这种增加还是一种合理的增加，二氧化碳排放还会有所增加，控制温室气体排放面临着巨大压力和特殊困难。

我国2009 年应对气候变化行动取得积极进展，有望实现2010 年20% 的减排目标。

解振华介绍，中国在 2007 年颁布了应对气候变化国家方案，这个国家方案和我国所颁布的"十一五"经济社会发展规划当中节能减排的很多措施都是一致的。在 2007 年之后，国家进一步理顺了应对气候变化的体制、机制，在转变发展方式、调整经济结构、产业结构、能源结构上下工夫。到 2009 年上半年，我们已经完成了单位 GDP 能耗比 2005 年降低 13% 的任务，尽管困难很大，但是经过努力，应该说 2010 年减排 20% 左右的目标有希望实现。"如果实现了这个目标，我们将在 5 年当中减少二氧化碳排放至少有 15 亿 t 以上，这在全世界各个国家当中减排量都是非常大的。"

中国采取的另一项措施是积极发展可再生能源，包括风能、太阳能、水力发电。经过 4 年的努力，可再生能源占一次能源的比重从 7.5% 提高到目前的将近 9%。中国还在大力植树造林，中国是人工植树造林最多的国家，据最近森林普查的情况，森林覆盖率已经从 18.2% 达到了 20.36% ，这个力度是非常大的。

全国第八次森林资源清查（2009～2013 年）结果表明：我国有森林面积 2.08 亿 hm²，森林覆被率 21.63%，森林活立木总蓄积量 151.37 亿 m³，森林植被总碳储量 84.27 亿 t，森林生态效益价值 10.89 亿元。中国成为全球森林面积增加最快、人工林最多的国家。中国植树造林的巨大成果，为减缓全球气候变暖做出了巨大贡献，得到了国际社会的充分肯定和高度评价。联合国粮农组织发布的《2010 年世界森林状况》指出：总体而言，亚洲和太平洋区域在 20 世纪 90 年代每年损失森林 70 万 hm²，但在 2000～2010 年期间，每年增加了 140 万 hm²。这主要是中国大规模植树造林的结果，20 世纪 90 年代该国森林面积每年增加 200 万 hm²，自 2000 年以来每年平均增加 300 万 hm²。

根据国务院 2007 年公布的《应对气候变化国家方案》，1980～2005 年，中国通过持续不断地开展植树造林和森林管理活动，累计净吸收二氧化碳 46.8 亿 t，通过控制毁林，减少排放二氧化碳 4.3 亿 t，两项合计 51.1 亿 t。中国科学院方精云院士等（2007）的研究结果显示，我国单位面积森林吸收固定二氧化碳的能力显著增加，已由 20 世纪 80 年代初的每公顷吸收固定 136.42t 二氧化碳增加到 21 世纪初的每公顷吸收 150.47t；1981～2000 年 20 年间，我国以森林为主体的陆地植被碳汇大约抵消了我国同期温室气体排放总量的 14.6%～16.1%，其中森林植被净吸收约 58 亿 t 二氧化碳，相当于同期我国温室气体排放总量的 11.9%。

当前，气候变化正深刻地影响着全球社会经济的可持续发展。在应对气候变化的国际行动中，林业碳汇被逐步推到了一个重要位置，并日益受到广泛关注。2005 年 2 月 16 日，《京都议定书》正式生效后，通过在发展中国家（非附件I国家）实施清洁发展机制（CDM）下的造林再造林碳汇项目获取碳信用以履行《京都议定书》承诺的减排义务，正在受到发达国家（附件I国家）的日益关注。实施这样的项目，是完全符合中国经济社会可持续发展需要的，中国政府欢迎发达国家来我国共同实施造林再造林碳汇项目。

初步分析表明，通过扩大造林面积，预计在 2008～2012 年间的第一承诺期，我国森林可净吸收碳 6.67 亿 t；到 2050 年，我国的森林覆盖率将达到 26% 以上，我国森林年净吸收能力将比 1990 年增加 90.4%。另外，我国现有森林蓄积量、林木生长率、林分生产力等都还有一定的提升空间，而且，通过加大控制毁林力度，适当增加木材使用量，通过一定技术措施延长木材使用寿命，将会增加我国森林的整体固碳能力。这些努力都将对缓解全球变暖趋势、改善人类共同生存的生态环境做出重要贡献。

森林作为陆地生态系统的主体，以其巨大的生物量贮存着大量的碳，森林植被中的碳含量约占生物量干质量的50%。联合国粮农组织(FAO)对全球森林资源的评估表明：全球森林面积达38.69亿hm^2，占全球陆地面积的30%；其中热带占47%，亚热带占9%，温带占11%，寒带占33%；平均每公顷森林的地上生物量为1Gt，全球森林地上部分生物量达422GtB(FAO，2001)。森林土壤中贮存的碳要比森林生物量中贮存的碳还要多得多。据IPCC估计，全球陆地生态系统碳储量约2477GtC，其中植被贮存量约占20%，土壤贮存量约占80%。占全球土地面积27.6%的森林，其森林植被的碳贮存量约占全球植被的77%；森林土壤的碳贮存量约占全球土壤的39%。可见，森林生态系统是陆地生态系统中最大的碳库，其增加或减少都将对大气CO_2产生重要影响。

我国多年持续不断地开展了大规模造林绿化，对吸收CO_2等温室气体做出了重要贡献。根据有关方面的研究结果，从1949~1998年，我国开展的主要生态建设活动中，造林绿化的固碳率最高。每年每公顷可固碳1~1.4t，是其他生态建设固碳率的1.25~5倍。50多年来，在我国生态建设累计吸收固定的碳的总量中，人工造林、封山育林和飞播造林的贡献较大，分别占39%、28%和21%。造林绿化在我国生态建设固定CO_2的总量中的贡献比例占88%，最具成效，对缓解气候变化起到了积极作用。

会议还决定，通过大力发展可再生能源、积极推进核电建设等行动，到2020年我国非化石能源占一次能源消费的比重达到15%左右；通过植树造林和加强森林管理，森林面积比2005年增加4000万hm^2，森林蓄积量比2005年增加13亿m^3。这是我国根据国情采取的自主行动，是我国为全球应对气候变化做出的巨大努力。

7.2　我国林业碳汇对缓解全球气候变化的贡献

外交部副部长何亚非说："中国作为一个人口最多的发展中国家，我们为应对气候变化采取的行动、确定的目标都符合巴厘路线图关于发展中国家减缓行动的要求。我们发布的这个方案不仅体现了中国政府愿意为本国人民的福祉而做出不懈的努力，也体现了我们对全人类的未来高度负责的态度。"

中国政府本着对全人类长远发展高度负责的态度，在全面考虑中国国情和发展阶段，社会经济发展趋势、能源消费总量、节能降耗和可再生能源发展现状和发展趋势，从建设资源节约型、环境友好型社会的目标和任务出发，在国际社会对中国期望的基础上制定了上述目标。

这是中国根据国情采取的自主行动，也是中国为全球应对气候变化做出的巨大努力，充分表明了中国政府在应对气候变化方面积极负责任的态度。虽然实现上述行动目标特别是碳排放强度下降目标需要付出艰苦卓绝的努力，但是中国实现上述目标的决心是坚定不移的，我们将尽最大可能采取相应的政策措施和切实行动，为实现可持续发展、保护全球气候不断做出贡献。

作为一个负责任的发展中国家，自 1992 年联合国环境与发展大会以后，中国政府率先组织制定了《中国 21 世纪议程——中国 21 世纪人口、环境与发展白皮书》，并从国情出发采取了一系列政策措施，为减缓全球气候变化做出了积极的贡献。大力开展植树造林，加强生态建设和保护。改革开放以来，随着中国重点林业生态工程的实施，植树造林取得了巨大成绩，据第六次全国森林资源清查，中国人工造林保存面积达到 0.54 亿 hm^2，蓄积量 15.05 亿 m^3，人工林面积居世界第一。全国森林面积达到 17491 万 hm^2，森林覆盖率从 20 世纪 90 年代初期的 13.92% 增加到 2005 年的 18.21%。除植树造林以外，中国还积极实施天然林保护、退耕还林（草）、草原建设和管理、自然保护区建设等生态建设与保护政策，进一步增强了林业作为温室气体吸收汇的能力。与此同时，中国城市绿化工作也得到了较快发展，2005 年中国城市建成区绿化覆盖面积达到 106 万 hm^2，绿化覆盖率为 33%，城市人均公共绿地 7.9m^2，这部分绿地对吸收大气二氧化碳也起到了一定的作用。据专家估算，1980~2005 年中国造林活动累计净吸收约 30.6 亿 t 二氧化碳，森林管理累计净吸收 16.2 亿 t 二氧化碳，减少毁林排放 4.3 亿 t 二氧化碳。

自 20 世纪 80 年代以来，我国政府持续加大了发展和保护森林资源的力度，先后启动实施了六大林业重点工程，对减缓气候变化做出了重要贡献。我国还先后出台了多部林业法律法规以及地方性法规规章，形成了完备的森林资源保护法律体系和森林资源管理体系。在森林病虫害防治、火灾控制以及湿地保护、自然保护区建设等方面做出了不懈努力。第七次全国森林资源清查（2004~2008 年）结果表明：我国森林资源进入了快速发展时期，全国森林面积 1.95 亿 hm^2，森林覆盖率 20.36%，森林蓄积量 137.21 亿 m^3，森林植被碳储量达到 78.11 亿 t，人工林保存面积 0.62 亿 hm^2，人工林面积仍居世界首位。我国森林恢复成果受到了国际社会的充分肯定。联合国粮农组织发布的 2009 年全球森林资源评估报告中指出：在全球森林资源继续减少的趋势下，亚太地区森林面积出现了净增长，中国每年净增加森林面积 300 多万 hm^2，弥补了其他地区的森林高采伐率造成的损失。我国多年来大规模植树造林不仅提高了森林面积和蓄积量，也吸收固定了大量的二氧化碳。据公布，2004 年我国森林净吸收了约 5 亿 t 二氧化碳，相当于我国当年工业排放量的 8%。2006 年年底中国、芬兰、英国及美国等 6 位不同学科的国际著名专家，共同对中国森林吸收二氧化碳的能力进行了评估，一致认为，1999～2005 年期间，中国是世界上森林资源增长最快的国家，不仅吸收了大量二氧化碳，而且为中国乃至全球经济社会的可持续发展创造了难以估量的生态价值，并呼吁世界有关国家向中国学习，以实际行动为应对全球气候变化做出积极贡献。

附件 中国应对气候变化国家方案

前　言

气候变化是国际社会普遍关心的重大全球性问题。气候变化既是环境问题，也是发展问题，但归根到底是发展问题。《联合国气候变化框架公约》（以下简称《气候公约》）指出，历史上和目前全球温室气体排放的最大部分源自发达国家，发展中国家的人均排放仍相对较低，发展中国家在全球排放中所占的份额将会增加，以满足其经济和社会发展需要。《气候公约》明确提出，各缔约方应在公平的基础上，根据他们共同但有区别的责任和各自的能力，为人类当代和后代的利益保护气候系统，发达国家缔约方应率先采取行动应对气候变化及其不利影响。《气候公约》同时也要求所有缔约方制定、执行、公布并经常更新应对气候变化的国家方案。

中国作为一个负责任的发展中国家，对气候变化问题给予了高度重视，成立国家气候变化对策协调机构，并根据国家可持续发展战略的要求，采取了一系列与应对气候变化相关的政策和措施，为减缓和适应气候变化做出了积极的贡献。作为履行《气候公约》的一项重要义务，中国政府特制定《中国应对气候变化国家方案》。本方案明确了到2010年中国应对气候变化的具体目标、基本原则、重点领域及其政策措施。中国将按照科学发展观的要求，认真落实方案中提出的各项任务，努力建设资源节约型、环境友好型社会，提高减缓与适应气候变化的能力，为保护全球气候继续做出贡献。

《气候公约》第四条第7款规定："发展中国家缔约方能在多大程度上有效履行其在本公约下的承诺，将取决于发达国家缔约方对其在本公约下所承担的有关资金和技术转让承诺的有效履行，并将充分考虑到经济和社会发展及消除贫困是发展中国家缔约方的首要和压倒一切的优先事项。"中国愿在发展经济的同时，与国际社会和有关国家积极开展有效务实的合作，努力实施本方案。

第一部分　中国气候变化的现状和应对气候变化的努力

近百年来，许多观测资料表明，地球气候正经历一次以全球变暖为主要特征的显著变化，中国的气候变化趋势与全球的总趋势基本一致。为应对气候变化，促进可持续发展，中国政府通过实施调整经济结构、提高能源效率、开发利用水电和其他可再生能源、加强生态建设以及实行计划生育等方面的政策和措施，为减缓气候变化做出了显著的贡献。

一、中国气候变化的观测事实与趋势

政府间气候变化专门委员会（IPCC）第三次评估报告指出，近50年的全球气候变暖主要是由人类活动大量排放的二氧化碳、甲烷、氧化亚氮等温室气体的增温效应造成的。在全球变暖的大背景下，中国近百年的气候也发生了明显变化。有关中国气候变化的主要观测事实包括：一是近百年来，中国年平均气温升高了0.5~0.8℃，略高于同期全球增温平均值，近50年变暖尤其明显。从地域分布看，西北、华北和东北地区气候变暖明显，长江以南地区变暖趋势不显著；从季节分布看，冬季增温最明显。从1986~2005年，中国连续出现了20个全国性暖冬。二是近百年来，中国年均降水量变化趋势不显著，但区域降水变化波动较大。中国年平均降水量在20世纪50年代以后开始逐渐减少，平均每10年减少2.9mm，但1991~2000年略有增加。从地域分布看，华北大部分地区、西北东部和东北地区降水量明显减少，平均每10年减少20~40mm，其中华北地区最为明显；华南与西南地区降水明显增加，平均每10年增加20~60mm。三是近50年来，中国主要极端天气与气候事件的频率和强度出现了明显变化。华北和东北地区干旱趋重，长江中下游地区和东南地区洪涝加重。1990年以来，多数年份全国年降水量高于常年，出现南涝北旱的雨型，干旱和洪水灾害频繁发生。四是近50年来，中国沿海海平面年平均上升速率为2.5mm，略高于全球平均水平。五是中国山地冰川快速退缩，并有加速趋势。

中国未来的气候变暖趋势将进一步加剧。中国科学家的预测结果表明：一是与2000年相比，2020年中国年平均气温将升高1.3~2.1℃，2050年将升高2.3~3.3℃。全国温度升高的幅度由南向北递增，西北和东北地区温度上升明显。预测到2030年，西北地区气温可能上升1.9~2.3℃，西南可能上升1.6~2.0℃，青藏高原可能上升2.2~2.6℃。二是未来50年中国年平均降水量将呈增加趋势，预计到2020年，全国年平均降水量将增加2%~3%，到2050年可能增加5%~7%。其中东南沿海增幅最大。三是未来100年中国境内的极端天气与气候事件发生的频率可能性增大，将对经济社会发展和人们的生活产生很大影响。四是中国干旱区范围可能扩大、荒漠化可能性加重。五是中国沿海海平面仍将继续上升。六是青藏高原和天山冰川将加速退缩，一些小型冰川将消失。

二、中国温室气体排放现状

根据《中华人民共和国气候变化初始国家信息通报》，1994年中国温室气体排放总量为40.6亿t二氧化碳当量（扣除碳汇后的净排放量为36.5亿t二氧化碳当量），其中二氧化碳排放量为30.7亿t，甲烷为7.3亿t二氧化碳当量，氧化亚氮为2.6亿t二氧化碳当量。据中国有关专家初步估算，2004年中国温室气体排放总量约为61亿t二氧化碳当量（扣除碳汇后的净排放量约为56亿t二氧化碳当量），其中二氧化碳排放量约为50.7亿t，甲烷约为7.2亿t二氧化碳当量，氧化亚氮约为3.3亿t二氧化碳当量。从1994~2004年，中国温室气体排放总量的年均增长率约为4%，二氧化碳排放量在温室气体排放总量中所占的比重由1994年的76%上升到2004年的83%。

中国温室气体历史排放量很低，且人均排放一直低于世界平均水平。根据世界资源研究所的研究结果，1950年中国化石燃料燃烧二氧化碳排放量为7900万t，仅占当时世界总排放量的1.31%；1950~2002年间中国化石燃料燃烧二氧化碳累计排放量占世界同期的9.33%，人均累计二氧化碳排放量61.7t，居世界第92位。根据国际能源机构的统计，2004年中国化石燃料燃烧人均二氧化碳排放量为3.65t，相当于世界平均水平的87%，经济合作与发展组织国家的33%。

在经济社会稳步发展的同时，中国单位国内生产总值（GDP）的二氧化碳排放强度总体呈下降趋势。根据国际能源机构的统计数据，1990年中国单位GDP化石燃料燃烧二氧化碳排放强度为5.47kg CO_2/美元（2000年价），2004年下降为2.76kg CO_2/美元，下降了49.5%，而同期世界平均水平只下降了12.6%，经济合作与发展组织国家下降了16.1%。

三、中国减缓气候变化的努力与成就

作为一个负责任的发展中国家，自1992年联合国环境与发展大会以后，中国政府率先组织制定了《中国21世纪议程——中国21世纪人口、环境与发展白皮书》，并从国情出发采取了一系列政策措施，为减缓全球气候变化做出了积极的贡献。

第一，调整经济结构，推进技术进步，提高能源利用效率。从20世纪80年代后期开始，中国政府更加注重经济增长方式的转变和经济结构的调整，将降低资源和能源消耗、推进清洁生产、防治工业污染作为中国产业政策的重要组成部分。通过实施一系列产业政策，加快第三产业发展，调整第二产业内部结构，使产业结构发生了显著变化。1990年中国三次产业的产值构成为26.9:41.3:31.8，2005年为12.6:47.5:39.9，第一产业的比重持续下降，第三产业有了很大发展，尤其是电信、旅游、金融等行业，尽管第二产业的比重有所上升，但产业内部结构发生了明显变化，机械、信息、电子等行业的迅速发展提高了高附加值产品的比重，这种产业结构的变化带来了较大的节能效益。1991～2005 年中国以年均 5.6% 的能源消费增长速度支持了国民经济年均 10.2% 的增长速度，能源消费弹性系数约为 0.55。

20 世纪 80 年代以来，中国政府制定了"开发与节约并重、近期把节约放在优先地位"的方针，确立了节能在能源发展中的战略地位。通过实施《中华人民共和国节约能源法》及相关法规，制定节能专项规划，制定和实施鼓励节能的技术、经济、财税和管理政策，制定和实施能源效率标准与标识，鼓励节能技术的研究、开发、示范与推广，引进和吸收先进节能技术，建立和推行节能新机制，加强节能重点工程建设等政策和措施，有效地促进了节能工作的开展。中国万元 GDP 能耗由 1990 年的 2.68t 标准煤下降到 2005 年的 1.43t 标准煤（以 2000 年可比价计算），年均降低 4.1%；工业部门中高耗能产品的单位能耗也有了明显的下降：2004 年与 1990 年相比，6000kW 以上火电机组供电煤耗由每千瓦时 427g 标准煤下降到 376g 标准煤，重点企业吨钢可比能耗由 997kg 标准煤下降到 702kg 标准煤，大中型企业的水泥综合能耗由每吨 201kg 标准煤下降到 157kg 标准煤。按环比法计算，1991～2005 年的 15 年间，通过经济结构调整和提高能源利用效率，中国累计节约和少用能源约 8 亿 t 标准煤。如按照中国 1994 年每吨标准煤排放二氧化碳 2.277t 计算，相当于减少约 18 亿 t 的二氧化碳排放。

第二，发展低碳能源和可再生能源，改善能源结构。通过国家政策引导和资金投入，加强了水能、核能、石油、天然气和煤层气的开发和利用，支持在农村、边远地区和条件适宜地区开发利用生物质能、太阳能、地热、风能等新型可再生能源，使优质清洁能源比重有所提高。在中国一次能源消费构成中，煤炭所占的比重由 1990 年的 76.2% 下降到 2005 年的 68.9%，而石油、天然气、水电所占的比重分别由 1990 年的 16.6%、2.1% 和 5.1%，上升到 2005 年的 21.0%、2.9% 和 7.2%。

到 2005 年年底，中国的水电装机容量已经达到 1.17 亿 kW，占全国发电装机容量的 23%，年发电量为 4010 亿 kW·h，占总发电量的 16.2%；户用沼气池已达到 1700 多万口，年产沼气约 65 亿 m^3，建成大中型沼气工程 1500 多处，年产沼气约 15 亿 m^3；生物质发电装机容量约为 200 万 kW，其中蔗渣发电约 170 万 kW、垃圾发电约 20 万 kW；以粮食为原料的生物燃料乙醇年生产能力约 102 万 t；已建成并网风电场 60 多个，总装机容量为 126 万 kW，在偏远地区还有约 20 万台、总容量约 4 万 kW 的小型独立运行风力发电机；光伏发电的总容量约为 7 万 kW，主要为偏远地区居民供电；在用太阳能热水器的总集热面积达 8500 万 m^2。2005 年中国可再生能源利用量已经达到 1.66 亿 t 标准煤（包括大水电），占能源消费总量的 7.5% 左右，相当于减排 3.8 亿 t

二氧化碳。

第三，大力开展植树造林，加强生态建设和保护。改革开放以来，随着中国重点林业生态工程的实施，植树造林取得了巨大成绩，据第六次全国森林资源清查，中国人工造林保存面积达到 0.54 亿 hm²，蓄积量 15.05 亿 m³，人工林面积居世界第一。全国森林面积达到 17491 万 hm²，森林覆盖率从 20 世纪 90 年代初期的 13.92% 增加到 2005 年的 18.21%。除植树造林以外，中国还积极实施天然林保护、退耕还林还草、草原建设和管理、自然保护区建设等生态建设与保护政策，进一步增强了林业作为温室气体吸收汇的能力。与此同时，中国城市绿化工作也得到了较快发展，2005 年中国城市建成区绿化覆盖面积达到 106 万 hm²，绿化覆盖率为 33%，城市人均公共绿地 7.9m²，这部分绿地对吸收大气二氧化碳也起到了一定的作用。据专家估算，1980～2005 年中国造林活动累计净吸收约 30.6 亿 t 二氧化碳，森林管理累计净吸收 16.2 亿 t 二氧化碳，减少毁林排放 4.3 亿 t 二氧化碳。

第四，实施计划生育，有效控制人口增长。自 20 世纪 70 年代以来，中国政府一直把实行计划生育作为基本国策，使人口增长过快的势头得到有效控制。根据联合国的资料，中国的生育率不仅明显低于其他发展中国家，也低于世界平均水平。2005 年中国人口出生率为 12.40‰，自然增长率为 5.89‰，分别比 1990 年低了 8.66 和 8.50 个千分点，进入世界低生育水平国家行列。中国在经济不发达的情况下，用较短的时间实现了人口再生产类型从高出生、低死亡、高增长到低出生、低死亡、低增长的历史性转变，走完了一些发达国家数十年乃至上百年才走完的路。通过计划生育，到 2005 年中国累计少出生 3 亿多人口，按照国际能源机构统计的全球人均排放水平估算，仅 2005 年一年就相当于减少二氧化碳排放约 13 亿 t，这是中国对缓解世界人口增长和控制温室气体排放做出的重大贡献。

第五，加强了应对气候变化相关法律、法规和政策措施的制定。针对近几年出现的新问题，中国政府提出了树立科学发展观和构建和谐社会的重大战略思想，加快建设资源节约型、环境友好型社会，进一步强化了一系列与应对气候变化相关的政策措施。2004 年国务院通过了《能源中长期发展规划纲要(2004～2020)》(草案)。2004 年国家发展和改革委员会发布了中国第一个《节能中长期专项规划》。2005 年 2 月，全国人大常委会审议通过了《中华人民共和国可再生能源法》，明确了政府、企业和用户在可再生能源开发利用中的责任和义务，提出了包括总量目标制度、发电并网制度、价格管理制度、费用分摊制度、专项资金制度、税收优惠制度等一系列政策和措施。2005 年 8 月，国务院下发了《关于做好建设节约型社会近期重点工作的通知》和《关于加快发展循环经济的若干意见》。2005 年 12 月，国务院发布了《关于发布实施〈促进产业结构调整暂行规定〉的决定》和《关于落实科学发展观加强环境保护的决定》。2006 年 8月，国务院发布了《关于加强节能工作的决定》。这些政策性文件为进一步增强中国应对气候变化的能力提供了政策和法律保障。

第六，进一步完善了相关体制和机构建设。中国政府成立了共有 17 个部门组成的国家气候变化对策协调机构，在研究、制定和协调有关气候变化的政策等领域开展了多方面的工作，为中央政府各部门和地方政府应对气候变化问题提供了指导。为切实履行中国政府对《气候公约》的承诺，从 2001 年开始，国家气候变化对策协调机构组织了《中华人民共和国气候变化初始国家信息通报》的编写工作，并于 2004 年年底向《气候公约》第十次缔约方大会正式提交了该报告。近年来中国政府还不断加强了与应对气候变化紧密相关的能源综合管理，成立了国家能源领导小组及其办公室，进一步强化了对能源工作的领导。为规范和推动清洁发展机制项目在中国的有序开展，2005 年 10 月中国政府有关部门颁布了经修订后的《清洁发展机制项目运行管理办法》。

第七，高度重视气候变化研究及能力建设。中国政府重视并不断提高气候变化相关科研支撑能力，组织实施了国家重大科技项目"全球气候变化预测、影响和对策研究""全球气候变化与环境政策研究"等，开展了国家攀登计划和国家重点基础研究发展计划项目"中国重大气候和天气灾害形成机理与预测理论研究""中国陆地生态系统碳循环及其驱动机制研究"等研究工作，完成了"中国陆地和近海生态系统碳收支研究"等知识创新工程重大项目，开展了"中国气候与海平面变化及其趋势和影响的研究"等重大项目研究，并组织编写了《气候变化国家评估报告》，为国家制定应对全球气候变化政策和参加《气候公约》谈判提供了科学依据。中国政府有关部门还开展了一些有关清洁发展机制能力建设的国际合作项目。

第八，加大气候变化教育与宣传力度。中国政府一直重视环境与气候变化领域的教育、宣传与公众意识的提高。在《中国 21 世纪初可持续发展行动纲要》中明确提出：积极发展各级各类教育，提高全民可持续发展意识；强化人力资源开发，提高公众参与可持续发展的科学文化素质。近年来，中国加大了气候变化问题的宣传和教育力度，开展了多种形式的有关气候变化的知识讲座和报告会，举办了多期中央及省级决策者气候变化培训班，召开了"气候变化与生态环境"等大型研讨会，开通了全方位提供气候变化信息的中英文双语政府网站《中国气候变化信息网》等，并取得了较好的效果。

第二部分　气候变化对中国的影响与挑战

受认识水平和分析工具的限制，目前世界各国对气候变化影响的评价尚存在较大的不确定性。现有研究表明，气候变化已经对中国产生了一定的影响，造成了沿海海平面上升、西北冰川面积减少、春季物候期提前等，而且未来将继续对中国自然生态系统和经济社会系统产生重要影响。与此同时，中国还是一个人口众多、经济发展水平较低、能源结构以煤为主、应对气候变化能力相对较弱的发展中国家，随着城镇化、工业化进程的不断加快以及居民用能水平的不断提高，中国在应对气候变化方面面临严峻的挑战。

一、中国与气候变化相关的基本国情

（一）气候条件差，自然灾害较重

中国气候条件相对较差。中国主要属于大陆型季风气候，与北美洲和西欧相比，中国大部分地区的气温季节变化幅度要比同纬度地区相对剧烈，很多地方冬冷夏热，夏季全国普遍高温，为了维持比较适宜的室内温度，需要消耗更多的能源。中国降水时空分布不均，多分布在夏季，且地区分布不均衡，年降水量从东南沿海向西北内陆递减。中国气象灾害频发，其灾域之广、灾种之多、灾情之重、受灾人口之众，在世界上都是少见的。

（二）生态环境脆弱

中国是一个生态环境比较脆弱的国家。2005 年全国森林面积 1.75 亿 hm^2，森林覆盖率仅为 18.21%。2005 年中国草地面积 4.0 亿 hm^2，其中大多是高寒草原和荒漠草原，北方温带草地受干旱、生态环境恶化等影响，正面临退化和沙化的危机。2005 年中国土地荒漠化面积约为 263 万 km^2，已经占到整个国土面积的 27.4%。中国大陆海岸线长达 1.8 万多 km，濒临的自然海域面积约 473 万 km^2，面积在 500m^2 以上的海岛有 6500 多个，易受海平面上升带来的不利影响。

（三）能源结构以煤为主

中国的一次能源结构以煤为主。2005 年中国的一次能源生产量为 20.61 亿 t 标准煤，其中原煤所占的比重高达 76.4%；2005 年中国一次能源消费量为 22.33 亿 t 标准煤，其中煤炭所占的比重为 68.9%，石油为 21.0%，天然气、水电、核电、风能、太阳能等所占比重为 10.1%，而在同年全球一次能源消费构成中，煤炭只占 27.8%，石油 36.4%，天然气、水电、核电等占 35.8%。由于煤炭消费比重较大，造成中国能源消费的二氧化碳排放强度也相对较高。

（四）人口众多

中国是世界上人口最多的国家。2005 年年底中国大陆人口（不包括香港、澳门、台湾）达到 13.1 亿，约占世界人口总数的 20.4%；中国城镇化水平比较低，约有 7.5

亿的庞大人口生活在农村，2005 年城镇人口占全国总人口的比例只有 43.0%，低于世界平均水平；庞大的人口基数，也使中国面临巨大的劳动力就业压力，每年有 1000 万以上新增城镇劳动力需要就业，同时随着城镇化进程的推进，目前每年约有上千万的农村劳动力向城镇转移。由于人口数量巨大，中国的人均能源消费水平仍处于比较低的水平，2005 年中国人均商品能源消费量约 1.7t 标准煤，只有世界平均水平的 2/3，远低于发达国家的平均水平。

（五）经济发展水平较低

中国目前的经济发展水平仍较低。2005 年中国人均 GDP 约为 1714 美元（按当年汇率计算，下同），仅为世界人均水平的 1/4 左右；中国地区之间的经济发展水平差距较大，2005 年东部地区的人均 GDP 约为 2877 美元，而西部地区只有 1136 美元左右，仅为东部地区人均 GDP 的 39.5%；中国城乡居民之间的收入差距也比较大，2005 年城镇居民人均可支配收入为 1281 美元，而农村居民人均纯收入只有 397 美元，仅为城镇居民收入水平的 31.0%；中国的脱贫问题还未解决，截至 2005 年年底，中国农村尚有 2365 万人均年纯收入低于 683 元人民币的贫困人口。

二、气候变化对中国的影响

（一）对农牧业的影响

气候变化已经对中国的农牧业产生了一定的影响，主要表现为自 20 世纪 80 年代以来，中国的春季物候期提前了 2~4 天。未来气候变化对中国农牧业的影响主要表现在：一是农业生产的不稳定性增加，如果不采取适应性措施，小麦、水稻和玉米三大作物均以减产为主。二是农业生产布局和结构将出现变动，种植制度和作物品种将发生改变。三是农业生产条件发生变化，农业成本和投资需求将大幅度增加。四是潜在荒漠化趋势增大，草原面积减少。气候变暖后，草原区干旱出现的概率增大，持续时间加长，土壤肥力进一步降低，初级生产力下降。五是气候变暖对畜牧业也将产生一定的影响，某些家畜疾病的发病率可能提高。

（二）对森林和其他生态系统的影响

气候变化已经对中国的森林和其他生态系统产生了一定的影响，主要表现为近 50 年中国西北冰川面积减少了 21%，西藏冻土最大减薄了 4~5m。未来气候变化将对中国森林和其他生态系统产生不同程度的影响：一是森林类型的分布北移。从南向北分布的各种类型森林向北推进，山地森林垂直带谱向上移动，主要造林树种将北移和上移，一些珍稀树种分布区可能缩小。二是森林生产力和产量呈现不同程度的增加。森林生产力在热带、亚热带地区将增加 1%~2%，暖温带增加 2% 左右，温带增加

5%～6%，寒温带增加10%左右。三是森林火灾及病虫害发生的频率和强度可能增高。四是内陆湖泊和湿地加速萎缩。少数依赖冰川融水补给的高山、高原湖泊最终将缩小。五是冰川与冻土面积将加速减少。到2050年，预计西部冰川面积将减少27%左右，青藏高原多年冻土空间分布格局将发生较大变化。六是积雪量可能出现较大幅度减少，且年际变率显著增大。七是将对物种多样性造成威胁，可能对大熊猫、滇金丝猴、藏羚羊和秃杉等产生较大影响。

（三）对水资源的影响

气候变化已经引起了中国水资源分布的变化，主要表现为近40年来中国海河、淮河、黄河、松花江、长江、珠江等六大江河的实测径流量多呈下降趋势，北方干旱、南方洪涝等极端水文事件频繁发生。中国水资源对气候变化最脆弱的地区为海河、滦河流域，其次为淮河、黄河流域，而整个内陆河地区由于干旱少雨非常脆弱。未来气候变化将对中国水资源产生较大的影响：一是未来50～100年，全国多年平均径流量在北方的宁夏、甘肃等部分省（自治区）可能明显减少，在南方的湖北、湖南等部分省份可能显著增加，这表明气候变化将可能增加中国洪涝和干旱灾害发生的概率。二是未来50～100年，中国北方地区水资源短缺形势不容乐观，特别是宁夏、甘肃等省（自治区）的人均水资源短缺矛盾可能加剧。三是在水资源可持续开发利用的情况下，未来50～100年，全国大部分省份水资源供需基本平衡，但内蒙古、新疆、甘肃、宁夏等省（自治区）水资源供需矛盾可能进一步加大。

（四）对海岸带的影响

气候变化已经对中国海岸带环境和生态系统产生了一定的影响，主要表现为近50年来中国沿海海平面上升有加速趋势，并造成海岸侵蚀和海水入侵，使珊瑚礁生态系统发生退化。未来气候变化将对中国的海平面及海岸带生态系统产生较大的影响：一是中国沿岸海平面仍将继续上升。二是发生台风和风暴潮等自然灾害的概率增大，造成海岸侵蚀及致灾程度加重。三是滨海湿地、红树林和珊瑚礁等典型生态系统损害程度也将加大。

（五）对其他领域的影响

气候变化可能引起热浪频率和强度的增加，由极端高温事件引起的死亡人数和严重疾病将增加。气候变化可能增加疾病的发生和传播机会，增加心血管病、疟疾、登革热和中暑等疾病发生的程度和范围，危害人类健康。同时，气候变化伴随的极端天气气候事件及其引发的气象灾害的增多，对大中型工程项目建设的影响加大，气候变化也可能对自然和人文旅游资源、对某些区域的旅游安全等产生重大影响。另外由于全球变暖，也将加剧空调制冷电力消费的增长趋势，对保障电力供应带来更大的压力。

三、中国应对气候变化面临的挑战

（一）对中国现有发展模式提出了重大的挑战

自然资源是国民经济发展的基础，资源的丰度和组合状况，在很大程度上决定着一个国家的产业结构和经济优势。中国人口基数大，发展水平低，人均资源短缺是制约中国经济发展的长期因素。世界各国的发展历史和趋势表明，人均二氧化碳排放量、商品能源消费量和经济发达水平有明显相关关系。在目前的技术水平下，达到工业化国家的发展水平意味着人均能源消费和二氧化碳排放必然达到较高的水平，世界上目前尚没有既有较高的人均 GDP 水平又能保持很低人均能源消费量的先例。未来随着中国经济的发展，能源消费和二氧化碳排放量必然还要持续增长，减缓温室气体排放将使中国面临开创新型的、可持续发展模式的挑战。

（二）对中国以煤为主的能源结构提出了巨大的挑战

中国是世界上少数几个以煤为主的国家，在 2005 年全球一次能源消费构成中，煤炭仅占 27.8%，而中国高达 68.9%。与石油、天然气等燃料相比，单位热量燃煤引起的二氧化碳排放比使用石油、天然气分别高出约 36% 和 61%。由于调整能源结构在一定程度上受到资源结构的制约，提高能源利用效率又面临着技术和资金上的障碍，以煤为主的能源资源和消费结构在未来相当长的一段时间将不会发生根本性的改变，使得中国在降低单位能源的二氧化碳排放强度方面比其他国家面临更大的困难。

（三）对中国能源技术自主创新提出了严峻的挑战

中国能源生产和利用技术落后是造成能源效率较低和温室气体排放强度较高的一个主要原因。一方面，中国目前的能源开采、供应与转换、输配技术、工业生产技术和其他能源终端使用技术与发达国家相比均有较大差距；另一方面，中国重点行业落后工艺所占比重仍然较高，如大型钢铁联合企业吨钢综合能耗与小型企业相差 200kg 标准煤左右，大中型合成氨吨产品综合能耗与小型企业相差 300kg 标准煤左右。先进技术的严重缺乏与落后工艺技术的大量并存，使中国的能源效率比国际先进水平约低 10 个百分点，高耗能产品单位能耗比国际先进水平高出 40% 左右。应对气候变化的挑战，最终要依靠科技。中国目前正在进行的大规模能源、交通、建筑等基础设施建设，如果不能及时获得先进的、有益于减缓温室气体排放的技术，则这些设施的高排放特征就会在未来几十年内存在，这对中国应对气候变化，减少温室气体排放提出了严峻挑战。

（四）对中国森林资源保护和发展提出了诸多挑战

中国应对气候变化，一方面需要强化对森林和湿地的保护工作，提高森林适应气候变化的能力，另一方面也需要进一步加强植树造林和湿地恢复工作，提高森林碳吸收汇的能力。中国森林资源总量不足，远远不能满足国民经济和社会发展的需求，随着工业化、城镇化进程的加快，保护林地、湿地的任务加重，压力加大。中国生态环境脆弱，干旱、荒漠化、水土流失、湿地退化等仍相当严重，现有可供植树造林的土地多集中在荒漠化、石漠化以及自然条件较差的地区，给植树造林和生态恢复带来巨大的挑战。

（五）对中国农业领域适应气候变化提出了长期的挑战

中国不仅是世界上农业气象灾害多发地区，各类自然灾害连年不断，农业生产始终处于不稳定状态，而且也是一个人均耕地资源占有少、农业经济不发达、适应能力非常有限的国家。如何在气候变化的情况下，合理调整农业生产布局和结构，改善农业生产条件，有效减少病虫害的流行和杂草蔓延，降低生产成本，防止潜在荒漠化增大趋势，确保中国农业生产持续稳定发展，对中国农业领域提高气候变化适应能力和抵御气候灾害能力提出了长期的挑战。

（六）对中国水资源开发和保护领域适应气候变化提出了新的挑战

中国水资源开发和保护领域适应气候变化的目标：一是促进中国水资源持续开发与利用，二是增强适应能力以减少水资源系统对气候变化的脆弱性。如何在气候变化的情况下，加强水资源管理，优化水资源配置；加强水利基础设施建设，确保大江大河、重要城市和重点地区的防洪安全；全面推进节水型社会建设，保障人民群众的生活用水，确保经济社会的正常运行；发挥好河流功能的同时，切实保护好河流生态系统，对中国水资源开发和保护领域提高气候变化适应能力提出了长期的挑战。

（七）对中国沿海地区应对气候变化的能力提出了现实的挑战

沿海是中国人口稠密、经济活动最为活跃的地区，中国沿海地区大多地势低平，极易遭受因海平面上升带来的各种海洋灾害威胁。目前中国海洋环境监视监测能力明显不足，应对海洋灾害的预警能力和应急响应能力已不能满足应对气候变化的需求，沿岸防潮工程建设标准较低，抵抗海洋灾害的能力较弱。未来中国沿海由于海平面上升引起的海岸侵蚀、海水入侵、土壤盐渍化、河口海水倒灌等问题，对中国沿海地区应对气候变化提出了现实的挑战。

第三部分　中国应对气候变化的指导思想、原则与目标

中国经济社会发展正处在重要战略机遇期。中国将落实节约资源和保护环境的基

本国策，发展循环经济，保护生态环境，加快建设资源节约型、环境友好型社会，积极履行《气候公约》相应的国际义务，努力控制温室气体排放，增强适应气候变化的能力，促进经济发展与人口、资源、环境相协调。

一、指导思想

中国应对气候变化的指导思想是：全面贯彻落实科学发展观，推动构建社会主义和谐社会，坚持节约资源和保护环境的基本国策，以控制温室气体排放、增强可持续发展能力为目标，以保障经济发展为核心，以节约能源、优化能源结构、加强生态保护和建设为重点，以科学技术进步为支撑，不断提高应对气候变化的能力，为保护全球气候做出新的贡献。

二、原　　则

中国应对气候变化要坚持以下原则：

在可持续发展框架下应对气候变化的原则。这既是国际社会达成的重要共识，也是各缔约方应对气候变化的基本选择。中国政府早在 1994 年就制定和发布了可持续发展战略——《中国 21 世纪议程——中国 21 世纪人口、环境与发展白皮书》，并于 1996 年首次将可持续发展作为经济社会发展的重要指导方针和战略目标，2003 年中国政府又制定了《中国 21 世纪初可持续发展行动纲要》。中国将继续根据国家可持续发展战略，积极应对气候变化问题。

遵循《气候公约》规定的"共同但有区别的责任"原则。根据这一原则，发达国家应带头减少温室气体排放，并向发展中国家提供资金和技术支持；发展经济、消除贫困是发展中国家压倒一切的首要任务，发展中国家履行公约义务的程度取决于发达国家在这些基本的承诺方面能否得到切实有效的执行。

减缓与适应并重的原则。减缓和适应气候变化是应对气候变化挑战的两个有机组成部分。对于广大发展中国家来说，减缓全球气候变化是一项长期、艰巨的挑战，而适应气候变化则是一项现实、紧迫的任务。中国将继续强化能源节约和结构优化的政策导向，努力控制温室气体排放，并结合生态保护重点工程以及防灾、减灾等重大基础工程建设，切实提高适应气候变化的能力。

将应对气候变化的政策与其他相关政策有机结合的原则。积极适应气候变化、努力减缓温室气体排放涉及经济社会的许多领域，只有将应对气候变化的政策与其他相关政策有机结合起来，才能使这些政策更加有效。中国将继续把节约能源、优化能源结构、加强生态保护和建设、促进农业综合生产能力的提高等政策措施作为应对气候变化政策的重要组成部分，并将减缓和适应气候变化的政策措施纳入到国民经济和社会发展规划中统筹考虑、协调推进。

依靠科技进步和科技创新的原则。科技进步和科技创新是减缓温室气体排放，提高气候变化适应能力的有效途径。中国将充分发挥科技进步在减缓和适应气候变化中的先导性和基础性作用，大力发展新能源、可再生能源技术和节能新技术，促进碳吸收技术和各种适应性技术的发展，加快科技创新和技术引进步伐，为应对气候变化、增强可持续发展能力提供强有力的科技支撑。

积极参与、广泛合作的原则。全球气候变化是国际社会共同面临的重大挑战，尽管各国对气候变化的认识和应对手段尚有不同看法，但通过合作和对话、共同应对气候变化带来的挑战是基本共识。中国将积极参与《气候公约》谈判和政府间气候变化专门委员会的相关活动，进一步加强气候变化领域的国际合作，积极推进在清洁发展机制、技术转让等方面的合作，与国际社会一道共同应对气候变化带来的挑战。

三、目　标

中国应对气候变化的总体目标是：控制温室气体排放取得明显成效，适应气候变化的能力不断增强，气候变化相关的科技与研究水平取得新的进展，公众的气候变化意识得到较大提高，气候变化领域的机构和体制建设得到进一步加强。根据上述总体目标，到2010年，中国将努力实现以下主要目标：

（一）控制温室气体排放

通过加快转变经济增长方式，强化能源节约和高效利用的政策导向，加大依法实施节能管理的力度，加快节能技术开发、示范和推广，充分发挥以市场为基础的节能新机制，提高全社会的节能意识，加快建设资源节约型社会，努力减缓温室气体排放。到2010年，实现单位国内生产总值能源消耗比2005年降低20%左右，相应减缓二氧化碳排放。

通过大力发展可再生能源，积极推进核电建设，加快煤层气开发利用等措施，优化能源消费结构。到2010年，力争使可再生能源开发利用总量（包括大水电）在一次能源供应结构中的比重提高到10%左右。煤层气抽采量达到100亿 m^3 。

通过强化冶金、建材、化工等产业政策，发展循环经济，提高资源利用率，加强氧化亚氮排放治理等措施，控制工业生产过程的温室气体排放。到2010年，力争使工业生产过程的氧化亚氮排放稳定在2005年的水平上。

通过继续推广低排放的高产水稻品种和半旱式栽培技术，采用科学灌溉技术，研究开发优良反刍动物品种技术和规模化饲养管理技术，加强对动物粪便、废水和固体废弃物的管理，加大沼气利用力度等措施，努力控制甲烷排放增长速度。

通过继续实施植树造林、退耕还林还草、天然林资源保护、农田基本建设等政策措施和重点工程建设，到 2010 年，努力实现森林覆盖率达到 20%，力争实现碳汇数量比 2005 年增加约 0.5 亿 t 二氧化碳。

（二）增强适应气候变化能力

通过加强农田基本建设、调整种植制度、选育抗逆品种、开发生物技术等适应性措施，到 2010 年，力争新增改良草地 2400 万 hm^2，治理退化、沙化和碱化草地 5200 万 hm^2，力争将农业灌溉用水有效利用系数提高到 0.5。

通过加强天然林资源保护和自然保护区的监管，继续开展生态保护重点工程建设，建立重要生态功能区，促进自然生态恢复等措施，到 2010 年，力争实现 90% 左右的典型森林生态系统和国家重点野生动植物得到有效保护，自然保护区面积占国土总面积的比重达到 16% 左右，治理荒漠化土地面积 2200 万 hm^2。

通过合理开发和优化配置水资源、完善农田水利基本建设新机制和推行节水等措施，到 2010 年，力争减少水资源系统对气候变化的脆弱性，基本建成大江大河防洪工程体系，提高农田抗旱标准。

通过加强对海平面变化趋势的科学监测以及对海洋和海岸带生态系统的监管，合理利用海岸线，保护滨海湿地，建设沿海防护林体系，不断加强红树林的保护、恢复、营造和管理能力的建设等措施，到 2010 年左右，力争实现全面恢复和营造红树林区，沿海地区抵御海洋灾害的能力得到明显提高，最大限度地减少海平面上升造成的社会影响和经济损失。

（三）加强科学研究与技术开发

通过加强气候变化领域的基础研究，进一步开发和完善研究分析方法，加大对相关专业与管理人才的培养等措施，到 2010 年，力争使气候变化研究部分领域达到国际先进水平，为有效制定应对气候变化战略和政策，积极参与应对气候变化国际合作提供科学依据。

通过加强自主创新能力，积极推进国际合作与技术转让等措施，到 2010 年，力争在能源开发、节能和清洁能源技术等方面取得进展，农业、林业等适应技术水平得到提高，为有效应对气候变化提供有力的科技支撑。

（四）提高公众意识与管理水平

通过利用现代信息传播技术，加强气候变化方面的宣传、教育和培训，鼓励公众参与等措施，到 2010 年，力争基本普及气候变化方面的相关知识，提高全社会的意识，为有效应对气候变化创造良好的社会氛围。

通过进一步完善多部门参与的决策协调机制，建立企业、公众广泛参与应对气候变化的行动机制等措施，到 2010 年，建立并形成与未来应对气候变化工作相适应的、高效的组织机构和管理体系。

第四部分　中国应对气候变化的相关政策和措施

按照全面贯彻落实科学发展观的要求，把应对气候变化与实施可持续发展战略、加快建设资源节约型、环境友好型社会和创新型国家结合起来，纳入国民经济和社会发展总体规划和地区规划；一方面抓减缓温室气体排放，一方面抓提高适应气候变化的能力。中国将采取一系列法律、经济、行政及技术等手段，大力节约能源，优化能源结构，改善生态环境，提高适应能力，加强科技开发和研究能力，提高公众的气候变化意识，完善气候变化管理机制，努力实现本方案提出的目标与任务。

一、减缓温室气体排放的重点领域

（一）能源生产和转换

1. 制定和实施相关法律法规

大力加强能源立法工作，建立健全能源法律体系，促进中国能源发展战略的实施，确立能源中长期规划的法律地位，促进能源结构的优化，减缓由能源生产和转换过程产生的温室气体排放。采取的主要措施包括：

加快制定和修改有利于减缓温室气体排放的相关法规。根据中国今后经济社会可持续发展对构筑稳定、经济、清洁、安全能源供应与服务体系的要求，尽快制定和公布实施《中华人民共和国能源法》，并根据该法的原则和精神，对《中华人民共和国煤炭法》《中华人民共和国电力法》等法律法规进行相应修订，进一步强化清洁、低碳能源开发和利用的鼓励政策。

加强能源战略规划研究与制定。研究提出国家中长期能源战略，并尽快制定和完善中国能源的总体规划以及煤炭、电力、油气、核电、可再生能源、石油储备等专项规划，提高中国能源的可持续供应能力。

全面落实《中华人民共和国可再生能源法》。制定相关配套法规和政策，制定国家和地方可再生能源发展专项规划，明确发展目标，将可再生能源发展作为建设资源节约型和环境友好型社会的考核指标，并通过法律等途径引导和激励国内外各类经济主体参与开发利用可再生能源，促进能源的清洁发展。

2. 加强制度创新和机制建设

加快推进中国能源体制改革。着力推进能源管理体制改革，依靠市场机制和政府推动，进一步优化能源结构；积极稳妥地推进能源价格改革，逐步形成能够反映资源稀缺程度、市场供求关系和污染治理成本的价格形成机制，建立有助于实现能源结构调整和可持续发展的价格体系；深化对外贸易体制改革，控制高耗能、高污染和资源性产品出口，形成有利于促进能源结构优质化和清洁化的进出口结构。

进一步推动中国可再生能源发展的机制建设。按照政府引导、政策支持和市场推动相结合的原则，建立稳定的财政资金投入机制，通过政府投资、政府特许等措施，培育持续稳定增长的可再生能源市场；改善可再生能源发展的市场环境，国家电网和石油销售企业将按照《中华人民共和国可再生能源法》的要求收购可再生能源产品。

3. 强化能源供应行业的相关政策措施

在保护生态基础上有序开发水电。把发展水电作为促进中国能源结构向清洁低碳化方向发展的重要措施。在做好环境保护和移民安置工作的前提下，合理开发和利用丰富的水力资源，加快水电开发步伐，重点加快西部水电建设，因地制宜开发小水电资源。通过上述措施，预计 2010 年可减少二氧化碳排放约 5 亿 t。

积极推进核电建设。把核能作为国家能源战略的重要组成部分，逐步提高核电在中国一次能源供应总量中的比重，加快经济发达、电力负荷集中的沿海地区的核电建设；坚持以我为主、中外合作、引进技术、推进自主化的核电建设方针，统一技术路线，采用先进技术，实现大型核电机组建设的自主化和本地化，提高核电产业的整体能力。通过上述措施，预计 2010 年可减少二氧化碳排放约 0.5 亿 t。

加快火力发电的技术进步。优化火电结构，加快淘汰落后的小火电机组，适当发展以天然气、煤层气为燃料的小型分散电源；大力发展单机 60 万 kW 以上超（超）临界机组、大型联合循环机组等高效、洁净发电技术；发展热电联产、热电冷联产和热电煤气多联供技术；加强电网建设，采用先进的输电、变电、配电技术和设备，降低输电、变电、配电损耗。通过上述措施，预计 2010 年可减少二氧化碳排放约 1.1 亿 t。

大力发展煤层气产业。将煤层气勘探、开发和矿井瓦斯利用作为加快煤炭工业调整结构、减少安全生产事故、提高资源利用率、防止环境污染的重要手段，最大限度地减少煤炭生产过程中的能源浪费和甲烷排放。主要鼓励政策包括：对地面抽采项目实行探矿权、采矿权使用费减免政策，对煤矿瓦斯抽采利用及其他综合利用项目实行税收优惠政策，煤矿瓦斯发电项目享受《中华人民共和国可再生能源法》规定的鼓励政策，工业、民用瓦斯销售价格不低于等热值天然气价格，鼓励在煤矿瓦斯利用领域开展清洁发展机制项目合作等。通过上述措施，预计 2010 年可减少温室气体排放约 2 亿 t 二氧化碳当量。

推进生物质能源的发展。以生物质发电、沼气、生物质固体成型燃料和液体燃料为重点，大力推进生物质能源的开发和利用。在粮食主产区等生物质能源资源较丰富地区，建设和改造以秸秆为燃料的发电厂和中小型锅炉。在经济发达、土地资源稀缺地区建设垃圾焚烧发电厂。在规模化畜禽养殖场、城市生活垃圾处理场等建设沼气工程，合理配套安装沼气发电设施。大力推广沼气和农林废弃物气化技术，提高农村地区生活用能的燃气比例，把生物质气化技术作为解决农村和工业生产废弃物环境问题的重要措施。努力发展生物质固体成型燃料和液体燃料，制定有利于以生物燃料乙醇为代表的生物质能源开发利用的经济政策和激励措施，促进生物质能源的规模化生产和使用。通过上述措施，预计 2010 年可减少温室气体排放约 0.3 亿 t 二氧化碳当量。

积极扶持风能、太阳能、地热能、海洋能等的开发和利用。通过大规模的风电开发和建设，促进风电技术进步和产业发展，实现风电设备国产化，大幅降低成本，尽快使风电具有市场竞争能力；积极发展太阳能发电和太阳能热利用，在偏远地区推广户用光伏发电系统或建设小型光伏电站，在城市推广普及太阳能一体化建筑、太阳能集中供热水工程，建设太阳能采暖和制冷示范工程，在农村和小城镇推广户用太阳能热水器、太阳房和太阳灶；积极推进地热能和海洋能的开发利用，推广满足环境和水资源保护要求的地热供暖、供热水和地源热泵技术，研究开发深层地热发电技术；在浙江、福建和广东等地发展潮汐发电，研究利用波浪能等其他海洋能发电技术。通过上述措施，预计 2010 年可减少二氧化碳排放约 0.6 亿 t。

4. 加大先进适用技术开发和推广力度

大力提高常规能源、新能源和可再生能源开发和利用技术的自主创新能力，促进能源工业可持续发展，增强应对气候变化的能力。

煤的清洁高效开发和利用技术。重点研究开发煤炭高效开采技术及配套装备、重型燃气轮机、整体煤气化联合循环（IGCC）、高参数超（超）临界机组、超临界大型循环流化床等高效发电技术与装备，开发和应用液化及多联产技术，大力开发煤液化以及煤气化、煤化工等转化技术、以煤气化为基础的多联产系统技术、二氧化碳捕获及利用、封存技术等。

油气资源勘探开发利用技术。重点开发复杂断块与岩性地层油气藏勘探技术，低品位油气资源高效开发技术，提高采收率技术，深层油气资源勘探开发技术，重点研究开发深海油气藏勘探技术和稠油油藏提高采收率综合技术。

核电技术。研究并掌握快堆设计及核心技术，相关核燃料和结构材料技术，突破钠循环等关键技术，积极参与国际热核聚变实验反应堆的建设和研究。

可再生能源技术。重点研究低成本规模化开发利用技术，开发大型风力发电设备，高性价比太阳光伏电池及利用技术，太阳能热发电技术，太阳能建筑一体化技术，生物质能和地热能等开发利用技术。

输配电和电网安全技术。重点研究开发大容量远距离直流输电技术和特高压交流输电技术与装备，间歇式电源并网及输配技术，电能质量监测与控制技术，大规模互联电网的安全保障技术，西电东送工程中的重大关键技术，电网调度自动化技术，高效配电和供电管理信息技术和系统。

（二）提高能源效率与节约能源

1. 加快相关法律法规的制定和实施

健全节能法规和标准。修订完善《中华人民共和国节约能源法》，建立严格的节能管理制度，完善各行为主体责任，强化政策激励，明确执法主体，加大惩戒力度；抓紧制定和修订《节约用电管理办法》《节约石油管理办法》《建筑节能管理条例》等配套法规；制定和完善主要工业耗能设备、家用电器、照明器具、机动车等能效标准，修订和完善主要耗能行业节能设计规范、建筑节能标准，加快制定建筑物制冷、采暖温度控制标准等。

加强节能监督检查。健全强制淘汰高耗能、落后工艺、技术和设备的制度，依法淘汰落后的耗能过高的用能产品、设备；完善重点耗能产品和新建建筑的市场准入制度，对达不到最低能效标准的产品，禁止生产、进口和销售，对不符合建筑节能设计标准的建筑，不准销售和使用；依法加强对重点用能单位能源利用状况的监督检查，加强对高耗能行业及政府办公建筑和大型公共建筑等公共设施用能情况的监督；加强对产品能效标准、建筑节能设计标准和行业设计规范执行情况的检查。

2. 加强制度创新和机制建设

建立节能目标责任和评价考核制度。实施 GDP 能耗公报制度，完善节能信息发布制度，利用现代信息传播技术，及时发布各类能耗信息，引导地方和企业加强节能工作。

推行综合资源规划和电力需求侧管理，将节约量作为资源纳入总体规划，引导资源合理配置，采取有效措施，提高终端用电效率、优化用电方式，节约电力。

大力推动节能产品认证和能效标识管理制度的实施，运用市场机制，鼓励和引导用户和消费者购买节能型产品。

推行合同能源管理，克服节能新技术推广的市场障碍，促进节能产业化，为企业实施节能改造提供诊断、设计、融资、改造、运行、管理一条龙服务。

建立节能投资担保机制，促进节能技术服务体系的发展。

推行节能自愿协议，最大限度地调动企业和行业协会的节能积极性。

3. 强化相关政策措施

大力调整产业结构和区域合理布局。推动服务业加快发展，提高服务业在国民经济中的比重。把区域经济发展与能源节约、环境保护、控制温室气体排放有机结合起来，根据资源环境承载能力和发展潜力，按照主体功能区划要求，确定不同区域的功能定位，促进形成各具特色的区域发展格局。

严格执行《产业结构调整指导目录》。控制高耗能、高污染产业规模，降低高耗能、高污染产业比重，鼓励发展高新技术产业，优先发展对经济增长有重大带动作用的低能耗的信息产业，制定并实施钢铁、有色、水泥等高耗能行业发展规划和产业政策，提高行业准入标准，制定并完善国内紧缺资源及高耗能产品出口的政策。

制定节能产品优惠政策。重点是终端用能设备，包括高效电动机、风机、水泵、变压器、家用电器、照明产品及建筑节能产品等，对生产或使用目录所列节能产品实行鼓励政策，并将节能产品纳入政府采购目录，对一些重大节能工程项目和重大节能技术开发、示范项目给予投资和资金补助或贷款贴息支持，研究制定发展节能省地型建筑和绿色建筑的经济激励政策。

研究鼓励发展节能环保型小排量汽车和加快淘汰高油耗车辆的财政税收政策。择机实施燃油税改革方案，制定鼓励节能环保型小排量汽车发展的产业政策，制定鼓励节能环保型小排量汽车消费的政策措施，取消针对节能环保型小排量汽车的各种限制，引导公众树立节约型汽车消费理念，大力发展公共交通，提高轨道交通在城市交通中的比例，研究鼓励混合动力汽车、纯电动汽车的生产和消费政策。

4. 强化重点行业的节能技术开发和推广

钢铁工业。焦炉同步配套干熄焦装置，新建高炉同步配套余压发电装置，积极采用精料入炉、富氧喷煤、铁水预处理、大型高炉、转炉和超高功率电炉、炉外精炼、连铸、连轧、控轧、控冷等先进工艺技术和装备。

有色金属工业。矿山重点采用大型、高效节能设备，铜熔炼采用先进的富氧闪速及富氧熔池熔炼工艺，电解铝采用大型预焙电解槽，铅熔炼采用氧气底吹炼铅新工艺及其他氧气直接炼铅技术，锌冶炼发展新型湿法工艺。

石油化工工业。油气开采应用采油系统优化配置、稠油热采配套节能、注水系统优化运行、二氧化碳回注、油气密闭集输综合节能和放空天然气回收利用等技术，优化乙烯生产原料结构，采用先进技术改造乙烯裂解炉，大型合成氨装置采用先进节能工艺、新型催化剂和高效节能设备，以天然气为原料的合成氨推广一段炉烟气余热回收技术，以石油为原料的合成氨加快以天然气替代原料油的改造，中小型合成氨采用节能设备和变压吸附回收技术，采用水煤浆或先进粉煤气化技术替代传统的固定床造气技术，逐步淘汰烧碱生产石墨阳极隔膜法烧碱，提高离子膜法烧碱比重等措施。

建材工业。水泥行业发展新型干法窑外分解技术，积极推广节能粉磨设备和水泥窑余热发电技术，对现有大中型回转窑、磨机、烘干机进行节能改造，逐步淘汰机立窑、湿法窑、干法中空窑及其他落后的水泥生产工艺。利用可燃废弃物替代矿物燃料，综合利用工业废渣和尾矿。玻璃行业发展先进的浮法工艺，淘汰落后的垂直引上和平拉工艺，推广炉窑全保温技术、富氧和全氧燃烧技术等。建筑陶瓷行业淘汰倒焰窑、推板窑、多孔窑等落后窑型，推广辊道窑技术。卫生陶瓷生产改变燃料结构，采用洁净气体燃料无匣钵烧成工艺。积极推广应用新型墙体材料以及优质环保节能的绝热隔音材料、防水材料和密封材料，提高高性能混凝土的应用比重，延长建筑物的寿命。

交通运输。加速淘汰高耗能的老旧汽车，加快发展柴油车、大吨位车和专业车，推广厢式货车，发展集装箱等专业运输车辆；推动《乘用车燃料消耗量限值》国家标准的实施，从源头控制高耗油汽车的发展；加快发展电气化铁路，开发交—直—交高效电力机车，推广电气化铁路牵引功率因数补偿技术和其他节电措施，发展机车向客车供电技术，推广使用客车电源，逐步减少和取消柴油发电车；采用节油机型，提高载运率、客座率和运输周转能力，提高燃油效率，降低油耗；通过制定船舶技术标准，加速淘汰老旧船舶；采用新船型和先进动力系统。

农业机械。淘汰落后农业机械；采用先进柴油机节油技术，降低柴油机燃油消耗；推广少耕免耕法、联合作业等先进的机械化农艺技术；在固定作业场地更多的使用电动机；开发水能、风能、太阳能等可再生能源在农业机械上的应用。通过淘汰落后渔船，提高利用效率，降低渔业油耗。

建筑节能。重点研究开发绿色建筑设计技术，建筑节能技术与设备，供热系统和空调系统节能技术和设备，可再生能源装置与建筑一体化应用技术，精致建造和绿色建筑施工技术与装备，节能建材与绿色建材，建筑节能技术标准，既有建筑节能改造技术和标准。

商业和民用节能。推广高效节能电冰箱、空调器、电视机、洗衣机、电脑等家用及办公电器，降低待机能耗，实施能效标准和标识，规范节能产品市场。推广稀土节能灯等高效荧光灯类产品、高强度气体放电灯及电子镇流器，减少普通白炽灯使用比例，逐步淘汰高压汞灯，实施照明产品能效标准，提高高效节能荧光灯使用比例。

5. 进一步落实《节能中长期专项规划》提出的十大重点节能工程

积极推进燃煤工业锅炉（窑炉）改造、区域热电联产、余热余压利用、节约和替代石油、电机系统节能、能量系统优化、建筑节能、绿色照明、政府机构节能、节能监测和技术服务体系建设等十大重点节能工程的实施，确保工程实施的进度和效果，尽快形成稳定的节能能力。通过实施上述十大重点节能工程，预计"十一五"期间可实现节能2.4亿t标准煤，相当于减排二氧化碳约5.5亿t。

（三）工业生产过程

大力发展循环经济，走新型工业化道路。按照"减量化、再利用、资源化"原则和走新型工业化道路的要求，采取各种有效措施，进一步促进工业领域的清洁生产和循环经济的发展，加快建设资源节约型、环境友好型社会，在满足未来经济社会发展对工业产品基本需求的同时，尽可能减少水泥、石灰、钢铁、电石等产品的使用量，最大限度地减少这些产品在生产和使用过程中产生的二氧化碳等温室气体排放。

强化钢材节约，限制钢铁产品出口。进一步贯彻落实《钢铁产业发展政策》，鼓励用可再生材料替代钢材和废钢材回收，减少钢材使用数量；鼓励采用以废钢为原料的短流程工艺；组织修订和完善建筑钢材使用设计规范和标准，在确保安全的情况下，降低钢材使用系数；鼓励研究、开发和使用高性能、低成本、低消耗的新型材料，以替代钢材；鼓励钢铁企业生产高强度钢材和耐腐蚀钢材，提高钢材强度和使用寿命；取消或降低铁合金、生铁、废钢、钢坯（锭）、钢材等钢铁产品的出口退税，限制这些产品的出口。

进一步推广散装水泥、鼓励水泥掺废渣。继续执行"限制袋装、鼓励和发展散装"的方针，完善对生产企业销售袋装水泥和使用袋装水泥的单位征收散装水泥专项资金的政策，继续执行对掺废渣水泥产品实行减免税优惠待遇等政策，进一步推广预拌混凝土、预拌砂浆等措施，保持中国散装水泥高速发展的势头。

大力开展建筑材料节约。进一步推广包括节约建筑材料的"四节"（节能、节水、节材、节地）建筑，积极推进新型建筑体系，推广应用高性能、低材耗、可再生循环利用的建筑材料；大力推广应用高强钢和高性能混凝土；积极开展建筑垃圾与废品的回收和利用；充分利用秸秆等产品制作植物纤维板；落实严格设计、施工等材料消耗核算制度的要求，修订相关工程消耗量标准，引导企业推进节材技术进步。

进一步推动己二酸等生产企业开展清洁发展机制项目等国际合作，积极寻求控制氧化亚氮及氢氟碳化物（HFCs）、全氟碳化物（PFCs）和六氟化硫（SF_6）等温室气体排放所需的资金和技术援助，提高排放控制水平，以减少各种温室气体的排放。

（四）农　业

加强法律法规的制定和实施。逐步建立健全以《中华人民共和国农业法》《中华人民共和国草原法》《中华人民共和国土地管理法》等若干法律为基础的、各种行政法规相配合的、能够改善农业生产力和增加农业生态系统碳储量的法律法规体系，加快制定农田、草原保护建设规划，严格控制在生态环境脆弱的地区开垦土地，不允许以任何借口毁坏草地和浪费土地。

强化高集约化程度地区的生态农业建设。通过实施农业面源污染防治工程，推广化肥、农药合理使用技术，大力加强耕地质量建设，实施新一轮沃土工程，科学施用化肥，引导增施有机肥，全面提升地力，减少农田氧化亚氮排放。

进一步加大技术开发和推广利用力度。选育低排放的高产水稻品种，推广水稻半旱式栽培技术，采用科学灌溉技术，研究和发展微生物技术等，有效降低稻田甲烷排放强度；研究开发优良反刍动物品种技术，规模化饲养管理技术，降低畜产品的甲烷排放强度；进一步推广秸秆处理技术，促进户用沼气技术的发展；开发推广环保型肥料关键技术，减少农田氧化亚氮排放；大力推广秸秆还田和少(免)耕技术，增加农田土壤碳贮存。

（五）林　业

加强法律法规的制定和实施。加快林业法律法规的制定、修订和清理工作。制定天然林保护条例、林木和林地使用权流转条例等专项法规；加大执法力度，完善执法体制，加强执法检查，扩大社会监督，建立执法动态监督机制。

改革和完善现有产业政策。继续完善各级政府造林绿化目标管理责任制和部门绿化责任制，进一步探索市场经济条件下全民义务植树的多种形式，制定相关政策推动义务植树和部门绿化工作的深入发展。通过相关产业政策的调整，推动植树造林工作的进一步发展，增加森林资源和林业碳汇。

抓好林业重点生态建设工程。继续推进天然林资源保护、退耕还林还草、京津风沙源治理、防护林体系、野生动植物保护及自然保护区建设等林业重点生态建设工程，抓好生物质能源林基地建设，通过有效实施上述重点工程，进一步保护现有森林碳贮存，增加陆地碳贮存和吸收汇。

（六）城市废弃物

强化相关法律法规的实施。切实贯彻落实《中华人民共和国固体废物污染环境防治法》和《城市市容和环境卫生管理条例》《城市生活垃圾管理办法》等法律法规，使管理的重点由目前的末端管理过渡到全过程管理，即垃圾的源头削减、回收利用和最终的无害化处理，最大限度地规范垃圾产生者和处理者的行为，并把城市生活垃圾处理工作纳入城市总体规划。

进一步完善行业标准。根据新形势要求，制定强制性垃圾分类和回收标准，提高垃圾的资源综合利用率，从源头上减少垃圾产生量。严格执行并进一步修订现行的《城市生活垃圾分类及其评价标准》《生活垃圾卫生填埋技术规范》《生活垃圾填埋无害化评价标准》等行业标准，提高对填埋场产生的可燃气体的收集利用水平，减少垃圾填埋场的甲烷排放量。

加大技术开发和利用的力度。大力研究开发和推广利用先进的垃圾焚烧技术，提高国产化水平，有效降低成本，促进垃圾焚烧技术产业化发展。研究开发适合中国国情、规模适宜的垃圾填埋气回收利用技术和堆肥技术，为中小城市和农村提供亟须的垃圾处理技术。加大对技术研发、示范和推广利用的支持力度，加快垃圾处理和综合利用技术的发展步伐。

发挥产业政策的导向作用。以国家产业政策为导向，通过实施生活垃圾处理收费制度，推行环卫行业服务性收费、经济承包责任制和生产事业单位实行企业化管理等措施，促进垃圾处理体制改革，改善目前分散式的垃圾收集利用方式，推动垃圾处理的产业化发展。

制定促进填埋气体回收利用的激励政策。制定激励政策，鼓励企业建设和使用填埋气体收集利用系统。提高征收垃圾处置费的标准，对垃圾填埋气体发电和垃圾焚烧发电的上网电价给予优惠，对填埋气体收集利用项目实行优惠的增值税税率，并在一定时间内减免所得税。

二、适应气候变化的重点领域

（一）农　业

继续加强农业基础设施建设。加快实施以节水改造为中心的大型灌区续建配套，着力搞好田间工程建设，更新改造老化机电设备，完善灌排体系。继续推进节水灌溉示范，在粮食主产区进行规模化建设试点，干旱缺水地区积极发展节水旱作农业，继续建设旱作农业示范区。狠抓小型农田水利建设，重点建设田间灌排工程、小型灌区、非灌区抗旱水源工程。加大粮食主产区中低产田盐碱和渍害治理力度，加快丘陵山区和其他干旱缺水地区雨水集蓄利用工程建设。

推进农业结构和种植制度调整。优化农业区域布局，促进优势农产品向优势产区集中，形成优势农产品产业带，提高农业生产能力。扩大经济作物和饲料作物的种植，促进种植业结构向粮食作物、饲料作物和经济作物三元结构的转变。调整种植制度，发展多熟制，提高复种指数。

选育抗逆品种。培育产量潜力高、品质优良、综合抗性突出和适应性广的优良动植物新品种。改进作物和品种布局，有计划地培育和选用抗旱、抗涝、抗高温、抗病虫害等抗逆品种。

遏制草地荒漠化加重趋势。建设人工草场，控制草原的载畜量，恢复草原植被，增加草原覆盖度，防止荒漠化进一步蔓延。加强农区畜牧业发展，增强畜牧业生产能力。

加强新技术的研究和开发。发展包括生物技术在内的新技术，力争在光合作用、生物固氮、生物技术、病虫害防治、抗御逆境、设施农业和精准农业等方面取得重大进展。继续实施"种子工程""畜禽水产良种工程"，搞好大宗农作物、畜禽良种繁育基地建设和扩繁推广。加强农业技术推广，提高农业应用新技术的能力。

（二）森林和其他自然生态系统

制定和实施与适应气候变化相关的法律法规。加快《中华人民共和国森林法》《中华人民共和国野生动物保护法》的修订，起草《中华人民共和国自然保护区法》，制定湿地保护条例等，并在有关法律法规中增加和强化与适应气候变化相关的条款，为提高森林和其他自然生态系统适应气候变化能力提供法制化保障。

强化对现有森林资源和其他自然生态系统的有效保护。对天然林禁伐区实施严格保护，使天然林生态系统由逆向退化向顺向演替转变。实施湿地保护工程，有效减少人为干扰和破坏，遏制湿地面积下滑趋势。扩大自然保护区面积，提高自然保护区质量，建立保护区走廊。加强森林防火，建立完善的森林火灾预测预报、监测、扑救助、林火阻隔及火灾评估体系。积极整合现有林业监测资源，建立健全国家森林资源与生态状况综合监测体系。加强森林病虫害控制，进一步建立健全森林病虫害监测预警、检疫御灾及防灾减灾体系，加强综合防治，扩大生物防治。

加大技术开发和推广应用力度。研究与开发森林病虫害防治和森林防火技术，研究选育耐寒、耐旱、抗病虫害能力强的树种，提高森林植物在气候适应和迁移过程中的竞争和适应能力。开发和利用生物多样性保护和恢复技术，特别是森林和野生动物类型自然保护区、湿地保护与修复、濒危野生动植物物种保护等相关技术，降低气候变化对生物多样性的影响。加强森林资源和森林生态系统定位观测与生态环境监测技术，包括森林环境、荒漠化、野生动植物、湿地、林火和森林病虫害等监测技术，完善生态环境监测网络和体系，提高预警和应急能力。

（三）水资源

强化水资源管理。坚持人与自然和谐共处的治水思路，在加强堤防和控制性工程建设的同时，积极退田还湖（河）、平垸行洪、疏浚河湖，对于生态严重恶化的河流，采取积极措施予以修复和保护。加强水资源统一管理，以流域为单元实行水资源统一管理，统一规划，统一调度。注重水资源的节约、保护和优化配置，改变水资源"取之不尽、用之不竭"的错误观念，从传统的"以需定供"转为"以供定需"。建立国家初始水权分配制度和水权转让制度。建立与市场经济体制相适应的水利工程投融资体制和水利工程管理体制。

加强水利基础设施的规划和建设。加快建设南水北调工程，通过三条调水线路与长江、黄河、淮河和海河四大江河联通，逐步形成"四横三纵、南北调配、东西互济"的水资源优化配置格局。加强水资源控制工程（水库等）建设、灌区建设与改造，继续实施并开工建设一些区域性调水和蓄水工程。

加大水资源配置、综合节水和海水利用技术的研发与推广力度。重点研究开发大气水、地表水、土壤水和地下水的转化机制和优化配置技术，污水、雨洪资源化利用技术，人工增雨技术等。研究开发工业用水循环利用技术，开发灌溉节水、旱作节水与生物节水综合配套技术，重点突破精量灌溉技术、智能化农业用水管理技术及设备，加强生活节水技术及器具开发。加强海水淡化技术的研究、开发与推广。

（四）海岸带及沿海地区

建立健全相关法律法规。根据《中华人民共和国海洋环境保护法》和《中华人民共和国海域使用管理法》，结合沿海各地区的特点，制定区域管理条例或实施细则。建立合理的海岸带综合管理制度、综合决策机制以及行之有效的协调机制，及时处理海岸带开发和保护行动中出现的各种问题。建立综合管理示范区。

加大技术开发和推广应用力度。加强海洋生态系统的保护和恢复技术研发，主要包括沿海红树林的栽培、移种和恢复技术，近海珊瑚礁生态系统以及沿海湿地的保护和恢复技术，降低海岸带生态系统的脆弱性。加快建设已经选划的珊瑚礁、红树林等海洋自然保护区，提高对海洋生物多样性的保护能力。

加强海洋环境的监测和预警能力。增设沿海和岛屿的观测网点，建设现代化观测系统，提高对海洋环境的航空遥感、遥测能力，提高应对海平面变化的监视监测能力。建立沿海潮灾预警和应急系统，加强预警基础保障能力，加强业务化预警系统能力和加强预警产品的制作与分发能力，提高海洋灾害预警能力。

强化应对海平面升高的适应性对策。采取护坡与护滩相结合、工程措施与生物措施相结合，提高设计坡高标准，加高加固海堤工程，强化沿海地区应对海平面上升的防护对策。控制沿海地区地下水超采和地面沉降，对已出现地下水漏斗和地面沉降区进行人工回灌。采取陆地河流与水库调水、以淡压咸等措施，应对河口海水倒灌和咸潮上溯。提高沿海城市和重大工程设施的防护标准，提高港口码头设计标高，调整排水口的底高。大力营造沿海防护林，建立一个多林种、多层次、多功能的防护林工程体系。

三、气候变化相关科技工作

加强气候变化相关科技工作的宏观管理与协调。深化对气候变化相关科技工作重要意义的认识，努力贯彻落实"自主创新、重点跨越、支撑发展、引领未来"的科技指导方针和《国家中长期科学和技术发展规划纲要》对气候变化相关科技工作提出的要求，加强气候变化领域科技工作的宏观管理和政策引导，健全气候变化相关科技工作的领导和协调机制，完善气候变化相关科技工作在各地区和各部门的整体布局，进一步强化对气候变化相关科技工作的支持力度，加强气候变化科技资源的整合，鼓励和支持气候变化科技领域的创新，充分发挥科学技术在应对和解决气候变化方面的基础和支撑作用。

推进中国气候变化重点领域的科学研究与技术开发工作。加强气候变化的科学事实与不确定性、气候变化对经济社会的影响、应对气候变化的经济社会成本效益分析和应对气候变化的技术选择与效果评价等重大问题的研究。加强中国气候观测系统建设，开发全球气候变化监测技术、温室气体减排技术和气候变化适应技术等，提高中国应对气候变化和履行国际公约的能力。重点研究开发大尺度气候变化准确监测技术、提高能效和清洁能源技术、主要行业二氧化碳、甲烷等温室气体的排放控制与处置利用技术、生物固碳技术及固碳工程技术等。

加强气候变化科技领域的人才队伍建设。加强气候变化科技领域的人才培养，建立人才激励与竞争的有效机制，创造有利于人才脱颖而出的学术环境和氛围，特别重视培养具有国际视野和能够引领学科发展的学术带头人和尖子人才，鼓励青年人才脱颖而出。加强气候变化的学科建设，加大人才队伍的建设和整合力度，在气候变化领域科研机构建立"开放、流动、竞争、协作"的运行机制，充分利用多种渠道和方式提高中国科学家的研究水平和中国主要研究机构的自主创新能力，形成具有中国特色的气候变化科技管理队伍和研发队伍，并鼓励和推荐中国科学家参与气候变化领域国际科研计划和在相关国际研究机构中担任职务。

加大对气候变化相关科技工作的资金投入。加大政府对气候变化相关科技工作的资金支持力度，建立相对稳定的政府资金渠道，确保资金落实到位、使用高效，发挥政府作为投入主渠道的作用。多渠道筹措资金，吸引社会各界资金投入气候变化的科技研发工作，将科技风险投资引入气候变化领域。充分发挥企业作为技术创新主体的作用，引导中国企业加大对气候变化领域技术研发的投入。积极利用外国政府、国际组织等双边和多边基金，支持中国开展气候变化领域的科学研究与技术开发。

四、气候变化公众意识

发挥政府的推动作用。各级政府要把提高公众意识作为应对气候变化的一项重要工作抓紧抓好。要进一步提高各级政府领导干部、企事业单位决策者的气候变化意识，逐步建立一支具有较高全球气候变化意识的干部队伍；利用社会各界力量，宣传我国应对气候变化的各项方针政策，提高公众应对气候变化的意识。

加强宣传、教育和培训工作。利用图书、报刊、音像等大众传播媒介，对社会各阶层公众进行气候变化方面的宣传活动，鼓励和倡导可持续的生活方式，倡导节约用电、用水，增强垃圾循环利用和垃圾分类的自觉意识等；在基础教育、成人教育、高等教育中纳入气候变化普及与教育的内容，使气候变化教育成为素质教育的一部分；举办各种专题培训班，就有关气候变化的各种问题，针对不同的培训对象开展专题培训活动，组织有关气候变化的科普学术研讨会；充分利用信息技术，进一步充实现有气候变化信息网站的内容及功能，使其真正成为获取信息、交流沟通的一个快速而有效的平台。

鼓励公众参与。建立公众和企业界参与的激励机制，发挥企业参与和公众监督的作用。完善气候变化信息发布的渠道和制度，拓宽公众参与和监督渠道，充分发挥新闻媒介的舆论监督和导向作用。增加有关气候变化决策的透明度，促进气候变化领域管理的科学化和民主化。积极发挥民间社会团体和非政府组织的作用，促进广大公众和社会各界参与减缓全球气候变化的行动。

加强国际合作与交流。加强国际合作，促进气候变化公众意识方面的合作与交流，积极借鉴国际上好的做法，完善国内相关工作。积极开展与世界各国关于全球气候变化的出版物、影视和音像作品的交流和交换，建立资料信息库，为国内有关单位、研究机构、高等学校等查询、了解气候变化相关信息提供服务。

五、机构和体制建设

加强应对全球气候变化工作的领导。应对气候变化涉及经济社会、内政外交，2007年6月国务院决定成立国家应对气候变化领导小组，时任总理温家宝担任组长，副总理曾培炎、国务委员唐家璇担任副组长。领导小组将研究确定国家应对气候变化的重大战略、方针和对策，协调解决应对气候变化工作中的重大问题。应对气候变化工作的办事机构设在发展改革委。国务院有关部门要认真履行职责，加强协调配合，形成应对气候变化的合力。地方各级人民政府要加强对本地区应对气候变化工作的组织领导，抓紧制定本地区应对气候变化的方案，并认真组织实施。

建立地方应对气候变化的管理体系。建立地方应对气候变化管理机构，贯彻落实《国家方案》的相关内容，组织协调本地区应对气候变化的工作，协调本地区各方面的行动。建立地方气候变化专家队伍，根据各地区在地理环境、气候条件、经济发展水平等方面的具体情况，因地制宜地制定应对气候变化的相关政策措施。同时加强中央政府与地方政府的协调，促进相关政策措施的顺利实施。

有效利用中国清洁发展机制基金。根据《清洁发展机制项目运行管理办法》中的有关规定，中国政府对清洁发展机制项目收取一定比例的"温室气体减排量转让额"，用于建立中国清洁发展机制基金，并通过基金管理中心支持气候变化领域的相关活动。中国清洁发展机制基金的建立，对于加强气候变化基础研究工作，提高适应与减缓气候变化的能力，保障《国家方案》的有效实施，缓解气候变化领域的资金需求压力，都将起到积极的作用。

第五部分 中国对若干问题的基本立场及国际合作需求

气候变化主要是发达国家自工业革命以来大量排放二氧化碳等温室气体造成的，其影响已波及全球。应对气候变化，需要国际社会广泛合作。为有效应对气候变化，并落实本方案，中国愿与各国加强合作，并呼吁发达国家按《气候公约》规定，切实履行向发展中国家提供资金和技术的承诺，提高发展中国家应对气候变化的能力。

一、中国对气候变化若干问题的基本立场

（一）减缓温室气体排放

减缓温室气体排放是应对气候变化的重要方面。《气候公约》附件I缔约方国家应按"共同但有区别的责任"原则率先采取减排措施。发展中国家由于其历史排放少，当前人均温室气体排放水平比较低，其主要任务是实现可持续发展。中国作为发展中国家，将根据其可持续发展战略，通过提高能源效率、节约能源、发展可再生能源、加强生态保护和建设、大力开展植树造林等措施，努力控制温室气体排放，为减缓全球气候变化做出贡献。

（二）适应气候变化

适应气候变化是应对气候变化措施不可分割的组成部分。过去，适应方面没有引起足够的重视，这种状况必须得到根本改变。国际社会今后在制定进一步应对气候变化法律文书时，应充分考虑如何适应已经发生的气候变化问题，尤其是提高发展中国家抵御灾害性气候事件的能力。中国愿与国际社会合作，积极参与适应领域的国际活动和法律文书的制定。

（三）技术合作与技术转让

技术在应对气候变化中发挥着核心作用，应加强国际技术合作与转让，使全球共享技术发展所产生的惠益。应建立有效的技术合作机制，促进应对气候变化技术的研发、应用与转让；应消除技术合作中存在的政策、体制、程序、资金以及知识产权保

护方面的障碍，为技术合作和技术转让提供激励措施，使技术合作和技术转让在实践中得以顺利进行；应建立国际技术合作基金，确保广大发展中国家买得起、用得上先进的环境友好型技术。

（四）切实履行《气候公约》和《京都议定书》的义务

《气候公约》规定了应对气候变化的目标、原则和承诺，《京都议定书》在此基础上进一步规定了发达国家2008～2012年的温室气体减排目标，各缔约方均应切实履行其在《气候公约》和《京都议定书》下的各项承诺，发达国家应切实履行其率先采取减排温室气体行动，并向发展中国家提供资金和转让技术的承诺。中国作为负责任的国家，将认真履行其在《气候公约》和《京都议定书》下的义务。

（五）气候变化区域合作

《气候公约》和《京都议定书》设立了国际社会应对气候变化的主体法律框架，但这绝不意味着排斥区域气候变化合作。任何区域性合作都应是对《气候公约》和《京都议定书》的有益补充，而不是替代或削弱，目的是为了充分调动各方面应对气候变化的积极性，推动务实的国际合作。中国将本着这种精神参与气候变化领域的区域合作。

二、气候变化国际合作需求

（一）技术转让和合作需求

气候变化观测、监测技术。主要技术需求包括：大气、海洋和陆地生态系统观测技术，气象、海洋和资源卫星技术，气候变化监测与检测技术，以及气候系统的模拟和计算技术等方面，其中各种先进的观测设备制造技术、高分辨率和高精度卫星技术、卫星和遥感信息的提取和反演技术、高性能的气候变化模拟技术等都是中国在气候系统观测体系建设方面所急需的，是该领域技术合作需求的重点。

减缓温室气体排放技术。中国正在进行大规模的基础设施建设，对减缓温室气体排放重大技术的需求十分强烈。主要技术需求包括：先进的能源技术和制造技术，环保与资源综合利用技术，高效交通运输技术，新材料技术，新型建筑材料技术等方面，其中高效低污染燃煤发电技术，大型水力发电机组技术，新型核能技术，可再生能源技术，建筑节能技术，洁净燃气汽车、混合动力汽车技术，城市轨道交通技术，燃料电池和氢能技术，高炉富氧喷煤炼铁及长寿命技术，中小型氮肥生产装置的改扩建综合技术，路用新材料技术，新型墙体材料技术等在中国的应用与推广，将对减缓温室气体排放产生重大影响。

适应气候变化技术。主要技术需求包括：喷灌、滴灌等高效节水农业技术，工业水资源节约与循环利用技术，工业与生活废水处理技术，居民生活节水技术，高效防洪技术，农业生物技术，农业育种技术，新型肥料与农作物病虫害防治技术，林业与草原病虫害防治技术，速生丰产林与高效薪炭林技术，湿地、红树林、珊瑚礁等生态系统恢复和重建技术，洪水、干旱、海平面上升、农业灾害等观测与预警技术等。如果中国能及时获得上述技术，将有助于增强中国适应气候变化的能力。

（二）能力建设需求

人力资源开发方面。主要需求包括：气候变化基础研究、减缓和适应的政策分析、信息化建设、清洁发展机制项目管理等方面的人员培训、国际交流、学科建设和专业技能培养等能力建设。

适应气候变化方面。主要需求包括：开发气候变化适应性项目，开展极端气候事件案例研究，完善气候观测系统，提高沿海地区及水资源和农业等部门适应气候变化等能力建设。

技术转让与合作方面。主要需求包括：及时跟踪国际技术发展动态，有效识别与评价气候变化领域中的先进适用技术，促进技术转让与合作的对策分析，提高对转让技术的消化和吸收等能力建设。

提高公众意识方面。主要需求包括：制定提高公众气候变化意识的中长期规划及相关政策，建立与国际接轨的专业宣传教育网络和机构，培养宣传教育人才，面向不同区域、不同层次利益相关者的宣传教育活动，宣传普及气候变化知识，引导公众选择有利于保护气候的消费模式等能力建设。

信息化建设方面。主要需求包括：分布式的气候变化信息数据库群，基于网络的气候变化信息共享平台，以应用为导向的气候变化信息体系和信息服务体系，公益性信息服务体系和发展产业化信息服务体系，国际信息交流与合作等能力建设。

国家信息通报编制方面。主要需求包括：满足清单编制需求的统计体系，确定主要排放因子所需的测试数据，清单质量控制、气候变化影响和适应性评价、未来温室气体排放预测等方法，以及国家温室气体数据库等能力建设。

参考文献

[1]白彦锋. 中国木质林产品碳储量[D]. 北京：中国林业科学研究院，2010.

[2]白彦锋. 中国木质林产品碳流动和碳储量研究[D]. 北京：中国林业科学研究院，2007.

[3]陈峰，袁玉江，魏文寿，等. 利用树轮图像灰度重建南天山北坡西部初夏温度序列[J]. 中国沙漠，2008，28
    （5）：842~847.

[4]陈红枫，李芬. 森林生态保护创新资金机制的思考——云南省自愿碳汇基金设计[J]. 生态经济(学术版)，
    2007(2)：18~22.

[5]陈泮勤，等. 地球系统碳循环[M]. 北京：科学出版社，2004.

[6]陈泮勤，郭裕福. 全球气候变化的研究与进展[J]. 环境科学，1993，14(41)：16~23.

[7]陈泮勤，王效科，王礼茂，等. 中国陆地生态系统碳收支与增汇对策[M]. 北京：科学出版社，2008.

[8]陈育峰，李克让. 地理信息系统支持下全球气候变化对中国植被分布的可能影响研究[J]. 地理学报，1996：
    26~39.

[9]程肖侠，延晓冬. 气候变化对中国东北主要森林类型的影响[J]. 生态学报，2008，28(2)：534~543.

[10]崔成. 清洁发展机制项目的经济风险与对策[J]. 中国能源，2005，27(2)：13~16.

[11]丁一汇，任国玉，石广玉，等. 气候变化国家评估报告(I)：中国气候变化的历史和未来趋势[J]. 气候变化
    研究进展，2006，2(1)：3~8.

[12]方运云，陈安平. 中国森林植被碳库的动态变化及其意义[J]. 植物学报，2001，43(9)：967~973.

[13]方精云，郭兆迪，朴世龙，等. 1981~2000年中国陆地植被碳汇的估算[J]. 中国科学，2007，37(6)：
    804~812.

[14]方精云，徐嵩龄. 我国森林植被的生物量和净生产量[J]. 生态学报，1996，16(5)：497~508.

[15]方精云，唐艳鸿，林俊达，等. 全球生态学：气候变化与生态响应[M]. 北京：高等教育出版社，2000.

[16]方修琦，余卫红. 物候对全球变暖响应的研究综述[J]. 地球科学进展，2002，17(5)：714~719.

[17]付玉. 我国碳交易市场的建立[D]. 南京：南京林业大学，2007.

[18]傅国斌，李克让. 全球变暖与湿地生态系统的研究进展[J]. 地理研究，2001，20(1)：120~128.

[19]高歌，陈德良，徐影. 未来气候变化对淮河流域径流的可能影响[J]. 应用气象学报，2008，(6)：741~748.

[20]高平，李志勇，梁利. 论我国县域林业发展的制度创新——林业碳汇补偿交易机制形成与沈阳案例分析[J].
    科技成果纵横，2011(3)：25~27.

[21]龚道溢，王绍武. 中国近一个世纪以来最暖的一年[J]. 气象，1999，25(8)：3~5.

[22]龚亚珍，李怒云. 中国林业碳汇项目的需求分析与设计思路[J]. 林业经济，2006(6)：36~39.

[23]郭泉水，阎洪，徐德应，等．气候变化对我国红松林地理分布影响的研究[J]．生态学报，1998，18(5)：484．

[24]国家发展和改革委员会．中华人民共和国气候变化初始国家信息通报[M]．北京：中国计划出版社，2004．

[25]国家林业局．应对气候变化林业行动计划[M]．北京：中国林业出版社，2010．

[26]国家林业局国际合作司．林业国际公约和国际组织文书汇编[M]．北京：中国林业出版社，2002：3~9．

[27]国家林业局森林资源管理司．2005．中国森林资源报告[M]．北京：中国林业出版社．

[28]郝剑锋．气候变化对中国东部典型森林类型影响趋势的研究[D]．哈尔滨：东北林业大学，2006．

[29]何丽．近百年全球气温变化对长江流域降雨的影响分析[J]．自然环境与发展，2007(4)：3~7．

[30]何艳红．青藏高原森林生产力格局及对气候变化相应的模拟[D]．北京：中国林业科学研究院，2008．

[31]何友军，王清奎，汪思龙，等．杉木人工林土壤微生物生物量碳氮特征及其与土壤养分的关系[J]．应用生态学报，2006，17(12)：2292~2296．

[32]侯振宏．中国林业活动碳源汇及其潜力研究[D]．北京：中国林业科学研究院，2010．

[33]胡迟．清洁发展机制中的融资模式探讨[J]．中国科技投资，2009，(7)：45~47．

[34]胡建华，刘利平，卢伶俊．40年来广东省雨量、暴雨随气候变化趋势分析[J]．水文，2010，30(6)：85~87．

[35]季玲玲，申双和，郭安红，等．"三江源"气候变化及其对湿地影响的研究综述[J]．吉林气象，2009(1)：14~17．

[36]江泽慧，等．中国现代林业[M]．北京：中国林业出版社，2008．

[37]蒋延铃．全球变化的中国北方林生态系统生产力及其生态系统公益[D]．北京：中国科学院，2001．

[38]李国琛．全球气候变暖成因分析[J]．自然灾害学报，2005(5)：42~46．

[39]李克让，王绍强，曹明奎．中国植被和土壤碳储量[J]．中国科学(D辑)，2003，33(1)：72~80．

[40]李明．长白山地森林植被物候对气候变化的响应研究[D]．长春：东北师范大学，2011．

[41]李怒云．中国林业碳汇[M]．北京：中国林业出版社，2007：125~131．

[42]李顺龙．森林碳汇问题研究[M]．哈尔滨：东北林业大学出版社，2006．

[43]李玉娥，张小全，潘根兴．中国农业、林业和其他土地利用减排增汇技术与潜力[J]．中国气候变化国家评估报告，2010，3．

[44]李志龙，王圣．CDM项目碳购协议中的风险与规避[J]．节能与环保，2009，(1)：20~23．

[45]梁启鹏，余新晓，庞卓，等．不同林分土壤有机碳密度研究[J]．生态环境学报，2010，190：889~893．

[46]梁兴江．阳伞效应与第四纪气候变化的关系[J]．山西师范大学学报(自然科学版)，2008(S1)：86~88．

[47]廖荃荪，李斌．80年代我国气温变化及其与大气环流变化的关系[J]．气象，1990，16(11)：24~29．

[48]林而达．与京都议定书和生物碳基金有关的碳循环科学与政策问题[J]．造林绿化与气候变化．北京：中国林业出版社，2003：90~109．

[49]林光辉．全球变化研究进展与新方向//李博．现代生态学讲座[M]．北京：科学出版社，1995：142~160．

[50]林学椿，于淑秋．近40年我国气候趋势[J]．气象，1990，16(10)：16~21．

[51]刘春兰，谢高地，肖玉．气候变化对白洋淀湿地的影响[J]．长江流域资源与环境，2007，16(2)：245~250．

[52]刘丹，那继海，杜春英，等．1961~2003年黑龙江主要树种的生态地理分布变化[J]．气候变化研究与进展，

2007, 3(2)：100～105.

[53]刘世荣, 郭泉水, 王兵. 中国森林生产力对气候变化响应的预测研究[J]. 生态学报, 1998, 18(5)：478～483.

[54]刘延春, 于振良, 李世学, 等. 气候变迁对中国东北森林影响的初步研究[J]. 吉林林学院学报, 1997, (2)：63～69.

[55]伦飞, 李文华, 王震, 等. 中国伐木制品碳储量时空差异[J]. 生态学报, 2012, 32(9)：2918～2927.

[56]罗天祥. 中国主要森林类型生物生产力格局及其数学模型[D]. 中国科学院研究生院(国家计划委员会自然资源综合考察委员会), 1996.

[57]罗云建, 张小全. 多代连栽人工林碳贮量的变化[J]. 林业科学研究, 2006, 19(6)：791～798.

[58]孟宪民, 等. 抵御全球环境变化[J]. 地理科学, 1999, 19(5)：385～389.

[59]倪健, 宋永昌. 中国亚热带常绿阔叶林优势种及常见种分布与气候的相关分析[J]. 植物生态学报, 1997, (2)：115～129.

[60]潘家华, 庄贵阳, 陈迎. 减缓气候变化的经济分析[M]. 北京：气象出版社, 2003.

[61]潘愉德, Melillo J M, Kicklighter D W, 等. 大气 CO_2 升高及气候变化对中国陆地生态系统结构与功能的制约和影响[J]. 生态学报, 2001, 25(2)：175～189.

[62]秦大河, 丁一汇, 苏纪兰, 等. 中国气候与环境演变评估I：中国气候与环境变化及未来趋势[J]. 气候变化研究进展, 2005, 1(1)：4～9.

[63]秦大河, 罗勇. 全球气候变化的原因和未来变化趋势[J]. 科学对社会的影响, 2008(2)：16～21.

[64]任振球. "96.8"河北南部罕见特大暴雨的预测检验和成因分析[J]. 气象, 1997, 23(10)：21～26.

[65]任振球. 从天地生综合研究看全球变化[J]. 现代化, 1990 (3).

[66]阮宇, 张小全, 杜凡. 中国木质林产品碳储量[J]. 生态学报, 2006, 26(12)：343～348.

[67]施能, 陈家其, 屠其璞. 中国近100年来4个年代际的气候变化特征[J]. 气象学报, 1995, 53(4)：431～439.

[68]石广玉, 王标, 张华, 等. 大气气溶胶的辐射与气候效应[J]. 大气科学, 2008, 32(4)：826～840.

[69]舒展. 气候变化对大兴安岭塔河林业局森林火灾的影响研究[D]. 哈尔滨：东北林业大学, 2011.

[70]唐国利, 林学椿. 1921～1990年我国气温序列及变化趋势[J]. 气象学报, 1992, 18(7)：3～6.

[71]田广生. 中国气候变化影响研究概况[J]. 环境科学研究, 2000, 13(1)：36～39.

[72]田晓瑞, 王明玉, 舒立福. 全球变化背景下的我国林火发生趋势及预防对策[J]. 森林防火, 2003(3)：32～34.

[73]田勇燕. 基于森林资源普查的徐州市森林碳储量研究[D]. 南京：南京林业大学, 2012.

[74]王鸿斌, 张真, 孔祥波, 等. 入侵害虫红脂大小蠹的适生区的适生寄主分析[J]. 林业科学, 2007, 43(10)：71～76.

[75]王金亮, 王小花, 岳彩荣, 等. 滇西北主要森林碳储量遥感信息估算模型初步研究[C]// 地理学核心问题与主线——中国地理学会2011年学术年会暨中国科学院新疆生态与地理研究所建所五十年庆典论文摘要集. 2011.

[76] 王琳飞, 王国兵, 沈玉娟, 等. 国际碳汇市场的补偿标准体系及我国林业碳汇项目实践进展[J]. 南京林业大学学报(自然科学版), 2010(5): 120~124.

[77] 王明玉, 舒立福, 田晓瑞, 等. 林火在空间上的波动性及其对全球变化的响应[J]. 火灾科学, 2003, 12(3): 165~170.

[78] 王宁练, 姚檀栋. 冰芯对于过去全球变化研究的贡献[J]. 冰川冻土, 2003(3): 275~287.

[79] 王汝南, 蔺照兰. 提高碳汇潜力: 量化树种和造林模式对碳储量的影响[J]. 生态环境学报, 2010, 19(10): 2501~2505

[80] 王绍武, 罗勇, 赵宗慈, 等. 全球气候变暖原因的争议[J]. 气候变化研究进展, 2011(2): 79~84.

[81] 王绍武. 冰雪覆盖与气候变化[J]. 地理研究, 1983(3): 73~86.

[82] 王绍武. 地球上的冰雪和气候变化[J]. 自然杂志, 1982(8): 567, 610~612.

[83] 王绍武. 近百年我国及全球气温变化趋势[J]. 气象, 1990, 16(2): 11~15.

[84] 王松, 徐如松, 高林, 等. 淮河流域(安徽段)湿地生态旅游资源[J]. 中国林副特产, 2008(3): 71~74.

[85] 王小平. 世界热带雨林面积急剧缩小[J]. 国际展望, 1990, (22).

[86] 王笑非, 张於倩. 积极参与 CDM 国际合作, 加快中国林业发展[J]. 林业经济问题, 2006(4): 363~366.

[87] 王艳红. 科学家研究地球陆地生态系统后认为: 碳沉降不能遏制全球变暖[N]. 科学时报, 2001: 004.

[88] 王遵娅, 丁一汇, 何金海, 等. 近50年来中国气候变化特征的再分析[J]. 气象学报, 2004, 62(2): 228~236.

[89] 魏文寿, 尚华明, 陈峰. 气候研究中不同时期的资料获取与重建方法综述[J]. 气象科技进展, 2013, 3(3): 14~23.

[90] 吴建国, 张小全, 徐德应. 土地利用变化对土壤有机碳储量的影响[J]. 应用生态学报, 2004, 15(4): 593~599.

[91] 吴培任, 张炎斋, 胡裕明. 淮河流域湿地现状及保护对策[J]. 水资源研究, 2006(2): 16~17.

[92] 徐德应, 郭泉水, 阎洪. 气候变化对中国森林影响研究[M]. 北京: 中国科学技术出版社, 1997.

[93] 徐德应, 刘世荣. 温室效应、全球变暖与林业[J]. 世界林业研究, 1992, 5(1): 25~32.

[94] 徐德应. 中国森林与全球气候变化的关系[J]. 林业科技管理, 2002(4): 19~23.

[95] 徐凯翔, 陈姝, 沈国华. 关于浙江发展林业碳汇交易市场的思考[J]. 林业经济, 2012(5): 26~28, 43.

[96] 延晓冬, 符淙斌, Shugart H H. 气候变化对小兴安岭森林影响模拟研究[J]. 植物生态学报, 2000, 24(3): 312~319.

[97] 杨金艳, 范晶, 刘思秀. 大气 CO_2 升高和气候变化对森林的影响[J]. 森林工程, 2000, 16(1): 11~12.

[98] 杨玉盛, 陈光水, 王小国, 等. 皆伐对杉木人工林土壤呼吸的影响[J]. 土壤学报, 2005(2): 58~59.

[99] 叶笃正. 中国的全球变化预研究[M]. 北京: 气象出版社, 1992.

[100] 叶雨静, 于大炮, 王玥, 等. 采伐木对森林碳储量的影响[J]. 生态学杂志, 2011, 30(1): 66~71.

[101] 尹荣楼, 工玮, 尹斌. 全球温室效应及其影响[M]. 北京: 文津出版社, 1993.

[102] 袁梅谢, 晨黄东. 减少毁林及森林退化造成的碳排放(REDD)机制研究的国际进展[R]. 北京: 国家林业局经济发展研究中心, 2009.

[103]张国斌. 岷江上游森林碳储量特征及动态分析[D]. 北京：中国林业科学研究院，2008.

[104]张基嘉. 气候变化的证据、原因及其对生态系统的影响[M]. 北京：气象出版社，1995.

[105]张玲. 我国林业碳汇政策试点工作研究[D]. 北京：北京林业大学，2010.

[106]张萍. 北京森林碳储量研究[D]. 北京：北京林业大学，2009.

[107]张瑞波，袁玉江，魏文寿，等. 用树轮灰度重建乌孙山北坡 4～5 月平均最低气温[J]. 中国沙漠，2008，28（5）：848～854.

[108]张小全，武曙红. 林业碳汇项目理论与实践[M]. 北京：中国林业出版社，2010.

[109]张小全，朱建华，侯振宏. 主要发达国家林业有关碳源汇及其计量方法与参数[J]. 林业科学研究，2009，22（2）：285～293.

[110]张艳平，胡海清. 大兴安岭气候变化及其对林火发生的影响[J]. 东北林业大学学报，2008，7（36）：29～36.

[111]张真，王鸿斌，孔祥波. 主要农林入侵种的生物学与控制[M]. 北京：科学出版社，2005.

[112]赵长森，夏军，王纲胜，等. 淮河流域水生态环境现状评价与分析[J]. 环境工程学报，2008（12）：1698～1704.

[113]赵凤君，王明玉，舒立福，等. 气候变化对林火影响的研究进展[J]. 气候变化研究进展，2009（1）：50～55.

[114]赵国强，李彤霄，王君，等. 河南省未来 30 年气候变化趋势研究[J]. 河南水利与南水北调，2012（2）：8～10.

[115]赵宏图. 气候变化"怀疑论"分析及启示[J]. 现代国际关系，2010（4）：56～63.

[116]赵茂盛，Neilson R P，延晓冬，等. 气候变化对中国植被可能影响的模拟[J]. 地理学报，2002，57（1）：28～38.

[117]赵锐. 历史气候冷暖周期性变化与现代气候变暖——针对全球气候变暖观点的质疑[J]. 管子学刊，2010（1）：124～128.

[118]赵铁良，耿海东，张旭东，等. 气温变化对我国森林病虫害的影响[J]. 中国森林病虫，2003，22（3）：29～32.

[119]郑景云，葛全胜，赵会霞. 近 40 年中国植物物候对气候变化的响应研究[J]. 中国农业气象，2003，24（1）：28～32.

[120]周广胜，张新时. 自然植被净第一性生产力模型初探[J]. 植物生态学报，1995，（3）：193～200.

[121]周广胜，郑元润，陈四清，等. 自然植被净第一性生产力模型及其应用[J]. 林业科学，1998（5）：2～11.

[122]周广胜. 全球碳循环[M]. 北京：气象出版社，2003.

[123]周国模，刘思斌，余光辉. 森林土壤碳库研究方法进展[J]. 浙江林学院学报，2006，23（2）：207～216.

[124]周莉，李保国，周广胜. 土壤有机碳的主导影响因子及其研究进展[J]. 地球科学进展，2005，20（1）：99～10.

[125]Xiao Xiangming，J. M. Melillo，D. W. Kicklighter，等. CO_2 浓度变化和气候变化对中国陆地生态系统净初级生

产及其平衡的影响(英文)[J]. 植物生态学报, 1998, 22(2).

[126]Allen R, Sherwood S C. Warming maximum in the tropical upper troposphere deduced from thermal winds[J]. Nature Geoscience, 2008, 1(6): 399~403.

[127]Anon. Wood wins greenhouse contest[J]. In: Wood International, Issue 55, February-March 2004, 2004.

[128]Anon. "The truth about the forest sector" and "Supporting the spirit of Kyoto". Available from European Confederation of Woodworking Industries (CEIBois) website, 2005[EB/OL]. http://www.cei-bois.org/frameset.html.

[129]Bader H. United States Polar Ice and Snow Studies in the International Geophysical Year[M]// Geophysics and the IGY: Proceedings of the Symposium at the Opening of the International Geophysical Year. American Geophysical Union, 1958: 177~181.

[130]Battisti A, Statsmy M, Schopf A, et al. Expansion of geographical range in the pine processionary month caused by increased winter temperature[J]. Ecological Application, 2005, 15: 2084~2094.

[131]Benftez-Ponce P C, McCallum I, Obersteiner M, et al. Global potential for carbon sequestration: geographical distribution, country risk and policy implications[J]. Ecological Economics, 2007, 60: 572~583.

[132]Bjerknes J. Atmospheric teleconnections from the equatorial Pacific [J]. Monthly Weather Review, 1969, (3): 163~172.

[133]Boisvenue C, Running S W. Impacts of climate change on natural forest productivity-evidence since the middle of the 20th century[J]. Global Change Biology, 2006, 12(5): 862~882.

[134]Brockerhoff E, Jactel H, Parrotta J, et al. Plantation forests and biodiversity: oxymoron or opportunity? [J] Biodiversity and Conservation, 2008, 18: 925~951.

[135]Brown S, Sathaye J, Cannel M, et al. Management of forests for mitigation of greenhouse gas emission[R]// Watson R T, Zinyowera M C, Moss R H. Climate Change 1995: impacts, adaptation and mitigation of climate change: scientific-technical analyses. Report of Working Group II, Assessment Report, IPCC. Cambridge, UK: Cambridge University Press, 1996: 773~797.

[136]Brown T J, Hall B L, Westerling. A L. The impact of twenty-first century climate change on wildland fire danger in the western United States: An applications perspective[J]. Climate Change, 2004, 62: 365~388.

[137]Bryson R A, Goodman B M. Milankovitch and global ice volume simulation[J]. Theoretical & Applied Climatology, 1986, 37(1-2): 22~28.

[138]Cannell M G R, Palutikof J P, Sparks T H. Indicators of Climate Change in the UK[J]. DETR, London, 1999, 87.

[139]Capoor K, Ambrosi A. State and Trends of the Carbon Market 2006 [R]. The World Bank Report, 2006, 13~14.

[140]CBD. Decision adopted by the conference of the parties to the Convention on Biological Diversity at its ninth meeting. http://www.cbd.int/decisions/cop/? m = cop-10 XI/19. Biodiversity and climate change relate issues: advice on the application of relevant safeguards for biodiversity with regard to policy approaches and positive incentives on issues relation to reducing emission from deforestation and forest degradation in developing countries; and

the role of conservation, sustainable management of forests and enhancement of forest carbon stock in development countries, 2012.

［141］CBD. Decision adopted by the conference of the parties to the Convention on Biological Diversity at its ninth meeting. IX/5. Forest biodiversity, UNEP/CBD/COP/DEC/IX/5 9 October, 2008［EB/OL］. http：//www. cbd. int/decisions/cop/？m = cop-09.

［142］CBD. Decision adopted by the conference of the parties to the Convention on Biological Diversity at its ninth meeting. X/33. Biodiversity and climate change, UNEP/CBD/COP/DEC/X/33, 2010［EB/OL］.

［143］CCBA. Climate, Community and Biodiversity Project Design Standards (First Edition)［EB/OL］. 2005, http：//www. climate-standards. org/images/pdf/CCBStandards. pdf.

［144］Chen H, Tian H D. Does a general temperature dependent Q10 model of soil respiration exist at biome and global scale［J］. Journal of Integrative Plant Biology, 2005, 47：1288 ~ 1302.

［145］Chen X, Zhang X, Zhang Y, et al. Changes of carbon stocks on bamboo stands in China during 100 years［J］. Forest Ecology and Management, 2009, 258：1489 ~ 1496.

［146］Ciais P, Cramer W, Jarvis P, et al. Summary for policy-makers：Land use, land use change and forestry［J］// Watson R T, Noble I R, Bolin B, et al. Land use, land use change, and forestry, A special report of the IPCC. Cambridge, University Press, 2000, 23 ~ 51.

［147］Conard S G, Sukhinin A I, Stocks B J, et al. Determining effects of area burned and fire severity on carbon cycling and emissions in Siberia［J］. Climatic Change, 2002, 55：197 ~ 211.

［148］Cook E R. A Time Series Analysis Approach to Tree-ring Standardization［M］. Tucson：The University of Arizona, 1985.

［149］Dansgaard W, Johnsen S J, Clausen H B, Langway Jr C C. Climatic record revealed by the Camp Century Ice Core. In：The Late Cenozoic Glacial Ages［J］. Yale University Press, New Haven, 1971：37 ~ 56.

［150］Dansgaard W. The O 18-abundance in fresh water［J］. Geochimica Et Cosmochimica Acta, 1954, 6：241 ~ 260.

［151］Delbart N, Le Toan T, Kergoat L, et al. Remote sensing of spring phenology in boreal regions：A free of snow-effect method using NOAA-AVHRR and SPOT-VGT data (1982 ~ 2004)［J］. Remote Sensiong of Environment, 2006, 101(1)：52 ~ 62.

［152］Denman K L, Brasseur G, Chidthaisong A, et al. Couplings between Changes in the Climate System and Biogeochemistry［J］// Solomon S, Qin D, Manning M, et al. Climate Change 2007：The Physical Science Basis. Contribution of Working Group I to the Fourth Assessment Report of the Intergovernmental Panel on Climate Change. Cambridge University Press, Cambridge, United Kingdom and New York, NY, USA, 2007.

［153］Epstein S. Variations of the O^{18}/O^{16} ratios of fresh waters and ice［J］. Nat. Acad. Sci-Natl. Research Council Nuclear Sci (Ser. Rept), 1956, 19：20 ~ 28.

［154］Fang J, Chen A P, Peng C H, et al. Changes in forest biomass carbon storage in China between 1949 and 1998［J］. Science, 2001, 292：2320 ~ 2322.

［155］Fang J, Wang G, Liu G, et al. Forest biomass of China: an estimate based on the biomass-volume relationship ［J］. Ecological Applications, 1998, 8(4): 1084~1091.

［156］FAO. Global forest resources assessment 2000: Main Report［R］. FAO Forestry Paper, 2001.

［157］FAO. Global forest resources assessment 2005［R］. FAO Forestry Paper, 2006.

［158］FAO. Global forest resources assessment 2010: Main Report［R］. FAO Forestry Paper, 2011.

［159］FAO. Global forest resources assessment 2011［R］. FAO Forestry Paper, 2012.

［160］Fischlin A, Midgley G F, Price J T, et al. Ecosystems, their properties, goods, and services［J］// Parry M L, Canziani O F, Palutikof J P, et al. Climate Change 2007: Impacts, Adaptation and Vulnerability. Contribution of Working GroupⅡ to the Fourth Assessment Report of the Intergovernmental Panel on Climate Change. Cambridge University Press, Cambridge, 2007, 211~272.

［161］Flannigan M D, Logan K A, Amim, B D, et al. Future area burned in Canada［J］. Climate Change, 2005, 72: 1~16.

［162］Fleming R A, Candau J N, McAlpine R S. Landscape-scale analysis of interactions between insect defoliation and forest fire in Central Canada［J］. Climatic Change, 2002, 55: 251~272.

［163］Gabuurs G J, Pussinen A, Karjalainen T, et al. Stemwood volume increment change in European forests due to climate change: A simulation study with the EFISCEN model［J］. Global Change Biology, 2002, 8(4): 304.

［164］Game E T, Grantham H S. Marxan User Manual: For Marxan version 1.8.10. University of Queensland, St. Lucia, Queensland, Australia, and Pacific Marine Analysis and Pacific Marine Analysis and Research Association, Vancouver, British Columbia, Canada, 2008［EB/OL］http: // www. uq. edu. au/marxan/docs/Marxan_ User_ Manual_ 2008. pdf.

［165］Gill R A, Polley H W, Johnson H B, et al. Nonlinear grassland responses to past and future atmospheric CO_2［J］. Nature, 2002, 417(6886): 279~282.

［166］Goodess C M, Palutikof J P, Davies T D. The nature and causes of climate change: assessing the long-term future. ［J］. The nature and causes of climate change: assessing the long-term future. , 1992.

［167］Groisman P Y, Sun B, Vose R S, et al. Contemporary climate changes in high latitudes of the northern hemisphere: daily time resolution // AMS Proc of the 14th Symposium on Global Change and Climate Variations. Long Beach, California(9 – 13 February, 2003), 2003.

［168］Gustavsson L and Sathre R. Variability in energy and carbon dioxide balances of wood and concrete building materials ［J］. Building and Environment, 2006, 41: 940~951.

［169］Hamilton K, Sjardin M, Marcello T, et al. State of the Voluntary Carbon Markets 2008. A report by Ecosystem Marketplace & New Carbon Finance. 6, 2008 ［EB/OL］. http: //www. climatebiz. com/resources/resource/state-voluntary-carbon-markets-2008.

［170］Hodar J A and Zamora R. Herbivory and climatewarming: a Mediterranean out breaking caterpillar attacks a relict, boreal pine species［J］. Biodivers Conservation, 2004, 13: 493~500.

[171]Holmes R L. Computer-assisted quality control in tree-ring dating and measurement[J]. Tree-ring Bulletin, 1983, 43: 69~78.

[172]Houghton J T, Meira Filho L G, Ephraums J J. Climate Change: the IPCC scientific assessments[M]. Cambridge: Cambridge University Press, 1990.

[173]Houghton J T. Global warming[M]. Lion Publishing, 1994.

[174]Houghton R A, Boone R D, Fruci J R, et al. The flux of carbon from terrestrial ecosystems to the atmosphere in 1980 due to changes in land use: geographic distribution of the global flux. [J]. Tellus, 1987, 39b(1-2): 122~139.

[175]Houghton R A, Skole R L, Lefkowitz DS. Changes in the landscape of Latin American between 1850 and 1980: A net release of CO_2 to the atmosphere[J]. Forest Ecology and Management, 1991(38): 173~199.

[176]Houghton R A. Converting terrestrial ecosystems from sources to sinks of carbon[J]. Ambio, 1996, 25(4): 267~272.

[177]Houghton R A. The annual net flux of carbon to the atmosphere from changes in land use 1850-1990[J]. Tellus, 1999, 50B: 298~313.

[178]Intergovernmental Panel on Climate Change. Working Group 3. Climate Change 2007: Mitigation: Contribution of Working Group III to the Fourth Assessment Report of the Intergovernmental Panel on Climate Change: Summary for Policymakers and Technical Summary[M]. Cambridge University Press, 2007.

[179]IPCC. 2000 IPCC Good Guidelines for Nation Greenhouse Gas Inventories: Workbook [M]. Japan: IGES, 2000: 97.

[180]IPCC. Climate Change 1995 - The Science of Climate Change[J]. Routledge Handbook of Climate Change & Society, 1996, 67(5520): 164~179.

[181]IPCC. Climate Change 2007: The Physical Science Basis. Contribution of Working GroupIto the Fourth Assessment Report of the Intergovernmental Panel on Climate Change. Cambridge: Cambridge University Press, 2007.

[182]IPCC. Good Practice Guidance for Land Use, Land-Use Change and Forestry (Task 1) [M]. Japan: IGES, 2003: 75.

[183]Irina P Panyushkina, Malcolm K Hughes, Eugene A Vaganov, Martin AR Munro. Summer temperature in northeastern Siberia since 1642 reconstructed from tracheid dimensions and cell numbers of Larix cajanderi[J]. Canadian Journal of Forest Research, 2003, 33(10): 1905~1914(10).

[184]Jaakko P. Consulting. Analysis of woodproduct: Accounting options for the national carbon accounting system [R]. National Carbon Accounting System Technical Report NO. 24, September, 2000.

[185]Jacoby G C, D'Arrigo R D, Davaajamts T. Mongolian Tree Rings and 20th-Century Warming[J]. Science, 1996, 273 (5276): 771~773.

[186]Jones P. D, Wigley T. M. L, Kelly P. M. Variations in Surface Air Temperatures: Part 1. Northern Hemisphere, 1881-1980[J]. Monthly Weather Review, 1982, (2): 59~70.

［187］Kasischke E S, Bergen K, Fennimore R, et al. Satellite imagery gives clear picture of Russian's boreal forest fires ［J］. Transactions of the American Geophysical Union, 1999, 80: 141~147.

［188］Kasischke E S, Turetsky M R. Recent changes in the fire regime across the North American boreal region: spatial and temporal patterns of burning across Canada and Alaska［J］. Geophys Res Lett, 2006, 33. L09703, doi: 10. 1029/2006GL02577.

［189］Keeling, Whorf. Atmosphere CO_2 record from sites in the SIO air sampling network［J］//Trendsi: A Compendium of Data on Global Change. Carbon Dioxide Information Analysis Centre, Oak Ridge National Laboratory, Oak Ridge, TN, USA, 1999.

［190］Keeling C D, Chin J E, Whorf T P. Increased activity of northern vegetation inferred from atmospheric CO_2 measurements［J］. Nature, 1996, 382: 146~149.

［191］Kirschbaum M U F, Bullock P, Evans J R, et al. Ecophysiological, ecological, and soil processes in terrestrial ecosystems: a primer on general concepts and relationships［J］. In: R, 1996.

［192］Knorr W, Prentice I C, House J I, et al. Long-term sensitivity of soil carbon turnover to warming［J］. Nature, 2005, 433: 298~301.

［193］Kollmuss A, Zink H, Polycarp C. Making sense of the voluntary carbon market: a comparison of carbon offset standards［M］. Bonn: WWF Germany, 2008, 74.

［194］Kuivinen K C, Lawson M P. Dendroclimatic analysis of birch in South Greenland［J］. Arctic and Alpine Research, 1982, 14(3): 243~250.

［195］Kullman L. Rapid recent-margin rise of tree and shrub species in the Swedish Scandes［J］. Journal of Ecology, 2002, 90(1): 68.

［196］Lavoie L, Sirois L. Vegetation changes caused by recent fires in the northern boreal forest of eastern Canada［J］. J. Veg. Sci. , 1998, 9: 483~492.

［197］Locatelli B, Pedroni L. Accounting methods for carbon credits: impacts on the minimum area of forestry projects under the Clean Development Mechanism［J］. Climate Policy, 2004, 4(2): 193~204.

［198］Marland, et al. Global, Regional, and National CO_2 Emission Estimate from Fossil Fuel Burning, Cement Production, and Gas Flaring: 1751－1996［J］. Report NSP-030, 1999; Carbon Dioxide Information Analysis Centre. Oak Ridge National Laboratory, Oak Ridge, TN, USA; British Petroleum Company, 1999, B. P, Statistical Review of World energy 1999. British Petroleum Company, London, United Kingdom.

［199］Matsumoto, et al. A California model of climate change impacts on timber markets, California Energy Commission ［EB/OL］. 2003a. http//www. energy. ca. gov/reports/2003－10－31_ 500_ 03_ 058cf_ al2. pdf.

［200］Matsumoto, et al. Climate change and extension of the *Ginkgo biloba* L. growing season in Japan［J］. Global Change Biology, 2003b, 9(11): 1634.

［201］McKenney D W, Yemshanov D, Fox G, et al. Cost estimates for carbon sequestration from fast growing poplar plantations in Canada［J］. Forest Policy and Economics, 2004, 6: 345~358.

[202]McKenzie D, Gedalof Z, Peterson D L, et al. Climate change, wildfire and conservation[J]. Biology, 2004, 18: 890~902.

[203]Melillo J M, Steudler P A, Aber J D, et al. Soil warming and carbon cycle feedbacks to the climate system[J]. Science, 2002, 298: 2173~2176.

[204]Mendelsohn R. A California model of climate change impacts on timbermarkets[EB/OL]. California Energy Commission 2003, http: //www. energy. ca. gov/reports/2003-10-31_ 500-03-058cf_ a12. pdf.

[205]Miles L, Dickson B. REDD + and biodiversity: Opportunities and challenges[J]. Unasylva, 2010, 236(61): 56~63.

[206]Miles L, Kapos V. Reducing greenhouse gas emissions from deforestation and forest degradation: global land-use implications[J]. Science, 2008, 320: 1454~1455.

[207]Miles L. Implication of REDD negotiations for forest restoration. Version2. Cambridge, UK, http: //www. unep-wc-mc. org/climate/publication. aspxUNEP-WCMC, 2010[EB/OL].

[208]Murty D, Kirschbaum M U F, McMurtrie R E, et al. Does conversion of forest to agricultural land change soil carbon and nitrogen? A review of the literature[J]. Global Change Biology, 2002, 8: 105~123.

[209]Nabuurs G J, Masera O, Andrasko K, et al. In Climate Change 2007: Mitigation. Contribution of Working Group III to the Fourth Assessment Report of the Intergovernmental Panel on Climate Change [Metz B, Davidson O R, Bosch P R et al(eds)][J]. Forestry, Cambridge University Press, Cambridge, United Kingdom and New York, NY, USA, 2007.

[210]Neeff T, Henders S. Guidebook to markets and commercialization of forestry CDM projects[J]. 2007.

[211]NilssonS, Sallnas O, Duinker P. Future forest resources of Western and Eastern Europe. International institute for applied systems analysis[M]. The Parthenon Publishing Group, England, 1992.

[212]Olschewski R, Benitez P. Secondary forests as temporary carbon sinks? The economic impact of accounting methods on reforestation projects in the tropics[J]. Ecological Economics, 2005, 55(3): 380~394.

[213]Pachauri R K, Reisinger A. Report of the First Second and Third Report of Working Group of the Intergovernmental Panel on Climate change Fourth Assessment Geneva IPCC[R]. Climate Change 2007: Comprehensive reports, 2007: 8~28.

[214]Pan X L, Lin B, Liu Q. Effects of elevated temperature on soil respiration under subalpine coniferous forest in western Sichuan Province[J]. China Chinese Journal of Applied Ecology, 2008, 19(8): 1637~1643.

[215]Pan Y, Luo T, Birdsey R, et al. New estimates of carbon storage and sequestration in China's forests: Effects of age-class and method on inventory-based carbon estimation[J]. Climatic Change, 2004, 67(2): 211~236.

[216]Parmesan C, Yohe G. A globally coherent fingerprint of climate change impacts across natural systems[J]. Nature, 2003, 421(6918): 37~42.

[217]Parry M L, Canziani O F, Palutikof J P, et al. Contribution of Working Group II to the Fourth Assessment Report of the Intergovernmental Panel on Climate Change[J]. Encyclopedia of Language & Linguistics, 2007: 171~175.

[218] Paul K I, Polglase P J, Nyakuengama J G, et al. Change in soil carbon following afforestation[J]. Forest Ecology and Management, 2002, 186: 241~257.

[219] Peterson, sandberg Leenhouts. Estimating natural emissions from wildland and prescribed fire. http: //fire fws gov/ifcc/amoke/Natural_ emissions. Htm. 1998.

[220] Piao S L, Fang J, Ciais P, et al. The carbon balance of terrestrial ecosystems in China[J]. Nature, 2008, 458: 1009~1014.

[221] Pingond K. Harvested wood products: considerations on issues related to estimation, reporting and accounting of greenhouse gases[R]. Final report delivered to the UNFCCC secretariat, 1, 2003.

[222] Plan Vivo. The Plan Vivo Standards [EB/OL]. 2007. http: //www. planvivo. org/content/fx. planvivo/resources/Plan%20Vivo%20Standards%202007. pdf.

[223] Powlson D S, Prookes P C, Christensen B T. Measurement of soil microbial biomass provides an early indication of changes in total soil organic matter due to straw incorporation[J]. Soil Biology & Biochemistry, 1987, 19(2): 159~164.

[224] Powlson D. Will soil amplify climatechange[J]. Nature, 2005, 33: 20~25.

[225] Putz F E, Redford K H. Dangers of carbon-based conservation[J]. Global Environmental Change, 2009, 19: 400~401.

[226] Raith J W, Schlesinger W H. The global carbon dioxide flux in soil resporation and its relationship to vegetation and climate[J]. Tellus, 1992, 44B: 81~99.

[227] Reed D, Beerling D, Cannell M, et al. The role of land carbon sinks in mitigating global climate change [M]. Policy document 10/01, the Royal Society, 2001.

[228] Rosenzweig C, Casassa G, Karoly D J, et al. Assessment of observed changes and responses in natural and managed systems[J]. Climate Change 2007: Impacts, Adaptation and Vulnerability, 2007.

[229] Rustad L, Campbell J, Marion G, et al. A meta-analysis of the response of soil respiration, net nitrogen mineralization, and aboveground plant growth to experimental ecosystem warming[J]. Oecologia, 2001, 126(4): 543~562.

[230] Sabine C L, Heimann M, Artaxo P, et al. Current status and past trends of the global carbon cycle[J]. //The global carbon cycle: Integrating humans, climate and the natural world. Island Press, Washington, 2004, 17~44.

[231] Saenz-Romero C, Guzman-Reyna R R, Rehfeldt G E. Altitudinal genetic variation among *Pinus oocarpa* populations in Michoacan, Mexico: Implications for seed zoning, conservation, tree breeding and global warming[J]. Forest Ecology and Management, 2006, 229: 340~350.

[232] Sathaye J A, Makundi W, Dale L, et al. GHG mitigation potential, cost and benefits in global forests: A dynamic partial equilibrium approach[J]. Energy Journal, 2007, 27(Special Issue): 127~172.

[233] Schimel D S, Braswell B H, Holland E A, et al. Climatic, edaphic, and biotic controls over storage and turnover of carbon in soils[J]. Global Biogeochemical Cycles, 1994, 8(3): 279~293.

[234] Schimel J P, Weintraub M N. The implications of exoenzyme activity on microbial carbon and nitrogen limitation in

soil: a theoretical model[J]. Soil Biology & Biochemistry, 2003, 35(4): 549~563.

[235]Schlyter P, Stjernquist I, Barring L, et al. Assessment of the impacts of climate change and weather extremes on boreal forests in northern Europe. focusing on Norway spruce. [J] Climate Res. , 2006, 31: 75~84.

[236]Scholze M, Knirr W, Arnell N W, et al. A climate-change risk analysis for world ecosystems[J]. Proceedings of the National Academy of Sciences, 2006, 103: 13116~13120.

[237]Schär C, Jendritzky G. Climate change: hot news from summer 2003[J]. Nature, 2004, 432(7017): 559~560.

[238]Skog K, Nicholson G. Carbon sequestration in wood and paper products USDA Forest Service General Technical Rep [R]. 2000, RMRS-GTR-59: 79~88.

[239]Smith J, Smith P, Wattenbach M, et al. Projected changes in mineral soil carbon of European croplands and grass-lands, 1990-2080[J]. Global Change Biology, 2005, 11: 2141~2152.

[240]Smith P, Fang C M, Dawson J J C, et al, Impact of global warming on soil organic carbon[J]. Advances in Agron-omy, 2008, 97: 1~43.

[241]Sohngen B, Mendelsohn R, Sedjo R. A global model of climate change impacts on timber markets[J]. Journal of Agricultural and Resource Economics, 2001, 26(2): 326~343.

[242]Sohngen B, Sedjo R. Impacts of climate change on forest product markets: Implications for North American Produc-ers[J]. Forestry Chronicle, 2005, 81(5): 669~674.

[243]Stickler C M, Nepstad D C, Davidson E A . The potential ecological costs and co-benefits of REDD: a critical re-view and case study from the Amazon region[J]. Global Change Biology, 2009, 15: 2803~2824.

[244]Stocks B J, Fosberg M A, Lynham T J, et al. Climate change and forest fire potential in Russian and Canadian bo-real forests[J]. Climate Change, 1998, 38(1): 1~13.

[245]Su H, Sang W, Wang Y, et al. Simulating *Picea schrenkiana* forest productivity under climate changes and atmos-pheric CO_2 increase Tianshan Mountains, Xinjiang Autonomous Region, China[J]. Forest Ecology and Management, 2007, 246: 273~284.

[246]Tan K, Piao S, Peng C, et al. Satellite-based estimation of biomass carbon stocks for northeast China's forests be-tween 1982 and 1999[J]. Forest Ecology and Management, 2007, 240(1/3): 114~121.

[247]Tans P P, Fung I Y, Takahashi T. Observational constraints on the global atmospheric carbon dioxide budget[J]. Science, 1990, 247: 1431~1438.

[248]Thorne P W. Atmospheric science: The answer is blowing in the wind[J]. Nature Geoscience, 2008, 1(6): 347~348.

[249]Tian H, Melillo J M, Kicklighter D W, et al. Effect of interannual climate variability on carbon storage in Amazoni-an ecosystems[J]. Nature, 1998, 396: 664~667.

[250]UNFCCC . The Cancun Agreements: Outcome of the work of the Ad Hoc Working Group on Long-term Cooperative Action under the Convention. P 12 FCCC/CP/2010/7/Add. 1, 2011b[EB/OL]. http: //unfccc. int/meetings/can-cun_ nov_ 2010/items/6005. php.

［251］UNFCCC. Decision 19/CP. 9：Modalities and procedures for afforestation and reforestation project activities under the clean development mechanism in the first commitment period of the Kyoto Protocol. ［EB/OL］. 2003, http：//unfc-cc. int/resource/docs/cop9/06a02. pdf.

［252］UNFCCC. Text to facilitate negotiations among Parties. Ad Hoc Working Group on Long-term Cooperative Action under the Convention, tenth session, Bonn, Germany, 1 – 11 June 2010, ［EB/OL］http：//unfccc. int/resource/docs/2010/awglca10/eng/06. pdf.

［253］UNFCCC. United Nations Framework Convention on Climate Change. http：//unfccc. int/resource/docs/convkp/conveng. pdf 1992. http：//unfccc. int/resource/docs/convkp/conveng. pdf.

［254］UNFCCC. Views on methodological guidance for activities relating to reducing emissions from deforestation and forest degradation and the role of conservation, sustainable forest management and enhancement of forest carbon stocks in developing countries［R］. FCCC/SBSTA/2011/MISC. 7, 2011a.

［255］UNFCCC. Views on modalities and procedures for financing results-based actions and considering activities related to decision 1/CP. 16, paragraphs 68 – 70 and 72. Submissions from Parties. P2. FCCC/AWGLCA/2012/MISC. 3/Add. 2, 2012［EB/OL］. http：//unfccc. int/essential_ background/library.

［256］Valentini R, Metteucci G, Dolman A J, et al. Respiration as the main determinant of carbon balance in European forests［J］. Nature, 2000, 404：861～865.

［257］VCS Association. Voluntary carbon standard guidance for agriculture, forestry and other land use projects［EB/OL］. 2007, http：//www. v-c-s. org/docs/VCS% 202007. pdf.

［258］Vitousek P M. Beyondglobal warming：ecology and global change［J］. Ecology, 1994, 75：1861～1876.

［259］Wang Y P, Polglase P J. Carbon balance in the tundra boreal forest and humid tropical forest during climate change scaling up from leaf physiology and soil carbon dynamics［J］. Plant, Cell & Environment, 1995, 18：1226～1244.

［260］Watson R, Zinyowera M, Moss R, et al. Impacts, adaptation and mitigation of climate change：scientific and technical analysis［J］//Climate change 1995：Contribution of Working GroupⅡ to the Second Assessment Report of the Intergovernmental Panel on Climate Change. Cambridge University Press, Cambridge, United Kingdom, 1995.

［261］Werf G R vander, Randerson J T, Collatz D J, et al. Continental-scale partitioning of fire emissions during the 1997 to 2001 EI Nino/La Nina period［J］. Science, 2004, 303：73～76.

［262］Wilson A T, Grinsted M J. $^{12}C/^{13}C$ in cellulose and lignin as palaeothermometers［J］. Nature, 1977, 265(5590)：133～135.

［263］Wilson W H. Manś impact on the global environment：assessment and recommendations for action. ［J］. Report of the Study of Critical Environment Problems, 1970.

［264］Wolfe D W, Schwartz M D, Lakso A N, et al. Climate change and shifts in spring phenology of three horticultural woody perennials in northeastern USA. ［J］. International Journal of Biometeorology, 2005, 49(5)：303～309.

［265］Wood A, Stedman-Edwards P, Mang J . The root cause of biodiversity loss［M］. Earthscan Publications Ltd, UK, 2000.

[266] Woodwell G M, Whittaker R H, Reiners W A, et al. The biota and the world carbon budget. [J]. Science, 1978, 199(4325): 141~146.

[267] Wu S H, Zhang X Q, Li J Q. Analyses on leakage issues of forestry sequestration project [J]. Scientia Silvae Sinicae, 2006, 42(2): 98~103.

[268] Xiao X M, Melillo J M, Kicklighter D W, et al. Net Primary Production of Terrestrial Ecosystems in China and its Equilibrium Responses to Changes in Climate and Atmospheric CO_2 Concentration [J]. Acta Phytoecologica Sinica, 1998, 22(2): 97~118.

[269] Yuan Y J, Li J F, Zhang J B. 348-year precipitation reconstruction from tree-rings for the north slope of the middle Tianshan Mountains [J]. Acta Meteorologica Sinica, 2001, 15: 95~104.

[270] Zheng J Y, Ge Q S, Hao Z X. Impacts of climate warming on plants phenophases in China for the last 40 years [J]. Chinese Science Bulletin, 2002, 47(21): 1826~1831.

[271] Zhou T, Shi P J, Hui D F. Spatial pattens in temperature sensitivity of soil respiration in China Estimation with inverse modeling [J]. Science in China Series C: Life Sciences, 2009, 52: 982~989.